普通高等教育"十二五"土木工程系列规划教材

土 力 学

主 编 张春梅
副主编 叶洪东 雷华阳
参 编 刘熙媛 张岳文

机械工业出版社

土力学是土木工程专业的专业基础课程，具有较强的理论性和实践性，本书主要介绍土的力学基本概念和基本计算原理，包括绪论、土的物理性质及工程分类、土中应力计算、土的渗透性和渗流问题、土的变形性质及地基沉降计算、土的抗剪强度、土压力及挡土结构、地基承载力、土坡稳定性分析。为便于学习，每章末均附有复习思考题及习题。

本书可作为高等学校土木工程专业及相近专业的教材，也可作为从事土木工程勘察、设计、施工技术人员的参考书。

图书在版编目（CIP）数据

土力学/张春梅主编 . —北京：机械工业出版社，
2012.6
普通高等教育"十二五"土木工程系列规划教材
ISBN 978 - 7 - 111 - 38124 - 2

Ⅰ. ①土… Ⅱ. ①张… Ⅲ. ①土力学 – 高等学校 – 教
材 Ⅳ. ①TU43

中国版本图书馆 CIP 数据核字（2012）第 076906 号

机械工业出版社（北京市百万庄大街 22 号 邮政编码 100037）
策划编辑：马军平 责任编辑：马军平 臧程程
版式设计：霍永明 责任校对：刘秀丽
封面设计：张 静 责任印制：杨 曦
北京京丰印刷厂印刷
2012 年 8 月第 1 版·第 1 次印刷
184mm × 260mm·14.5 印张·357 千字
标准书号：ISBN 978 - 7 - 111 - 38124 - 2
定价：29.80 元

普通高等教育"十二五"土木工程系列规划教材

编审委员会

前　言

　　土力学是土木工程专业的专业基础课程，具有较强的理论性和实践性。本书是根据《高等学校土木工程专业本科教育培养目标和培养方案及课程教学大纲》的要求及现行国家、行业相关规范，并结合长期教学与工程设计经验编写的。

　　1925 年美国土力学家太沙基（Terzaghi）发表了第一部土力学专著，使土力学成为了一门独立的学科，由于世界各国工程建设的需要，推动了土力学迅速发展。本书作为大学本科教材，选用了土力学中最基本、最成熟的理论与典型的经验，紧密结合新修订的相关国家规范和行业标准，内容尽量做到少而精，力求反映学科发展新水平。通过引入工程实例分析土力学原理在实际工程中的应用现状和发展前景，注重知识的实用性。

　　本书共 9 章，主要介绍土的力学基本概念和基本计算原理，包括绪论、土的物理性质及工程分类、土中应力计算、土的渗透性和渗流问题、土的变形性质及地基沉降计算、土的抗剪强度、土压力及挡土结构、地基承载力、土坡稳定性分析。为便于学习，每章末均附有复习思考题及习题。

　　本书由内蒙古科技大学张春梅任主编，河北工程大学叶洪东、天津大学雷华阳任副主编。具体编写分工如下：第 1、2 章由张春梅编写；第 3 章由张岳文编写 ；第 4、5 章由雷华阳编写；第 6、8 章由刘熙媛编写；第 7、9 章由叶洪东编写。全书由张春梅统稿。本书参考了部分文献，在此向文献的作者表示衷心感谢。本书的出版得到了内蒙古科技大学教材基金的资助，也得到了机械工业出版社的大力支持，在此表示衷心感谢。

　　由于编者水平有限，加上编写时间仓促，书中不妥之处在所难免，敬请广大读者批评指正。

编　者

目　录

第1章 绪 论

1.1 土力学、地基及基础的概念

土（Soil）是地壳岩石经过长期地质营力作用风化后覆盖在地表上的没有胶结或胶结很弱的碎散矿物颗粒的集合体，因此，土具有"松散性"。根据其生成环境、形成年代、土粒的大小及物质组成的不同，其工程性质比较复杂。土的工程性质还会因地下水、所承受的压力变化而发生变化，因此，土的工程性质具有自然"易变性"。土的颗粒之间有许多孔隙，使土具有"孔隙性"。通常，土中的孔隙由水和空气填充，所以，土是由土体颗粒（固相）、土中水（液相）和土中空气（气相）组成的多相体，即土具有"多相性"。

土在地壳表层的分布，决定了它在工程建筑中的主要作用和广泛用途。土的"松散性"、"易变性"、"孔隙性"和"多相性"，以及其形成时的沉积方式、顺序、沉积范围、天然土层埋藏条件等复杂因素，必对土的工程性质产生较大的影响，所以深入研究、准确掌握土的计算原理、方法及其在工程上的应用，对解决一系列的土工问题具有积极的意义。

土力学（Soil mechanics）是研究土的碎散特性及其受力后的应力、应变、强度、稳定和渗透等规律的一门学科。它是力学的一个分支，研究与工程建筑有关的土的变形和强度特性，并据此计算土体的固结与稳定，为各项工程服务。土力学不仅研究土体当前的性状，也要分析其性质的形成条件，并结合自然条件和建筑物修建后对土体的影响，分析并预测土体性质的可能变化，提出有关的工程措施，以满足各类工程建筑的要求。土力学是一门实践性很强的学科，它是进行地基基础设计和计算的理论依据。

任何建筑物都建造在一定的土层或岩层上，受建筑物荷载的影响，建筑物下一定范围内的土层将产生应力、变形，受应力和变形影响的那部分土层称为地基（Ground），如图 1-1 所示。此受力土层也称为持力层，在地基范围内持力层以下的土层称为下卧层。

地基一般分为两类：天然地基和人工地基。天然地基是未经人工处理就可以满足地基承载力、变形、稳定性要求的地基。若地基土较软弱，不能满足上述要求，则需对地基进行加固处理（如采用换土垫层、排水固结、深层夯实、化学加固、加筋土技术等方法处理），称为人工地基。一般天然地基要比人工地基的工期短、造价低，所以建筑物要尽量采用天然地基。

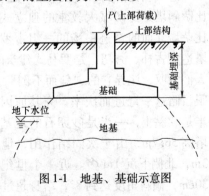

图 1-1 地基、基础示意图

各类建筑物的建造都涉及土力学的问题，为保证建筑物的安全施工和正常使用，土力学设计、计算必须解决工程中的三个问题。

1）土体的强度问题。作用于地基上的荷载不超过地基的承载能力，当土体的强度不足时，将导致边坡、建筑物的失稳和破坏。

2）土体的变形、稳定问题。土体的变形尤其是沉降或不均匀沉降不应超过地基变形的允许值，否则，轻者会引起建筑物的开裂、倾斜，重者会酿成工程事故。

3）土体的渗流问题。不同程度的渗透会影响工程的施工进度，降低土体的稳定性，直接影响工程的安全。

为满足稳定性的要求，建筑物应建在受力较好的土层上，一般要埋入地下一定的深度，埋入地下的这部分，既支撑上部结构的受力，还将上部结构的荷载传给地基，此部分就称为基础（Foundation）。按基础的埋置深度不同，基础可分为浅基础和深基础。浅基础的埋深较小（≤5m），采用挖槽、排水等简单的施工程序就可以建造，如独立基础，条形基础，十字交叉基础，筏形、箱形基础等。若地表浅层土质不良，需把基础埋置于深处（>5m）的土层时，借助特殊的施工方法建造的基础，称为深基础，其埋深较大，相对于浅基础而言，其造价高，施工工期长，如桩基础、地下连续墙、墩基、沉井、桩箱、桩筏基础等。

建筑物的地基、基础和上部结构，功能不同、缺一不可，研究方法各异，三者是彼此联系、相互制约的一个整体。它们的勘察、设计和施工质量直接关系建筑物的正常和安全使用。若设计不合理，发生事故，会危及生命和财产损失。

加拿大特朗斯康谷仓（图 1-2）是一个典型的由于强度不足而引起地基破坏的事故。该仓由 65 个圆柱形筒仓组成，高 31m，它的基础是底面面积为 59.4m×23.5m，厚 2m 的钢筋混凝土筏形基础。谷仓自重 $2×10^5$kN，当装谷 $2.7×10^5$kN 后，发现谷仓明显失稳、下沉，24h 内西端下沉 8.8m，东端上抬 1.5m，整体倾斜 26°53′。事后进行勘察，发现基底之下为厚 16m 的高塑性淤泥质软黏土层，

图 1-2　加拿大特朗斯康谷仓事故示意图

该土层的地基极限承载力为 251kPa，而谷仓的基底压力已超过 300kPa，从而造成地基的整体滑动破坏。由于谷仓的整体刚度较大，上部结构没有破坏，事故后在地基中做了 70 多个支承于深 16m 基岩上的混凝土墩，使用了 388 个 50kN 的千斤顶和支承系统，才把仓体纠正，然而纠正后的谷仓位置比原来低了 4m。

意大利比萨斜塔（图 1-3）是一个典型的由于变形问题引起的缺陷而造成的世界奇观。比萨斜塔是比萨城大教堂的独立式钟楼，是意大利托斯卡纳省比萨城北面的奇迹广场的一组古罗马建筑群中的钟楼。这座钟塔造型古朴、秀巧，是罗马式建筑的范本。从 1173 年建造至今，人们惊叹、诧异它的"斜而不倒"，既忧虑它的安全，又为能亲眼目睹这一奇迹而庆幸。究其原因，比萨斜塔的基础建立在一半是软黏土，一半是砂卵石的地基上而产生了倾斜。比萨斜塔塔高 56.7m，由于次固结作用，地基土层不均匀，南侧下沉近 3m，北侧下沉 1m 多。近一个世纪以来，塔已向南倾斜了大约 30cm，倾斜角度达到 8°，塔身超过垂直平面 5.1m。1990 年停止开放。从 1990 年至 2001 年，在斜塔北侧的塔基下码放了数百吨重的铅块，并使用钢丝绳从斜塔的腰部向北侧拽住，还抽走了斜塔北侧的许多淤泥，在塔基地下打入 10 根 50m 长的钢柱。经

图 1-3　意大利比萨斜塔

过长达 11 年的修复，比萨斜塔的拯救工作才全部结束。纠偏校斜 43.8cm，除自然因素外，可确保 3 个世纪内比萨斜塔不会发生倒塌危险。

Teton 坝（图 1-4）是一个典型的由于土中水的渗流而引起的水力劈裂破坏的事故。Teton 坝位于美国艾德华州的 Teton 河上，坝高 126.5m，坝长 945m，是一个集灌溉、防洪、发电、旅游于一体的水利工程。于 1972 年开始动工，1975 年建设完成。1975 年的 11 月开始蓄水，1976 年的春季水库水位上涨，拟定水库水位上涨限制速率为 0.3m/d，5 月份由于降雨，水库水位上涨速率达到 1.2m/d，在 1976 年 6 月 5 日上午 10：30 左右，下游坝面有

图 1-4 美国 Idaho 州的 Teton 坝

水渗出并带出泥土。11：00 左右洞口不断扩大并向坝顶靠近，泥水流量增加。11：30 洞口向上扩大，泥水冲蚀了坝基，主洞的上方又出现一渗水洞。流出的泥水开始冲击坝趾处的设施。11：50 左右洞口扩大加速，泥水对坝基的冲蚀更加剧烈。11：57 坝坡彻底坍塌，泥水狂泻而下。Teton 坝的破坏造成的直接损失为 8000 万美元，间接损失达 2.5 亿美元，死 14 人，受灾 2.5 万人，受灾土地面积 60 万亩（1 亩 = 666.6m^2），其中包含 32km 的铁路。

所以掌握、学习好土的强度、变形、渗透问题，才能选择安全可靠、经济合理、技术先进、施工方便的设计方案，将是正确解决工程问题的主要途径。

1.2 土力学的学习内容和研究方法

土力学是一门理论和实践性都较强的学科。土力学的研究内容包括：土的物理性质与工程分类、土中应力的计算、地基的沉降量计算、土的固结理论、土的抗剪强度和地基承载力计算、土压力理论、土坡稳定性的分析。这些理论内容与工程地质学、工程力学、建筑材料、建筑结构和施工技术等学科密切相关，涉及面广，理论性、综合性强。土力学是土木工程中应用有关原理知识，分析、解决实际地基基础设计和施工问题的理论基础，是后续课程—基础工程的理论基础和依据，也是工程专业技术人员必需掌握的理论知识。

土力学是岩土工程学科的基础，是一项古老的工程技术，又是一门年轻的偏于计算的应用科学。从古代采用石料修筑石拱桥基础、采用填土击实技术处理地基的传统方法到蜿蜒万里的长城及上海的环球金融中心的建立，无不体现着我国劳动人民的智慧和科学应用工程技术结合的成果。

由于土的易变性、多样性和工程地质条件千差万别的特点，所以，在课程的学习中，必须学习工程地质勘察知识，掌握有关的土工试验技术，正确评价建筑场地条件，综合地基、基础和上部结构的关系，理论联系实际，选择合理的地基基础方案，做到所设计的地基基础方案经济合理、安全可靠、技术先进。

根据土力学的研究内容，学习中应掌握以下几点：

1）要有工程的观点，掌握本课程的基本原理和实际中的实用工艺和设计施工方法。

2）要充分熟知规范规定，以规范为技术依据，结合实际工程情况，合理遵守、调整，

做到有据可依，符合计算设计原理，解决高难度、大规模的复杂工程。

3）应用理论指导，培养学生分析、解决不同工程地质条件的工程实际问题的能力，做到新时代应用型人才的培养目标早日实现。

1.3 本学科的历史发展

人类生活的需要及发展，使人类懂得了利用土建造土台、房屋、运河。闻名世界的万里长城及当今世界最大的水利水电枢纽工程三峡工程，都有坚固的地基与基础。这些都表明我国人民在土力学方面积累了丰富的经验与知识。

18 世纪欧洲的工业革命，推动了工业的迅猛发展，促进了桥梁、铁路、公路等事业的发展，也解决了土的有关问题。1773 年，法国的 C. A. 库仑（Coulomb）根据试验提出了土的抗剪强度公式和土压力理论公式。1856 年，法国工程师 H. 达西（Darcy）研究了水在土中的透水性，提出了达西定律。1857 年，英国的朗肯（W. J. M. Rankine）根据不同假设提出了挡土墙的土压力理论。1885 年，法国的布辛奈斯克（J. Boussinesq）计算求出了半无限弹性体在垂直集中力作用下应力和变形的理论解答。1922 年 瑞典的费兰纽斯（Fellenius）为解决铁路的坍方问题，提出了土坡稳定分析方法。这些公式、理论和方法，至今还在土力学学科中使用，为土力学学科的发展奠定了一定理论基础。1925 年美国的太沙基（K. Terzaghi）在总结前人研究的基础上，比较系统的发表了第一部《土力学》专著，从此，土力学成为一门独立的学科。1929 年太沙基又与其他作者一起发表了《工程地质学》（Ingenieurgeologie）。从此土力学与基础工程就作为独立的学科而取得不断的进展。

随着弹性力学的研究成果的不断深入及引用，土体变形和破坏问题的研究得到了迅速发展。1936 年，提出了明德林（R. D. Mindlin）公式并在桩基沉降计算中得到应用。1943 年，Terzaghi 进行了关于极限土压力的研究并提出了地基承载力公式。

现代科学的发展，使土力学的研究领域得到了明显的扩大，特别是进入 20 世纪 70 年代以来，土力学计算理论技术得到飞速的发展。先进的计算手段和有限元理论结合，岩土工程数值计算与分析方法大量运用对土这个具有弹、塑、粘性的非线性受力体的研究更加深入，传统的土力学研究方法、计算理论得到提高，地基—基础—上部结构共同作用的设计计算方法逐步成熟，地基基础的计算理论逐步完善，设计的方案更切合实际。在地基处理方面取得了更大的进展，基坑支挡工程的应用更为广泛。在勘察、测试技术方面具有更高精度、操作更方便的仪器设备得到开发及应用。这些都为人类的城市、水利、交通建设提供更为有利的保障，为土力学的进一步发展和逐步完善作出了积极的贡献。

复习思考题

1. 简述地基、基础的概念。
2. 在工程中常见的土力学问题有哪几种？
3. 查阅相关文献，实地调查本地区的常用基础形式，并举例说明本地区工程中遇到的土力学问题。

第 2 章 土的物理性质及工程分类

2.1 概述

岩石经过物理与化学风化作用而形成大小不同的颗粒，这些颗粒在不同的自然环境条件下堆积（或经搬运沉积），即形成了具有松散、易变、多孔隙性质的沉积物——土。通常，土是由土体颗粒（固相）、土中水（液相）和土中空气（气相）组成的三相体。土按其堆积或沉积的条件可以分为以下几种类型。

1. 残积土

残积土是指岩石经风化后仍残留在原地未经搬运的堆积物。残积土的厚度和风化程度主要受气候条件和岩石暴露时间的影响。在湿热、温差大的地带，风化速度快，残积土主要由黏粒组成，残积土的厚度可达几米至几十米；在严寒、温差较小的地带，残积土主要由岩块和砂组成，残积土土层的厚度较小。残积土的明显特征是：颗粒多为角粒。残积土的性质主要由母岩的种类来决定。母岩质地优良，由物理风化作用生成的残积土，通常较坚固和稳定，承载力高，变形小；母岩质地不良或经严重化学风化作用的残积土，其土大多松软，性质易变，承载力低。残积土一般是良好的建筑土料，但作为建筑地基使用时要注意土性和厚度随其所处不同位置的变异性，应进行详细的勘探。

2. 坡积土

当雨水和融雪水洗刷山坡时，将山坡表面的岩屑顺着斜坡搬运到较平缓的山坡或山麓处，逐渐堆积而成的土为坡积土。由于坡积土距搬运地点不远，其颗粒由搬运地逐渐变细。坡积土的土质极不均匀，土的孔隙大，压缩性高，且土层薄厚不均，未经处理作为建筑物的地基时，易造成地基的不均匀沉降和地基的稳定性下降。

3. 冲积土

降雨形成的地表径流流经地表时，由于流水动能的作用，冲刷或搬运土粒后在较平缓的地带沉积下来的土为冲积土。这些被搬运的物质来自山区、平原或江河河床冲蚀及两岸剥蚀的产物，所以冲积土的分布范围很广。其主要类型有山前平原冲积土、山区河谷冲积土、平原河谷冲积土、三角洲冲积土等。河流的流速决定了土体颗粒的大小，大小不同的颗粒堆积在不同的部位，所以冲积土具有颗粒的分选性和不均匀性。

4. 洪积土

由暴雨或大量融雪形成的山洪急流，冲刷并搬运大量岩屑，流至山谷出口与山前倾斜平原，堆积而形成洪积土层。由于谷口处的地形窄，流速大，所以洪积土在谷口附近多为大块石、碎石、砾石和粗砂；而谷口外地势越来越开阔，山洪的流速逐渐减慢，谷口外较远的地带颗粒变细。其地貌特征为：靠谷口处陡而窄，谷口外逐渐变为缓而宽的洪积扇。洪积扇中的洪积土层常为不规则的粗细颗粒交替层理构造，往往存在黏性土夹层、局部尖灭和透镜体等产状。故以洪积土层作为建筑物地基时，应注意土层的尖灭和透镜体引起的不均匀沉降。

5. 风积土

在干旱和半干旱地区，由风力带动土粒经过搬运后沉积下来的堆积物称为风积土。其种类主要有黄土和砂土。风积土没有明显的层理性，颗粒以带角的细砂粒和粉粒为主，同一地区颗粒较均匀。干旱地带粉质土粒细小，土粒之间的联结力很弱，易被风力带动吹向天空，经过长距离搬运后再沉积下来。

典型的风积土是黄土，颗粒组成以带角的粉粒为主，并含有少量黏粒和盐类胶结物。黄土具有大孔隙，密度低，含水率也很低，干燥时由于土粒之间有胶结作用，其胶结强度较大，很疏松时也能维持陡壁或承受较大的建筑物荷载。但是一遇水，土体结构便遭到破坏，胶结强度迅速降低，在自重或建筑物荷载作用下剧烈下沉，即黄土具有湿陷性。所以，在黄土地区修造建筑物时一定要充分注意黄土的湿陷性。

2.2　土的三相比例组成及土的结构

土是由土体颗粒（固相）、土中水（液相）和土中空气（气相）组成的三相体系，如图 2-1 所示。固相部分主要是土粒，有的有粒间胶结物和有机质，液相部分为水，气相部分由空气和其他气体组成。土体中矿物成分和颗粒大小差别很大，各组成部分的比例不同，其物理性质和力学性能会不同；土中的孔隙由水和空气填充，当孔隙完全被水充满时，它是饱和土；当孔隙完全被空气充满时，是干燥土；研究掌握了土的固体颗粒、水、空气三相的质量与体积间的相互比例关系以及固、液两相相互作用表现出来的性质，才能更好地掌握土的工程性质。

图 2-1　土的三相组成
1—固体颗粒　2—水
3—空气

2.2.1　土的固体颗粒

土的固相为土的固体颗粒，由土的矿物成分组成所决定。

1. 土的矿物成分

（1）原生矿物　由岩石经过物理风化作用而形成与母岩成分相同的矿物。包括：

单矿物颗粒——常见的如长石、石英、云母、角闪石与辉石等，砂土为单矿物颗粒。

多矿物颗粒——母岩的碎屑，如漂石、卵石和砾石等颗粒的矿物颗粒。

（2）次生矿物　岩屑经化学风化作用而形成与母岩成分不同的一种新矿物颗粒，颗粒较细。其成分主要是黏土矿物；粒径较小，肉眼看不清，用电子显微镜观察为鳞片状。

黏土矿物颗粒的片状由硅片和铝片两种原子层（晶片）构成；硅片是由 Si—O 四面体构成的四面体的空间结构，如图 2-2 所示，还有一种由 Al—OH 八面体构成的铝片，如图 2-3 所示。因这两种晶片的结叠情况不同，基本上可形成以下 3 种矿物的主要类型：

高岭石——晶胞之间的联结是氢键，其具有较强

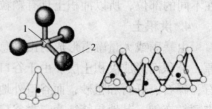

图 2-2　硅片的结构
1—Si^{4+} 离子　2—O^{2-} 离子

的联结力，且晶胞之间距离不易改变，水分子不能进入。因此，其亲水性最小，强度较高，具有较小的膨胀性，收缩性也较小。

伊利石（水云母）——伊利石在构成时，其中部分四面体中高价的 Si 为低价铝、铁离子所取代，这样，损失的原子价由正价阳离子钾补偿其晶胞的不足。钾离子的进入，增强了晶格层组之间的结合力，其晶格层组之间的结合力

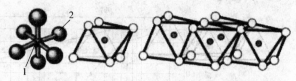

图 2-3 铝片的结构
1—Al^{3+} 离子 2—OH^- 离子

小于高岭石的晶胞之间的联结力，亲水性高于高岭石。因此，其亲水性较小，膨胀性、收缩性都高于高岭石。

蒙脱石——两晶胞结构单元之间没有氢键，联结很弱，水分子可以进入两晶胞之间。因此其亲水性很高，此土的强度低，渗透性低，可塑性和压缩性高，具有较大的湿胀干缩的性质。

次生矿物还有次生二氧化硅与难溶盐等。

2. 土的粒组

（1）土的粒组划分　自然界的土，都是由大小不匀的土粒组成的。土粒的大小通常以其直径表示，简称"粒径"，常用单位为 mm。土粒粒径的不同，影响其土粒的矿物成分和性质。为研究土的颗粒大小组成，需将自然界各种土粒划分为若干组别——"粒组"。划分粒组的方法是将自然界一定粒径范围内其具有相似成分和性质的土粒作为一个粒组，而划分粒组的分界尺寸称为界限粒径。

土的颗粒粒径大小由分析试验的方法测定，方法有：筛分法和沉降分析法。土的粒径大于 0.075mm 的为粗颗粒，常用筛分法，沉降分析法适用颗粒小于 0.075mm 的细粒土的区分，有密度计法和移液管法。

筛分法是利用一套孔径大小不同的标准筛子，将称过质量的干土样过筛，放入一套从上到下、筛孔由粗到细排列的标准筛充分筛选，将留在各级筛上的土粒分别称重，然后计算此粒径占土粒的百分含量。标准筛孔粗孔径依次为：60mm、40mm、20mm、10mm、5mm、2mm；细孔径依次为：2.0mm、1.0mm、0.5mm、0.25mm、0.075mm。

密度计法的基本原理是颗粒在水中下沉速度与粒径的平方成正比，粗颗粒下沉速度快，细颗粒下沉速度慢。颗粒在水中的下沉速度 v 与颗粒直径 d 成正比，可用式（2-1）表示为

$$d = 1.126\sqrt{v} \tag{2-1}$$

（2）土的颗粒级配　土中的颗粒大小及其组成情况，通常以土中各个粒组的相对含量（各粒组占土粒总土量的百分数）来表示，这就是土的颗粒级配。自然界的土都是由多个粒径组的土而组成，粒径的级配直接影响土的性质，如土的密实度、土的透水性、土的强度、土的压缩性等。工程中常用颗粒粒径级配曲线直接了解土的级配情况。曲线的横坐标为土的颗粒粒径，单位为 mm；纵坐标为小于某粒径土颗粒的累积含量，用百分比（%）表示。如图 2-4 所示为某土样的颗粒分析结果的颗粒级配曲线。

由颗粒级配曲线中可直接求得各粒组的颗粒含量及粒径分布的均匀程度，进而可估测土的工程性质。若曲线是连续的，曲线越平缓，表示颗粒粒径大小相差越大，颗粒不均匀，容易夯实，级配良好；反之，曲线越陡，表示土中的粒组变化范围窄，土粒均匀，不易夯实，

级配不良。为了更好地定量地说明问题，工程中，用不均匀系数 C_u 和曲率系数 C_c 反映土颗粒的不均匀程度。

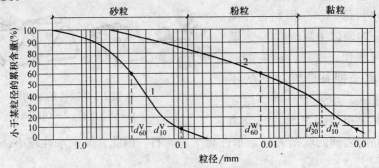

图 2-4　土的颗粒级配曲线

不均匀系数
$$C_u = \frac{d_{60}}{d_{10}}$$
(2-2)

曲率系数
$$C_c = \frac{d_{30}^2}{d_{60} d_{10}}$$
(2-3)

式中　d_{60}——小于某粒径的土粒质量占土的总质量 60% 的粒径，称限定粒径；

　　　d_{10}——小于某粒径的土粒质量占土的总质量 10% 的粒径，称有效粒径；

　　　d_{30}——小于某粒径的土粒质量占土的总质量 30% 的粒径，称中值粒径。

不均匀系数 C_u 反映大小不同粒组的分布情况，C_u 越大，表示粒组分布范围越广。级配连续的土，通常把 $C_u > 5$ 的土称为不均匀土，易于夯实，级配良好；$C_u \leqslant 5$ 的土称为均匀土，其级配不良。

如 C_u 过大，表示可能缺失中间粒径，属不连续级配，级配不连续的土即级配曲线成台阶状，故需同时用曲率系数来评价土的级配情况。曲率系数则是描述累计曲线整体形状的指标。采用两个指标判别土的级配时，则需同时满足 $C_u > 5$ 和 $C_c = 1 \sim 3$，才可以判定为级配良好。不同时满足，为级配不良。

颗粒级配相近的土，往往具有共同的性质。因此，级配可作为粗粒土的分类依据。级配良好的土，颗粒粗细的搭配较好，细的颗粒可以填充粗颗粒的孔隙，这样，土可以压实到较大密度，才能有较大的强度、较小的压缩性和良好的渗透性。

3. 黏土粒的带电性

土中的黏土颗粒在电场中会向阳极泳动的现象称为电泳。而土中的液体渗向阴极，称为电渗。这两种现象是同时发生的，称为电动现象，如图 2-5 所示。土的电泳、电渗现象可用于地基处理，即工程上的电渗排水法。

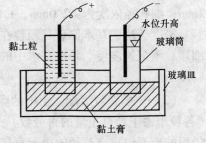

图 2-5　电泳、电渗装置图

2.2.2　土中的水

土中水可以处于固态、液态和气态。土中温度在 0℃ 以下时，土中水冻结成冰，形成冻土，冻土在冻结期间，强度增大；但其融化后，强度急剧降低。土中气态的水对土的性质影响不大，但土中液态的水会影响土的性质。土中液态水以结合水和自由水两种形态存在。结合水以结晶水的形式存在于固体颗粒的内部；自由水存在于土颗粒的孔隙中。

1. 结合水

黏土颗粒表面带有负电性，其颗粒表面的负电荷将吸附土孔隙中的阳离子和极性水分子，形成一层包围土粒的与自由水不同的水膜，称为结合水，如图 2-6 所示。在黏土颗粒表面电场作用力范围内，吸引在土颗粒周围的阳离子和极性水分子距离土颗粒越近，作用力越大；距离越远，作用力越小，直至不受电场力作用。

结合水越靠近土粒表面，作用力越大、吸附越牢固，水分子排列越规则，阳离子的密度越大，称为强结合水。其特点是不能传递静水压力，不能任意流动，牢固地结合在土粒表面上，性质几乎与固体一样，密度约为 $1.2 \sim 2.4 \text{g/cm}^3$，冰点为 $-78℃$，具有极大的粘滞性，也没有溶解能力。由于土颗粒的电场有一定的作用范围，因此结合水有一定的厚度，距土粒表面稍远的，作用力较小、吸附力略弱，阳离子的密度也减小，水分子排列没有强结合水那样规则，称为弱结合水。弱结合水是一种粘滞水膜，能以水膜形式由水膜较厚处缓慢迁移到水膜较薄的地方，能产生变形，不因重力作用而流动，与土的可塑性、冻胀性有关。

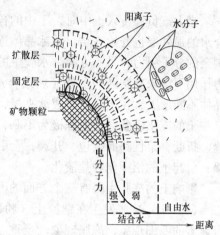

图 2-6 黏土矿物与水分子的相互作用

2. 自由水

土孔隙中不受电场引力影响作用的水称为自由水。它的性质和普通水一样，能传递静水压力，冰点为 $0℃$，有溶解能力。自由水又可分为毛细水和重力水。

1）毛细水是受到水与空气交界面处表面张力的作用、存在于地下水位以上的透水层中的自由水。由于水分子与土颗粒之间的附着力和水、气界面上的表面张力，地下水将沿着孔道被吸引上来，从而在地下水位以上形成一定高度的毛细管水带，如图 2-7 所示。它与土中孔隙的大小、形状，土粒的矿物成分以及水的性质有关。在潮湿的粉、细砂中，由于孔隙中的气与大气相通，孔隙水中的压力也小于大气压力，此时孔隙水仅存于土颗粒接触点的周围。

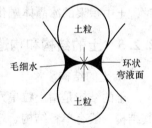

图 2-7 毛细水压力示意图

2）存在于地下水位以下，在重力本身作用下运动的水称重力水。重力水能在土体中自由流动。一般认为水不能承受剪力，但能承受压力和一定的吸力；一般情况下，水的压缩量很小，可以忽略不计。重力水对土中的应力状态和开挖基槽、基坑以及修筑地下构筑物时所应采取的排水、防水等措施有重要的影响。

2.2.3 土中气体

在非饱和土中，土颗粒间的孔隙由液体和气体充满。土中气体一般以下面两种形式存在于土中：

1）封闭气体，即四周被颗粒和水封闭的气体。封闭气体存在于黏土中，在外力作用下，体积缩小；外力减小，则体积增大。因此，土中封闭气体增加了土的弹性。同时，土中封闭气体的存在还能阻塞土中的渗流通道，减小土的渗透性。

2）自由气体，即土中与大气相通的气体。土体在外力作用下，气体很快从空隙中排出，则土的强度和稳定性提高。土中的自由气体对工程无影响。

2.2.4 土的冻胀

当大气负温传入土中时，土中的自由水首先冻结成冰晶体，随着气温的继续下降，弱结合水的最外层也开始冻结，使冰晶体逐渐扩大，冰晶体周围土粒的结合水膜减薄，土粒产生剩余的分子引力；另一方面，水膜中的离子含量增加，土粒就产生了渗透压力。在这两种引力作用下，未冻结区的水分（弱结合水和自由水）就会不断地向冻结区迁移和积聚，使冰晶体不断增大，在土层中形成冰夹层，土体随之发生隆起，出现冻胀现象。

土的冻胀现象会对工程极为不利，在高寒地区发生冻胀时会引起路基隆起，刚性路面错缝、折断，柔性路面鼓包、开裂；会引起冻土上的建筑物的开裂、倾斜、不均匀沉降甚至倒塌；引起土的沼泽化和盐渍化。

影响土的冻胀主要有三个方面的因素。

（1）土。冻胀发生在细粒土（粉砂、粉土、粉质黏土和粉质亚砂土）中，因为此土具有显著的毛细现象，冻胀现象较严重。粗粒土因为无毛细现象，基本无冻胀现象。故工程中常在地基或路基中换填砂土来防止土的冻胀。

（2）水。由于水分的积聚和迁移，当冻结区附近地下水位较高时，毛细水上升高度能够达到或接近冻结线，使冻结区能得到外部水源的补给，冻胀现象就会严重。

（3）温度。当气温骤降时，冻结面会迅速向下推移；若气温缓慢下降，冷却强度小，但负温持续时间较长，未冻区水分不断地向冻结区迁移、积聚，冻胀也会明显。当土层解冻时，土中积聚的冰晶体融化，土体随之下陷，出现了融陷现象。

2.2.5 土的结构和构造

1. 土的结构

土的结构是指土粒单元的大小、形状、相互排列及其联结关系等因素形成的综合特征。其结构一般有单粒结构、蜂窝结构和絮凝结构三种类型。

（1）单粒结构 土粒在空气或水中下沉时，全部由砂粒或更粗土粒组成的土的颗粒较大，在沉积过程中粒间力的影响与重力相比可以忽略不计，所以土粒在沉积过程中在重力作用下可以落到较稳定的状态而形成的单粒结构（见图2-8）。此结构的土粒之间以点与点的接触为主（见图2-9a）。根据其排列情况，可分为紧密和疏松两种排列。若是紧密结构的土，其土粒排

a)　　　　　　　　　b)

图2-8 土的单粒结构

a）疏松的 b）紧密的

列紧密，则土的孔隙占用空间较小，其在动、静荷载作用下都不会产生较大沉降，强度大，压缩性小，是较为良好的天然地基。若是疏松结构的土，则土的孔隙占用空间较大，骨架不稳定，当受到振动或其他外力作用时，土粒易于发生移动，土中孔隙剧烈减少，引起土体较大变形，不宜作为建筑物的天然地基。

（2）蜂窝结构　蜂窝状结构形式存在于细小颗粒所形成的土中，细小颗粒在下沉过程中接触到已下沉的土体颗粒，由于引力大于重力，土粒停留在最初的接触点不再下沉，逐步形成土粒链，土粒链组成孔隙较大的骨架结构，类似于蜂窝，如图 2-9b 所示。蜂窝结构主要由粉粒组成，较不稳定，可承担一定的水平静荷载，当承受较高水平荷载或动力荷载时，结构将破坏，导致严重的地基沉降。

（3）絮状结构　也称为絮凝结构，主要由黏粒或胶粒极细小的土颗粒（粒径小于0.005mm）组成，其重力作用小，不因自重而下沉，在水中常处于悬浮状态。当悬浮液的介质发生变化，如细小颗粒被带入电解质含量较大的海水中，土粒在水中做杂乱无章的运动时，粒间力表现为净引力，彼此容易结合在一起逐渐形成小链环状颗粒集合体，使质量增大而下沉。当一个小链环碰到另一个小链环时相互吸引，不断扩大形成大链环，称为絮状结构。由于絮状结构土粒的边、角常带正电荷，面带负电荷。角、边与面接触时净引力最大，所以絮状结构的特征是土粒之间以角、边与面的接触或边与边的搭接形式为主，如图 2-9c所示。此结构的土粒具有较大的孔隙且结构极不稳定，因此其强度低，压缩性高，对扰动比较敏感，但其土粒间的联结强度会由于压密和胶结作用逐渐得到增强。

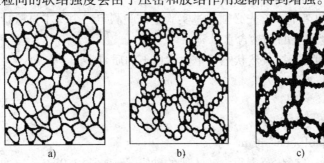

a)　　　　　　　　b)　　　　　　　　c)

图 2-9　土的结构

a）单粒结构　b）蜂窝结构　c）絮状结构

2. 土的构造

同一土层中的物质成分和颗粒大小等相近的各部分之间的相互关系的特征为土的构造。其构造的主要特征有：成层性构造、裂隙性构造及分散性构造。

成层性构造即层理构造，是在土的形成过程中，由于不同阶段沉积的物质成分、颗粒大小或颜色不同而沿竖向呈现的成层特征，较常见的有水平层理构造和交错层理构造。

裂隙性构造是在土中存在带、柱状裂隙，裂隙的存在大大降低了土体的强度和稳定性，使其透水性增大，对工程不利。此外，注意土中有无包裹物（腐殖物、贝壳、结核体等）以及天然或人为孔洞。

分散性构造是土层中各部分土粒无明显层次差别，分布均匀，各部分性质接近。如经过分选的砂、砾石、碎石等沉积厚度较大时，无明显的层次，属分散结构。分散结构的土可视为各向同性体。

2.3 土的三相比例指标

由于土是由固体颗粒、液体和气体三部分组成的,各部分含量的比例关系直接影响土的土的状态、物理和工程性质。如同样一种土,松散时强度较低,经过外力作用压密后,强度会提高,压缩性会降低。对于黏性土,含水量不同,其性质也有明显差别,含水量越高,状态则越软;含水量越小,则越硬。

在土力学中,为进一步形象地描述土的物理、力学性质,将土的三相成分比例关系进行量化,用一些具体的物理量表示,这些物理量就是土的物理力学性质指标,如含水量、密度、土粒相对密度、孔隙比、孔隙率和饱和度等。更为了形象、直观地表示土的三相组成比例关系,常用土的三相图来

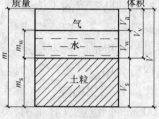

图 2-10 土的三相比例
示意图

表示土的固体、液体和气体的三相组成,如图 2-10 所示。下面介绍土的三相比例关系的物理性质指标。

2.3.1 土的物理性质指标

1. 实测指标（三个基本试验指标）

为确定三相土中的诸量,首先必须通过实验室试验测定三个基本试验指标,即土的天然密度 ρ、土粒相对密度和土的天然含水量 w。

（1）土的天然密度 ρ 指天然状态下单位体积土的质量,即

$$\rho = \frac{m}{V} \tag{2-4}$$

式中 m——土的质量（g 或 kg）;

V——土的总体积（cm^3 或 m^3）。

天然状态下土的密度变化范围很大,一般的砂土 $\rho = 1.6 \sim 2.0 g/cm^3$;黏性土和粉土 $\rho = 1.8 \sim 2.0 g/cm^3$;腐殖土 $\rho = 1.5 \sim 1.7 g/cm^3$。

对黏性土,土的密度常用环刀法测得,即用一定容积 V 的环刀切取试样,称得质量 m,即可求得密度 ρ。ρ 通常称为天然密度或湿密度。工程计算中还常用到饱和密度和干密度两种密度。

（2）土粒相对密度 G_s 指在 $105 \sim 110℃$ 的温度下土粒烘干至恒重时的质量与同体积 $4℃$ 时纯水的质量之比,见式（2-5）,土粒相对密度值的大小取决于土粒矿物成分和土的有机质的含量。有机质含量少时,相对密度值较大。有机质含量多时,相对密度值明显减小。

$$G_s = \frac{m_s}{V_s \rho_w} \tag{2-5}$$

式中 m_s——土的固体颗粒的质量（g 或 kg）;

V_s——土体颗粒的体积（cm^3 或 m^3）;

ρ_w——4℃时纯水的密度,$\rho_w = 1 g/cm^3$。

土粒相对密度可在实验室中用比重瓶测定。将比重瓶加满蒸馏水,称水和瓶的总质量

m_1；然后把烘干土 m_s 装入该空比重瓶，再加满蒸馏水，称总质量 m_2，按式求得土粒相对密度

$$G_s = \frac{m_s}{m_1 + m_s - m_2}$$ (2-6)

式中　m_1——比重瓶法测定，比重瓶加满蒸馏水时，水和瓶的总质量（g 或 kg）；

　　　m_2——烘干土加入比重瓶加蒸馏水时，土、水和瓶的总质量（g 或 kg）。

由式（2-6）知：土粒相对密度在数值上等于土粒的密度，但量纲为 1。

因为天然土的颗粒由不同的矿物组成，故它们的相对密度并不相同。试验测得的是土粒相对密度的平均值。土粒的相对密度变化范围较小，砂土一般为 2.65，黏性土一般为 2.75；若土中的有机质含量增加，则土的相对密度将减小。通用参考值见表 2-1。

表 2-1　土粒相对密度通用参考值

土的名称	砂土	粉土	黏性土	
			粉质黏土	黏土
土粒相对密度	2.65 ~ 2.69	2.70 ~ 2.71	2.72 ~ 2.73	2.74 ~ 2.76

（3）土的含水量 w　指土中液体的质量与土颗粒质量之比，用百分数计，即

$$w = \frac{m_w}{m_s} \times 100\%$$ (2-7)

式中　m_w——土中液体的质量（g 或 kg）。

含水量 w 是描述土的湿度的一个重要物理指标，天然土的含水量变化范围很大，对于同一种土，含水量越大，其强度越低，工程性质越差。含水量的测定方法是烘干法。质量为 m 的原状土置于工烘干箱内烘干至恒重，再称干土的质量 m_s，湿、干土质量之差 $m - m_s$ 为土中水的质量，土中水的质量与干土质量之比，就是土的含水量。

2. 其他指标

土的天然土密度 ρ、土粒相对密度和土的天然含水量 w 经试验得出后，就可以根据三相比例示意图换算得出干密度 ρ_d、天然饱和密度 ρ_{sat}、有效密度 ρ'、干重度 γ_d、天然重度 γ、饱和重度 γ_{sat}、有效重度 γ'、孔隙率 e、孔隙比 n 和饱和度 s_r。

（1）几种不同状态下的土的密度和重度

1）干密度 ρ_d，指单位体积土中土粒的质量，即

$$\rho_d = \frac{m_s}{V}$$ (2-8)

干重度 γ_d 　　　　　　　　　$$\gamma_d = \rho_d g$$ (2-9)

土的干密度的值一般为 $1.3 \sim 1.8 \text{g/cm}^3$。工程中常用干密度来评价土的密实度，在填方工程中常被作为填土设计和施工质量控制的指标。

2）饱和密度 ρ_{sat}，指土在饱和状态时，单位体积土的质量，即

$$\rho_{sat} = \frac{m_s + m_w}{V} = \frac{m_s + \rho_w V_v}{V}$$ (2-10)

饱和重度 γ_{sat} 　　　　　　　　$$\gamma_{sat} = \rho_{sat} g$$ (2-11)

土的饱和重度的值一般为 18~23kN/m^3。

3）有效密度 ρ'，指土体受水的浮力作用时，单位体积的有效质量，即

$$\rho' = \frac{m_s - V_s\rho_w}{V} \tag{2-12}$$

有效重度 γ'
$$\gamma' = \rho'g \tag{2-13}$$

式中 V_v——土中孔隙的体积（cm^3 或 m^3）。

（2）孔隙率 n 与孔隙比 e 可是反映土的密实程度的指标。

1）土的孔隙率 n，指土体中的孔隙体积 V_v 与总体积 V 之比，即

$$n = \frac{V_v}{V} \times 100\% \tag{2-14}$$

2）孔隙比 e，指土体中的孔隙体积 V_v 与土颗粒体积 V_s 之比，即

$$e = \frac{V_v}{V_s} \tag{2-15}$$

孔隙比是表示土的密实程度的一个重要指标。它的值越大，土越疏松，反之，土越密实。通常：$e < 0.6$，土体密实，压缩性小；$e > 1.0$，土体疏松，压缩性较高。

土的孔隙比和孔隙率都是用来表示孔隙体积的指标。同一种土，孔隙比和孔隙率不同，土的密实程度也不同。它们随土的形成过程中所受到的压力、粒径级配和颗粒排列的不同而有很大差异。一般来说，粗粒土的孔隙率小，如砂类土的孔隙率一般在 30% 左右；细粒土的孔隙率大，如黏性土的孔隙率有时可高达 70%。

（3）饱和度 s_r 指土中水的体积 V_w 与孔隙体积 V_v 之比，用百分数表示，即

$$s_r = \frac{V_w}{V_v} \times 100\% \tag{2-16}$$

习惯上根据饱和度的大小，把细砂土、粉砂土和砂土分为稍湿、很湿和饱和三种状态，见表 2-2。

表 2-2　砂土湿度状态划分

湿度	稍湿	很湿	饱和
饱和度 s_r	$s_r \leqslant 50\%$	$50\% < s_r \leqslant 80\%$	$s_r > 80\%$

2.3.2　土的物理性质指标的换算

土的三个基本试验指标，即天然土密度 ρ、土粒相对密度和土的天然含水量 w 是必须通过实验室试验测定的，其他指标，可以根据三相比例换算得出。在计算过程中，因为土的三相比例之间的关系是量的相对关系，为简化起见，假设 V_s =1，如图 2-11 所示，则 $V_v = e$，那么 $V = 1 + e$，其他的各相指标的公式可简化为

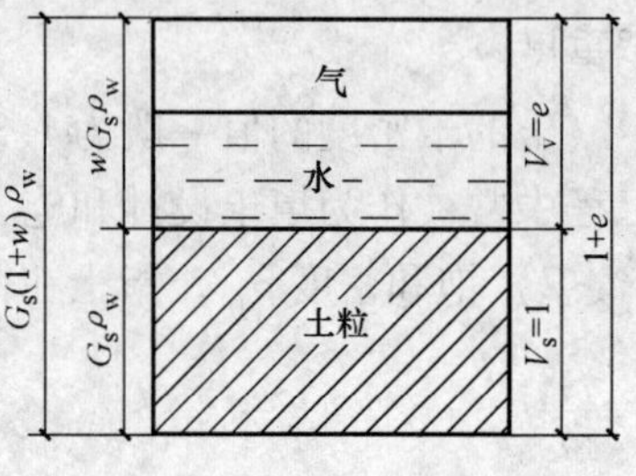

$$s_r = \frac{wG_s}{e} \tag{2-17}$$

$$\gamma_d = \frac{\gamma}{1 + w} \tag{2-18}$$

图 2-11　简化后土的三相比例

$$w = \frac{\gamma}{\gamma_d} - 1 \qquad (2\text{-}19)$$

$$e = \frac{G_s \rho_w (1+w)}{\rho} - 1 = \frac{G_s \gamma_w (1+w)}{\gamma} - 1 \qquad (2\text{-}20)$$

$$n = \frac{e}{1+e} \qquad (2\text{-}21)$$

$$\gamma_{sat} = \gamma' + \gamma_w \qquad (2\text{-}22)$$

$$\gamma' = \frac{\gamma_w (G_s - 1)}{1+e} \qquad (2\text{-}23)$$

推导得到各指标之间换算公式，见表2-3。

表2-3 土的三相比例换算公式

指　标	符　号	表达式	换算公式
土粒相对密度	G_s	$\dfrac{m_s}{V_s \rho_w}$	$G_s = \dfrac{S_r e}{w}$
含水量	w	$\dfrac{m_w}{m_s} \times 100\%$	$w = \dfrac{\gamma}{\gamma_d} - 1$
重度	γ	$\gamma = \rho g$	$\gamma = \gamma_d (1+w)$
干重度	γ_d	$\gamma_d = \dfrac{m_s g}{V}$	$\gamma_d = \dfrac{\gamma_w G_s}{1+e}$ $\gamma_d = \dfrac{\gamma}{1+w}$
饱和重度	γ_{sat}	$\gamma_{sat} = \dfrac{(m_s + m_w)g}{V}$	$\gamma_{sat} = \gamma' + \gamma_w$ $\gamma_{sat} = \dfrac{\gamma_w (G_s-1)}{1+e}$
有效重度	γ'	$\gamma' = \dfrac{(m_s - V_s \rho_w)g}{V}$	$\gamma' = \dfrac{\gamma_w (G_s-1)}{1+e}$ $\gamma' = \gamma_{sat} - \gamma_w$
孔隙比	e	$e = \dfrac{V_v}{V_s}$	$e = \dfrac{G_s \gamma_w (1+w)}{\gamma} - 1$ $e = \dfrac{G_s \gamma_w}{\gamma_d} - 1$
孔隙率	n	$n = \dfrac{V_v}{V} \times 100\%$	$n = \dfrac{e}{1+e}$
饱和度	s_r	$s_r = \dfrac{V_w}{V_v} \times 100\%$	$S_r = \dfrac{w G_s}{e}$ $S_r = \dfrac{w \gamma_d}{n \gamma_w}$

【例2-1】 某饱和土的质量为0.189kg，体积为80cm³，土烘干后的质量为0.156kg，G_s = 2.65，求 w、e、γ_d、n。

解： 饱和土
$$s_r = 1; \quad V_w = V_v$$
$$m_w = m - m_s = 0.189kg - 0.156kg = 0.033kg$$
$$w = \frac{m_w}{m_s} = \frac{0.033}{0.156} = 21.15\%$$
$$\gamma_d = \frac{m_s}{V}g = \frac{0.156}{80} \times 10N/cm^3 = 19.5N/cm^3$$
$$G_s = \frac{m_s}{V_s\rho_w} = 2.65$$
$$e = \frac{G_s w}{s_r} = \frac{0.2115 \times 2.65}{1} = 0.5605$$
$$n = \frac{e}{1+e} = \frac{0.5605}{1.5605} = 0.36$$

【例2-2】 用体积为72cm³的环刀取得某原状土样129.5g，烘干后土质量为121.5g，土粒相对密度为2.7，试计算该土样的含水量 w、孔隙比 e、饱和度 s_r、重度 γ、饱和重度 γ_{sat}、有效重度 γ' 以及干重度 γ_d，并比较各重度的数值大小（先导出公式然后求解）。

解： 由题意得
$$w = \frac{m - m_s}{m_s} \times 100\% = \frac{129.5 - 121.5}{121.5} \times 100\% = 6.7\%$$
$$e = \frac{V_v}{V_s} = \frac{G_s\rho_w}{\rho} - 1 = \frac{G_s\rho_w}{\frac{m}{V}} - 1 = \frac{2.7 \times (1+0.067) \times 1}{\frac{129.5}{72}} - 1 = 0.60$$
$$s_r = \frac{V_w}{V_v} \times 100\% = \frac{wG_s}{e} \times 100\% = \frac{0.067 \times 2.7}{0.60} = 30.2\%$$
$$\gamma_{sat} = \frac{m_s + V_v\rho_w}{V}g = \frac{G_s + e}{1+e}g\rho_w = \frac{2.7 + 0.60}{1+0.60} \times 10kN/m^3 = 20.6kN/m^3$$
$$\gamma' = \rho'g = \frac{m_s - V_s\rho_w}{V}g = (\rho_{sat} - \rho_w)g = \gamma_{sat} - \rho_w g = 10.6kN/m^3$$
$$\gamma_d = \rho_d g = \frac{m_s}{V}g = \frac{G_s\rho_w}{1+e}g = \frac{2.7 \times 1}{1+0.6} \times 10kN/m^3 = 16.9kN/m^3$$

得 $\gamma_{sat} > \gamma > \gamma_d > \gamma'$。

2.4 无黏性土的物理状态

2.4.1 无黏性土的密实度

无黏性土是碎石土、砾石土和砂土的统称。天然无黏性土有疏松到密实各种不同的物理状态，不同物理状态与土的形状、颗粒、沉积条件和存在历史有关。越密实的土，其工程性质越好。判定无黏性土的密实程度的指标是无黏性土的相对密实度，即碎石土和砂土的疏密程度，用 D_r 来表示，按下式计算

$$D_r = \frac{e_{max} - e_0}{e_{max} - e_{min}}$$　　　　　　　（2-24）

式中　D_r——砂土的相对密实度；

　　　e_{max}——无黏性土处于最松状态时的孔隙比，由最小干密度换算，松散器法测定；

　　　e_{min}——无黏性土处于最密状态时的孔隙比，由最大干密度换算，振击法测定；

　　　e_0——无黏性土的天然孔隙比或填筑孔隙比。

　　显然，D_r 越大，土越密实。当 $e_0 = e_{max}$ 时 $D_r = 0$，表示砂土处于最松散的状态；当 $e_0 = e_{min}$ 时 $D_r = 1$，表示砂土处于最密实的状态。无黏性土的相对密实度与其工程性质有着密切的关系，密实的无黏性土，压缩性小，抗剪强度高，承载力大，可作为建筑物的良好地基。处于疏松状态的无黏性土，尤其是细砂和粉砂，其承载力有可能很低，疏松的单粒结构是不稳定的，在外力作用下很容易产生变形，且强度也低，很难作为建筑物的天然地基。无黏性土位于地下水位以下，在动荷载作用下还有可能由于超静水压力的产生而发生液化。如1976 年我国唐山发生的 7.8 级地震曾造成大面积砂土液化现象。震后数分钟地表开始大面积砂土液化，喷水、冒砂达数小时，引起地表开裂与下沉，并最终使建筑物成片裂塌。1964年日本新潟发生的 7.6 级地震，由于靠近河岸，大面积砂土地基发生液化，大量建筑物遭到破坏。因此，凡工程中遇到无黏性土时，首先要注意的就是它的相对密实度。工程中根据经验，以相对密实度划分砂土的密实标准如下：$0 < D_r \leqslant 0.33$，松散的；$0.33 < D_r \leqslant 0.67$，中密的；$0.67 < D_r \leqslant 1$，密实的。

2.4.2　标准贯入试验及无黏性土分类

　　采用相对密实度评定砂土的密实度，需要用到原状土的天然孔隙比。但是在实际工程中难以取得砂土原状土样，因此，根据国内外经验，利用标准贯入试验、动力触探等原位测试方法来评价砂土的密实度得到了工程技术人员的广泛采用。标准贯入试验是在现场进行的一种原位测试。此试验是用 63.5kg 的锤，升高 76cm，自由落锤，将贯入器贯入土层 30cm 所需的锤击数记为 $N_{63.5}$，此数值的大小反映土贯入阻力的大小，即密度的大小。GB 50007—2011《建筑地基基础设计规范》规定：根据标准贯入试验锤击数 $N_{63.5}$，将砂土划分为松散、稍密、中密及密实四种密实度，具体划分标准见表 2-4。

表 2-4　砂土的密实度

标准贯入试验锤击数 $N_{63.5}$	$N_{63.5} \leqslant 10$	$10 < N_{63.5} \leqslant 15$	$15 < N_{63.5} \leqslant 30$	$N_{63.5} > 30$
密实度	松散	稍密	中密	密实

　　碎石土的密实度根据重型圆锥动力触探试验的锤击数 $N_{63.5}$ 及野外鉴别划分为松散、稍密、中密及密实。具体划分标准见表 2-5、表 2-6。

　　【例 2-3】　某砂土土样的密度为 1.77cm³，含水量为 9.8%，土粒相对密度为 2.67，烘干后测定最小孔隙比为 0.461，最大孔隙比为 0.943，试求孔隙比 e 和相对密实度 D_r，并评定该土的密实度。

解：由题知 $\rho = 1.77\text{g/cm}^3$；$w = 9.8\%$；$G_s = 2.67$；$e_{max} = 0.943$；$e_{min} = 0.461$。

所以
$$e = \frac{G_s(1+w)\rho_w}{\rho} - 1 = \frac{2.67 \times (1+9.8\%) \times 1}{1.77} - 1 = 0.656$$

$$D_r = \frac{e_{max} - e}{e_{max} - e_{min}} = \frac{0.943 - 0.656}{0.943 - 0.461} = 0.595$$

该土的密实度为中密。

表2-5　碎石土的密实度

重型圆锥动力触探锤击数 $N_{63.5}$	$N_{63.5} \leq 5$	$5 < N_{63.5} \leq 10$	$10 < N_{63.5} \leq 20$	$N_{63.5} > 20$
密实度	松散	稍密	中密	密实

注：1. 本表适用于平均粒径小于等于50mm且最大粒径不超过100mm的卵石、碎石、圆砾、角砾等碎石土。对于平均粒径大于50mm或最大粒径大于100mm的碎石土可按野外鉴别方法划分其密实度。

2. 表内 $N_{63.5}$ 为经验综合修正后的平均值。

表2-6　碎石土密实度的野外鉴别

密实度	骨架颗粒含量和排列	可挖性	可钻性
密实	骨架颗粒含量大于总重的70%，呈交错排列，连续接触	锹镐挖掘困难，用撬棍方能撬动，井壁一般较稳定	钻进困难，冲击钻探时，钻杆、吊锤跳动剧烈，孔壁较稳定
中密	骨架颗粒含量大于总重的60%~70%，呈交错排列，大部分接触	锹镐可挖掘，井壁有掉块现象，从井壁取出大颗粒处，能保持颗粒凹面形状	钻进较困难，冲击钻探时，钻杆、吊锤跳动不剧烈，孔壁有塌陷现象
稍密	骨架颗粒含量大于总重的55%~60%，排列混乱，大部分不接触	锹镐可以挖掘，井壁易坍塌，从井壁取出大颗粒后，砂土立即坍落	钻进较容易，冲击钻探时，钻杆稍有跳动，孔壁易坍塌
松散	骨架颗粒含量小于总重的55%，排列十分混乱，绝大部分不接触	锹易挖掘，井壁极易坍塌	钻进很容易，冲击钻探时，钻杆无跳动，孔壁极易坍塌

注：1. 骨架颗粒指与 GB 50007—2011《建筑地基基础设计规范》表4.1.5 相对应粒径的颗粒。

2. 碎石土的密实度应按表列各项要求综合确定。

【例2-4】　某干砂试样密度 $\rho = 1.66\text{g/cm}^3$，土粒相对密度 $G_s = 2.69$，置于雨中，若砂样体积不变，饱和度增至40%时，此砂在雨中的含水量 w 为多少？

解：由题知 $\rho = 1.66\text{g/cm}^3$；$G_s = 2.69$；$s_r = 40\%$。

$$e = \frac{V_v}{V_s} = \frac{\rho_w G_s}{\rho} - 1 = \frac{1 \times 2.69}{1.66} - 1 = 0.62$$

所以砂在雨中的含水量
$$w = \frac{s_r e}{G_s} = \frac{s_r\left(\dfrac{G_s \rho_w}{\rho_d} - 1\right)}{G_s} = \frac{0.4 \times \left(\dfrac{2.69 \times 1}{1.66} - 1\right)}{2.69} = 9.2\%$$

2.5　黏性土的物理特征

2.5.1　黏性土的界限含水量

黏性土由于其含水量的不同，而分别处于不同的状态。含水量较小时，黏性土处于固态或半固态；含水量增加到较大时，黏性土处于可塑状态；当含水量很大时，黏性土就转变为流动状态。可塑状态就是当黏性土在某含水量范围内，可用外力塑成任何形状而不发生裂纹，并当外力移去后仍能保持既得的形状。土的这种性能叫做可塑性。黏性土由一种状态转到另一种状态的分界含水量，叫做界限含水量，同一种黏性土随着含水量的不同，分别处于固态、半固态、可塑状态和流动状态四种状态，如图 2-12 所示。它对黏性土的分类及工程性质的评价有重要意义。

可塑状态与液态的界限含水量，称为液限 w_L；可塑状态与半固态的界限含水量，称为塑限 w_P；半固态与固态的界限含水量，称为缩限 w_s。

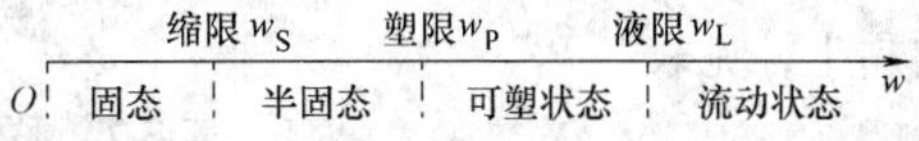

```
              缩限 wS    塑限 wP    液限 wL
O|  固态  | 半固态 | 可塑状态 | 流动状态 |→ w
```

图 2-12　黏性土的状态与含水量的关系

实验室用锥式液限仪测定液限。试验装置如图 2-13 所示。实验步骤如下：先将土样加入一定的水，装入金属杯中，将表面刮平，放在底座上，置于水平桌面上。锤式液限仪质量为 76g，手持液限仪顶部的小柄，将圆锥体的锥尖置于土样中部的表面，松手让液限仪在自重作用下沉入到土中，距锤尖 10mm 处有一刻度，若液限仪沉入土中后，刻度高于或低于土面，则表示土样的含水量低于或高于液限，需要重新制备土样。反复试验，直到锤尖刻度恰好与土样表面齐平，则此土样的含水量即为液限。

日本等国采用碟式液限仪来测定液限。金属碟半径为 54mm，土样装入碟中，厚 8mm，用金属刀从土糊中部刮出一个梯形小槽，小槽底宽 2mm，顶宽 11mm，此时摇动碟式液限仪手柄，使碟子上升 10mm 后跌在硬木底座上。当碟子下跌 25 次时，如碟中的小槽两侧的土糊能流动起来，则此时土糊的含水量即为液限。

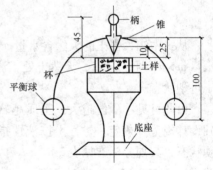

图 2-13　锥式液限仪
（尺寸单位：mm）

实验室用搓条法测定塑限。具体方法是：将制备的土样取一小块，用手掌在毛玻璃上轻轻滚搓。当土条搓到直径为 3mm 时，土条表面出现很多裂纹，并断成几截，此时土条的对应的含水量即为塑限。如土条搓到直径为 3mm 时不断或搓到直径为 3mm 时已断裂，说明土样太湿或太干，需重新制备土样再做试验，直到符合标准为止。

实验室用收缩皿法测定缩限。用收缩皿盛满已知质量与体积的饱和土样，土样的含水率为 10mm 液限或略大于 10mm 液限试样，先逐渐晾干至试样颜色变淡时，在烘干箱烘至全干，测定烘干后的土质量与收缩体积，即可求得土样的缩限。

2.5.2　黏性土的塑性指数和液性指数

液限和塑限是土处于可塑状态时的上限和下限的含水率。以塑性指数表现可塑土的含水

量变化范围，塑性指数为液限和塑限的差值（省去%符号），符号为 I_P 即

$$I_P = w_l - w_P \tag{2-25}$$

显然，塑性指数越大，土处于可塑状态的含水量范围也越大。塑性指数的大小与土中结合水的可能含量有关，土中结合水的含量与土粒的矿物成分、土的颗粒组成及土中水的离子成分和含量等因素有关。从矿物成分来说，黏土矿物可能具有的结合水量大（其中尤以蒙脱石类为最大），因而 I_P 也大。从土的颗粒来说，土粒越细且细颗粒（黏粒）的含量越高，则其比表面和可能的结合水含量越高，因而 I_P 也会随之增大，从土中水的离子成分和含量来说，当水中高价阳离子的含量增加时，土粒表面吸附的反离子层的厚度变薄，结合水含量相应减小，I_P 也小，反之随着反离子层中的低价阳离子含量的增加，I_P 变大。

由上所述：塑性指数在一定程度上综合反映了影响黏性土特征的各种重要因素，因此，在工程上常按塑性指数对黏性土进行分类。

GB 50007—2011《建筑地基基础设计规范》按塑性指数 I_P 值将黏性土划分为黏土及粉质黏土，见表 2-7。

表 2-7　黏性土以塑性指数的划分

土的名称	粉质黏土	黏　　土
塑性指数 I_P	$10 < I_P \leqslant 17$	$I_P > 17$

注：确定 I_P 时，液限以质量为 76g 的锤式液限仪沉入土样深度 10mm 为准。

液性指数用来判定黏性土所处的软硬状态。液性指数是黏性土的天然含水量和塑限的差值与塑性指数的比值，即

$$I_L = \frac{w - w_P}{w_L - w_P} \tag{2-26}$$

从式中知，当土的天然含水量 $w < w_P$ 时，$I_L < 0$，天然土处于坚硬状态；当土的天然含水量 $w > w_L$ 时，$I_L > 1$，天然土处于流动状态；当 $w_P < w < w_L$ 时，I_L 在 $0 \sim 1$ 之间，天然土处于可塑状态。

由此可见：I_L 值越大，土质越软，I_L 越小，土质越硬。GB 50007—2011《建筑地基基础设计规范》规定：黏性土按液性指数 I_L 可划分为坚硬、硬塑、可塑、软塑及流塑五种软硬状态，其划分标准见表 2-8。

表 2-8　黏性土状态的划分

液性指数 I_L	$I_L \leqslant 0$	$0 < I_L \leqslant 0.25$	$0.25 < I_L \leqslant 0.75$	$0.75 < I_L \leqslant 1.0$	$I_L > 1$
状态	坚硬	硬塑	可塑	软塑	流塑

2.5.3　黏性土的灵敏度和触变性

天然状态下的黏性土，通常都具有一定的结构性。当黏性土的结构、构造受到外来因素的扰动时，土粒间的胶结物质以及土粒、离子、水分子所组成的平衡体系受到破坏，会引起土强度的降低和压缩性增大，土的结构性对强度的这种影响，一般用灵敏度 S_t 来衡量，通常以原状土的强度与同一土经重塑（指在含水量不变条件下使土的结构彻底破坏）后的强度之比来表示，即

$$S_t = \frac{q_u}{q_u'} \tag{2-27}$$

式中　q_u——原状土试样的无侧限抗压强度或十字板抗剪强度（kPa）；

　　　q_u'——重塑土试样的无侧限抗压强度或十字板抗剪强度（kPa）。

根据灵敏度 S_t 将黏性土分为：低灵敏度，$1.0 < S_t \leqslant 2.0$；中灵敏度，$2.0 < S_t \leqslant 4.0$；高灵敏度，$4.0 < S_t \leqslant 8.0$；极灵敏度，$S_t > 8.0$。

重塑试样具有与原状试样相同的尺寸、密度和含水量，测定强度所用的常用方法有无侧限抗压强度试验和十字板抗剪强度试验。

土的灵敏度越高，其结构性越强，受扰动后土的强度降低就越多。所以在基础施工中应注意保护基槽，尽量减少对土结构的扰动。

饱和黏性土的结构在受到扰动时，强度降低，但当扰动停止后，土的强度又随时间而逐渐恢复、增长。这是由于土粒、离子和水分子体系随时间而逐渐趋于新的平衡状态的缘故。黏性土的这种抗剪强度随时间恢复的胶体化学性质称为土的触变性。如在黏性土中打桩时，桩侧土的结构受到破坏而强度降低，但在停止打桩以后，土的强度渐渐恢复，桩的承载力逐渐增加，这也是受到土的触变性影响的结果。

2.5.4　黏性土的胀缩性、湿陷性和冻胀性

1. 黏性土的胀缩性

黏性土由于含水量的增加而发生体积增大的性能称膨胀性；由于土中水分蒸发减少而引起体积减小的性能称收缩性；两者统称胀缩性。

黏性土随含水量变化的胀缩性对边坡、基坑、坑道及地基土的稳定性有着很重要的意义。

（1）膨胀性（expansibility）　黏性土的膨胀性常用下列指标表示：

1）自由膨胀率 δ_{ef}，指原状土样膨胀后体积的增量与原体积之比，以百分率表示，即

$$\delta_{ef} = \frac{\Delta V}{V_0} \times 100\% = \frac{V_w - V_0}{V_0} \times 100\% \tag{2-28}$$

式中　V_w——土样在水中膨胀稳定后测得 50 mL 容积的量筒内试样的体积（mL）；

　　　V_0——试样初始体积（mL），取量土杯的容积为 10mL。

2）膨胀系数。若 δ_{ef} 直接以小数表示时，称为膨胀系数。δ_{ef} 较小的膨胀土，膨胀潜势较弱，建筑物损坏轻微；δ_{ef} 高的土，具有较强的膨胀潜势，会造成较多建筑物的严重破坏。

3）常用线膨胀率，指原状土在侧限压缩仪中，在一定的压力下浸水膨胀稳定后，试样增加的高度与原高度之比，以百分率表示，即

$$\delta_{ep} = \frac{h_w - h_0}{h_0} \times 100\% \tag{2-29}$$

式中　h_w——土样浸水膨胀稳定后的高度（mm）；

　　　h_0——土样的原有高度（mm）。

膨胀率 δ_{ep} 可用来评价地基的胀缩等级，计算膨胀土地基的变形量及测定土的膨胀力 P_e。

（2）收缩性（shrinkage）　黏性土的收缩性是由土中水分的蒸发而引起的。当土中含水率小于土的缩限 w_s 时，土的体积收缩极小；随着含水率的增加，土体积增加幅度将增大，

当含水率大于黏性土的液限 w_L 时，土体坍塌。黏性土的收缩性用以下指标表示：

1）体缩率 e_s，指土试样体积收缩减小的值与收缩前体积的比值，以百分率表示，即

$$e_s = \frac{V_0 - V}{V_0} \times 100\% \tag{2-30}$$

式中　V_0——收缩前的体积（cm^3）；

V——收缩后的体积（cm^3）。

2）线缩率 e_{sl}，指试样收缩后的高度减小量与原高度之比，以百分率表示，即

$$e_{sl} = \frac{l_0 - l}{l_0} \times 100\% \tag{2-31}$$

式中　l_0——试样的原始高度（cm）；

l——试样收缩后的高度（cm）。

2. 土的湿陷性

土的湿陷性是指土在承担自重压力作用或自重压力和附加压力共同作用时，受水浸湿后，土的结构发生迅速破坏，继而进一步出现显著的附加下陷的特征，以湿陷系数 δ_s 值来衡量。δ_s 由室内压缩试验来测定，按下式计算

$$\delta_s = \frac{h_p - h_p'}{h_0} \tag{2-32}$$

式中　h_p——在侧限条件下原状土样加压到压缩稳定后的试样高度（mm）；

h_p'——上述加压稳定后，土样再加水浸湿下沉稳定后的高度（mm）；

h_0——土样的原始高度（mm）。

3. 土的冻胀性

土的冻胀性是指土在冬季负温时土、水的冻胀和春季冻土融化给建筑物或土工建筑物带来危害的变形特性。其危害主要有：使路基隆起，使柔性路面鼓包、开裂、倾斜、不均匀沉降甚至倒塌；解冻后土层软化，土的强度降低。

2.6　土的压实

2.6.1　土的压实原理

土的压实性是指土在反复冲击荷载作用下，使土的颗粒克服粒间阻力而重新排列，使土的孔隙减小，增加土的密实度，而使土在短时间内达到新的结构强度的特性。

工程建设中广泛地用到填土，如修筑路基、土坝、土堤、挡土墙、飞机的跑道，修建建筑物时的平整场地，都是要把土作为建筑材料按照一定的要求填堆而成。未经压实的土，孔隙大、强度低、压缩性大且不均匀，遇水易发生塌陷现象。因此，这些填土必须要经过压实，以来达到减小其沉降量、提高其强度和密实度、降低其透水性的目的。通常采用的压实方法有夯实、碾压和振动。

击实是最简单易行的土质改良方法，常用于填土压实。实践经验表明：压实细粒土宜用

夯实机具或压力较大的碾压机具，同时要控制土的含水量。饱和松散的粉细砂土在地震作用下，会出现类似于液体的性质而完全丧失承载力的现象，即砂土液化现象，会发生地表喷砂冒水、滑坡及地基失稳导致构筑物或建筑物的破坏；对过湿的黏性土进行碾压或夯实时会出现软弹现象（俗称"橡皮土"），填土难以压实，密实度不会增大；对很干的黏性土进行夯实或碾压，显然也不能把土充分压实。所以，要使土的压实效果达到最好，其含水量一定要控制到适当的范围之内。压实粗粒土时，宜采用振动机具和充分洒水相结合的办法。

1. 最优含水量

在一定的压实能量下使土最容易压实，并能达到最大密实度时所对应的含水量，称为土的最优含水量（或称最佳含水量），用 w_{op} 表示。

2. 最大干密度

土体达到最大密实度时相对应的干密度叫做最大干密度，以 ρ_{dmax} 表示。在图 2-14 上，峰值 ρ_{dmax} 对应的含水量就是 w_{op}。

2.6.2　土的压实试验

研究土的最优含水量和最大干密度，可以提高压实效果。土的最优含水量可在现场或室内由压实试验测得。试验时将同一种土，配制成若干份不同含水量的试样，用同样的压实能量分别对每一份试样进行压实（试验的仪器和方法见 GB/T 50123—1999《土工试验方法标准》后，测定各试样压实后的含水量和干密度，从而绘制含水量与干密度关系曲线（图 2-14），称为压实曲线。从图中可以知道，当含水量较低时，随着含水量的增大，土的压实效果也逐步提高，其干密度也逐渐增大；即在某一含水量下，将土中所有的气体都从孔隙中赶走，此时土压到最密；但当含水量超过某一限值时，干密度则随着含水量增大而减小，即压实效果下降。这说明土的压实效果随含水量的变化而变化，并在压实曲线上出现一个干密度峰值（即最大干密度 ρ_{dmax}），相应于这个峰值的含水量就是最优含水量 w_{op}。

最优含水量的土，其压实效果最好。这是因为含水量较小时，土中水主要由强结合水组成，土粒周围的结合水膜很薄，土的颗粒间具有很大的分子引力，阻止颗粒间的靠近移动，压实就比较困难；当含水量适当增大时，土中结合水膜变厚，土粒之间的联结力减弱而使土粒易于移动靠近，压实效果就会变好，易达到压实的要求；但当含水量继续增大时，以致土中出现了自由水，压实时孔隙中过多的水分不易立即排出，势必阻止土粒的靠拢移动，所以压实效果反而下降，土体不易压实。

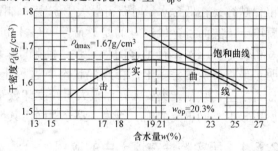

图 2-14　压实曲线

在图 2-14 中还给出了理论饱和曲线，它表示当土处在饱和状态下的干密度与含水量的关系。在实践中，土不可能被压实到完全饱和的程度，试验证明，黏性土在最优含水量时，压实到最大干密度，其饱和度一般为 80% 左右。因为此时，土孔隙中的气体越来越难于和大气相通，压实时不能将其完全排出去，所以压实曲线只能趋于理论饱和曲线的左下方，而不可能与它相交。

2.6.3 影响压实效果的因素

1. 含水量

由前所述，对较干燥的土进行压实比较困难；当含水量适当增大时，压实效果就会变好，易达到压实的要求；对含水量较大的土进行夯实或碾压，压实效果反而下降，土体不易压实。只有当含水量控制在一定范围或达到最优含水量时，土才能达到最好的压实效果，才可能增加土的密实度，提高土的强度和稳定性，减小土的压缩性。

试验证明，最优含水量 w_{oP} 一般约与土的塑限 w_P 相近，大致为 $w_{oP} = w_P + 2$。填土中所含的黏土矿物越多，则最优含水量越大。

2. 压实功能

试验还证明，土的压实效果还与压实能量有关。对同一种土，用不同的压实功能夯实时，得到的压实曲线如图 2-15 所示。由曲线可以看出：压实能量小时，要求土粒的最优含水量较大而得到的最大干密度却较小，如图中曲线的曲线 3。当夯实能量较大时，要求土粒的最优含水量较小而得到的最大干密度较大，如图中曲线的曲线 1 和 2。所以当填土压实程度不足时，可以改用大的压实能量补夯，以达到所要求的密度。

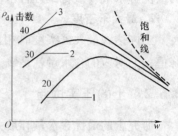

图 2-15　不同压实功能的压实曲线

3. 土类及级配的影响

土的颗粒的大小、矿物成分、级配等因素对压实效果均有影响。在同类土中，土的颗粒级配对土的压实效果影响很大，颗粒级配不均匀的容易压实，颗粒级配均匀的则不易压实。不同类型土的压实效果也是不一样的，颗粒越粗，越容易在低含水量时获得最大干密度，如图 2-16 所示。就填土压实而言，最适宜的是砂砾土、砂土和砂性土，这些粗粒土易压实，有足够的稳定性，沉陷小。压实试验表明：最难压实的是黏土，在潮湿状态下这种土不稳定，最

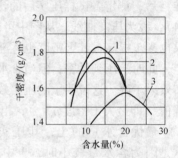

图 2-16　不同土类的压实曲线
1—亚砂土　2—亚黏土　3—黏土

佳含水量比其他土类要大，而最大干密度却较小，但经压实的黏土仍具有良好的不透水性。所以根据不同土类的施工条件，要分别确定其最大干密度和最佳含水量。

2.6.4 压实特性在填土中的应用

在工程实践中，常用土的压实度或压实系数来表示和控制填方工程的工程质量。压实度是工地实际达到的干密度与室内标准压实试验所得的最大干密度的比值，或称压实系数，并用百分数表示，即

$$\lambda = \frac{\rho_d}{\rho_{dmax}} \tag{2-33}$$

λ 越接近 1，表明对压实质量的要求越高。其应用在重要的工程建设中或主要的受力土层中。在高速公路的路基中，要求 $\lambda > 0.95$，在路基的下层或次要工程，压实系数 λ 可以根据具体要求确定或小一些。

【例 2-5】　为了配置含水量 w 为 40.0% 的土样，取天然含水 w 为 12.0% 的土样 20g，已测定土粒的相对密度 G_s 为 2.70，需掺入多少水？

解：由于取天然含水量为 12% 的土样 20g；即 $m_w + m_s = 20g$，$\dfrac{m_w}{m_s} = 12\%$，

所以
$$m_w = 2.143g$$

土粒的质量为 $m_s = 20g - m_w = 17.857g$。

要配制含水量为 40% 的土样，即 $\dfrac{m_w'}{m_s} = 40\%$，$m_w' = m_s \times 40\% = 7.143g$

所以需加水 $\Delta m_w = 7.143g - 2.143g = 5g$。

2.7　土的工程分类

2.7.1　土的分类原则

自然界中土的种类不同，成分、结构及工程地质性质也不相同。为了能大致评判及评价土的工程性质，需合理地进行土的分类，这对于不同土类的特性研究具有很大的实际工程意义。如根据分类名称可以大致判断土（岩）的工程特性、评价土作为建筑材料的适宜性及结合其他指标来确定地基的承载力等。因此以最能反映土的基本属性，又便于进行测定的指标来作为土的分类依据。实际工程中，必须用更能反映土的工程特性的指标来进行系统地分类。目前，国际、国内土的工程分类法并不统一。即使同一国家的各个行业、各个部门，土的分类体系也都是结合本专业的特点而制定的。

2.7.2　土的分类标准

我国现行使用的土的分类标准、规范及规程主要有以下几种：
1）建设部 GB/T 50145—2007《土的工程分类标准》。
2）建设部 GB 50007-2011《建筑地基基础设计规范》。
3）水利部 SL237—1999《土工试验规程》。
4）交通部 JTG E40—2007《公路土工试验规程》等。
现主要介绍《土的工程分类标准》和《建筑地基基础设计规范》中对土的分类，一般粗粒土按颗粒的组成分类，黏性土按照塑性指标进行分类。

2.7.3　土的类别及其工程特性

《土的工程分类标准》适用于土的基本分类，该标准按不同粒组的相对含量将土划分为巨粒类土、粗粒类土和细粒类土。巨粒类土应按粒组划分；粗粒类土应按粒组、级配、细粒土含量划分；细粒类土应按塑性图、所含粗粒类别以及有机质含量划分。

土的成分、级配、液限和特殊土等基本代号应按下列规定使用：漂石、块石（B）；卵石、碎石（Cb）；砾、角砾（G）；砂（S）；粉土（M）；黏土（C）；细粒土（黏土、粉土合称）（F）；混合土（粗、细土合称）（S1），有机质土（O）；级配良好（W）；级配不良（P）；高液限（H）；低液限（L）。

土类名称可用不同代号表示，土的工程分类代号可以由 1 ~ 3 个基本代号构成。当用一个基本代号表示时，代号代表土的名称，如 C 代表黏土。当由两个基本代号构成时，第一个代号表示土的主成分；第二个代号表示土的副成分（土的液限高低或土的级配好坏），如 ML 表示低液限粉土、SW 表示级配良好砂。当由三个代号构成时，第一个代号表示土的主成分；第二个代号表示土的副成分（土的液限高低或土的级配好坏）；第三个代号表示土中所含次要成分，如：CHG—含砾高液限黏土。

按照土的固体颗粒粒径的范围划分土的粒组，见表 2-9。

表 2-9　土的粒组划分

粒组	颗粒名称		粒径 d 的范围/mm
巨粒	漂石（块石）		$d > 200$
	卵石（碎石）		$200 \geqslant d > 60$
粗粒	砾粒	粗砾	$60 \geqslant d > 20$
		细砾	$20 \geqslant d > 2$
	砂粒		$2 \geqslant d > 0.075$
细粒	粉粒		$0.075 \geqslant d > 0.005$
	黏粒		$0.005 \geqslant d$

1. 巨粒土和含巨粒土的分类标准

试样中粒径大于 60mm 的巨粒土含量多于 50% 的土，称为巨粒土。试样中粒径大于 60mm 的巨粒土含量小于 50% 的土，称为含巨粒土。巨粒土和含巨粒土的分类见表 2-10。

表 2-10　巨粒土和含巨粒土的分类

土类	粒组含量		土代号	土名称
巨粒土	巨粒含量 >75%	漂石粒含量大于卵石含量	B	漂石（块石）
		漂石粒含量不大于卵石含量	C_b	卵石（碎石）
混合巨粒土	巨粒含量 75% ~ 50%	漂石粒含量大于卵石含量	BSI	混合土漂石（块石）
		漂石粒含量不大于卵石含量	$C_b SI$	混合土卵石（块石）
巨粒混合土	巨粒含量 15% ~ 50%	漂石粒含量大于卵石含量	SIB	漂石（块石）混合土
		漂石粒含量不大于卵石含量	SIC_b	卵石（碎石）混合土

2. 粗粒土的分类标准

试样中粒径大于 0.075mm 的粗粒组的质量含量大于 50% 的土，称为粗粒土。粗粒土又分为砾类土和砂类土两类。砾类土是试样中粒径大于 2mm 的砾粒组的质量含量大于 50% 的土。砂类土是试样中粒径大于 2mm 的砾粒组的质量含量小于或等于 50% 的土。砾粒土或砂类土按试样中粒径小于 0.075mm 的细粒组的质量含量，土的级配和塑、液限可进一步进行细分，见表 2-11、表 2-12。

表 2-11　砾类土的分类

土类	粒 组 含 量		土代号	土名称
砾	细粒含量 <5%	级配 $C_u \geqslant 5$, $C_c = 1 \sim 3$	GW	级配良好砾
		级配：不同时满足上述要求	GP	级配不良砾
含细粒土砾	细粒含量 5% ~15%		GF	含细粒土砾
细粒土质砾	15% < 细粒含量 ≤50%	细粒组中粉粒含量 ≤50%	GC	黏土质砾
		细粒组中粉粒含量 >50%	GM	粉土质砾

表 2-12　砂类土的分类

土类	粒 组 含 量		土代号	土名称
砂	细粒含量 <5%	级配 $C_u \geqslant 5$, $C_c = 1 \sim 3$	SW	级配良好砂
		级配：不同时满足上述要求	SP	级配不良砂
含细粒土砂	细粒含量 5% ~15%		SF	含细粒土砂
细粒土质砂	15% < 细粒含量 ≤50%	细粒组中粉粒含量 ≤50%	SC	黏土质砂
		细粒组中粉粒含量 >50%	SM	粉土质砂

3. 细粒土的分类标准

　　细粒土是试样中粒径小于 0.075mm 的细粒组质量的含量大于或等于 50% 的土。细粒土按塑性图分类，如图 2-17 所示。土的具体分类和名称见表 2-13。

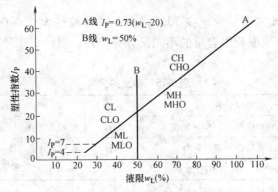

图 2-17　塑性图（锥尖入土深度 17mm）

　　注：1. 图中液限 w_L 为用碟式仪测定的液限含水率或用质量 76g，锥角

　　　　　为 30° 的液限仪锥尖入土深度 17mm 对应的含水率。

　　　　2. 图中虚线之间区域为黏土-粉土过渡区。

表 2-13　细粒土的分类

名称	代号	液限（w_L）	塑性指数（I_P）
高液限黏土	CH	≥50%	$I_P \geqslant 0.73(w_L - 20)$
低液限黏土	CL	<50%	且 $I_P \geqslant 7$
高液限粉土	MH	≥50%	$I_P < 0.73(w_L - 20)$
低液限粉土	ML	<50%	或 $I_P < 4$

2.7.4 《建筑地基基础设计规范》地基土的工程分类

《建筑地基基础设计规范》的分类方法体系比较简单，按照土颗粒的大小、粒组的土颗粒含量把地基土分成碎石土、砂土、粉土、黏性土、人工填土和特殊土。按我国《土的分类标准》，碎石土和砂土属于粗粒土，粉土和黏性土属于细粒土。粗粒土按粒径级配分类，细粒土则按塑性指数分类。

1. 碎石土

土的粒径大于2mm的颗粒含量大于50%的土属碎石土。根据粒组含量及颗粒形状，可细分为漂石、块石、卵石、碎石、圆砾和角砾，具体见表2-14。

表2-14 碎石土的分类

名称	颗 粒 形 状	粒组的颗粒含量
漂石	圆形及次圆形为主	粒径大于200mm的颗粒含量超过50%
块石	棱角形为主	
卵石	圆形及次圆形为主	粒径大于20mm的颗粒含量超过50%
碎石	棱角形为主	
圆砾	圆形及次圆形为主	粒径大于2mm的颗粒含量超过50%
角砾	棱角形为主	

注：分类时应根据粒组含量栏从上到下以最先符合者确定。

2. 砂土

土的粒径大于2mm的颗粒含量在50%以内，同时粒径大于0.075mm的颗粒含量超过50%的土属砂土。砂土根据粒组含量的不同又分为砾砂、粗砂、中砂、细砂和粉砂五类，具体见表2-15。

表2-15 砂土的分类

名称	粒组的颗粒含量	名称	粒组的颗粒含量
砾砂	粒径大于2mm的颗粒含量占25%~50%	细砂	粒径大于0.075mm的颗粒含量超过85%
粗砂	粒径大于0.5mm的颗粒含量超过50%	粉砂	粒径大于0.075mm的颗粒含量50%
中砂	粒径大于0.25mm的颗粒含量超过50%		

注：分类时应根据粒组含量栏从上到下以最先符合者确定。

3. 细粒土分类

土的粒径大于0.075mm的颗粒质量含量小于50%的土，称为细粒土。细粒土分粉土和黏性土两大类。粉土是细粒土且塑性指数小于10的土属粉土。该类土的工程性质较差，如抗剪强度低，防水性差，黏聚力小等。黏性土是细粒土且塑性指数大于10的土属黏性土。根据塑性指数又细分为黏土和粉质黏土，具体见表2-16。

4. 人工填土

人工填土是指由于人类活动而堆填的土，其物质成分较杂，均匀性较差。根据其物质组成和堆填方式，人工填土可分为素填土、杂填土和冲填土三类。各类填土应根据下列特征予以区别：

表 2-16　黏性土的分类

名　　称	塑性指数
黏土	$I_p > 17$
粉质黏土	$10 < I_p \leqslant 17$
粉土	$10 < I_p$

1) 冲填土是由水力冲填泥沙而形成的填土。

2) 素填土是由碎石、砂或粉土、黏性土等一种或几种材料组成的填土，其中不含杂质或含杂质很少。按其主要组成物质分为碎石素填土、砂性素填土、粉性素填土及黏性素填土。经分层压实后则称为压实填土。

3) 杂填土是含大量建筑垃圾、工业废料或生活垃圾等杂物的填土，按其组成物质成分和特征分为建筑垃圾土、工业废料土及生活垃圾土。

在工程建设中所遇到的人工填土，往往各地都不一样。在历代古都的人工填土，一般都保留有人类活动的遗物或古建筑的碎砖瓦砾（俗称房渣土），其分布范围可能很广，也可能只限于堵塞的渠道、古井或古墓。山区建设和新城市建设所遇到的人工填土，其填积年限不会太久，山区厂矿建设中，由于平整场地而埋积起来的填土层常是新的（未经压实的）素填土，城市的市区所遇到的人工填土不少是炉渣、建筑垃圾及生活垃圾等杂填土。

5. 特殊土

特殊土是指在特定地理环境或人为条件下形成的特殊性质的土。它的分布一般具有明显的区域性。特殊土包括软土、湿陷性土、红黏土、膨胀土、多年冻土、盐渍土、混合土及污染土，下面介绍其定义、特征和分类。

（1）软土　软土是指沿海的滨海相、三角洲相、溺谷相、内陆平原或山区的河流相、湖泊相、沼泽相等主要由细粒土组成的孔隙比大（一般大于1）、天然含水量高（接近或大于液限）、压缩性高和强度低的土层。软土包括淤泥、淤泥质黏性土、淤泥质粉土等，多数具有高灵敏度的结构性。

淤泥和淤泥质土是工程建设中经常会遇到的软土。其在静水或水流流动缓慢的流水环境中沉积，并经生物化学作用形成，其天然含水量大于液限，天然孔隙比大于等于 1.5 的黏性土，称为淤泥；当天然孔隙比小于 1.5 但大于等于 1.0 时称为淤泥质土。当土的有机质含量大于 6% 时称为有机质土，大于 60% 时则称为泥炭。泥炭是在潮湿和缺氧环境中未经充分分解的植物遗体堆积而成的一种有机质土，呈深褐色—黑色。其含水量极高，压缩性很大，且不均匀。泥炭往往以夹层构造存在于一般黏性土层中，对工程十分不利，实际工程实践中必须引起足够重视。

（2）湿陷性土　湿陷性土是指土体在一定压力下受水浸湿时产生湿陷变形量达到一定数值的土。湿陷变形量按野外浸水载荷试验在 200kPa 压力下的附加变形量确定，当附加变形量与载荷板宽度之比大于 0.015 时为湿陷性土。湿陷性土有湿陷性黄土、干旱和半干旱地区的具有崩解性的碎石土和砂土等。

湿陷性土主要呈黄色或褐黄色，颗粒组成以粉粒为主，同时含有砂粒和黏粒。黄土还含有大量可溶盐类和有较大的孔隙，使黄土一般具有湿陷性。天然孔隙比越大或天然含水量越小则黄土湿陷性越强。在天然含水量相同时，黄土的湿陷变形随湿度的增加而增大。施加压力越大，湿陷量也显著增大，但当压力超过某一数值时，再增加压力，湿陷量反而减小。湿陷性黄土分自重湿陷性黄土和非自重湿陷性黄土两种。

（3）红黏土　红黏土是指碳酸盐岩系出露的岩石，经红土化作用形成并覆盖于基岩上的棕红、褐黄等色的高塑性黏土。其液限一般大于50，上硬下软，具明显的收缩性，裂隙发育。经坡积、洪积、再搬运后仍保留红黏土基本特征。液限大于45小于50的土称为次生红黏土。我国的红黏土以贵州、云南、广西等省区最为典型，且分布较广。

红黏土的矿物成分主要为高岭石、伊利石和绿泥石，黏土矿物具有稳定的结晶格架，具有良好力学性能的基本因素。其天然含水量、孔隙比、饱和度及液性指数、塑性指数都很高，具有较高的力学强度和较低的压缩性；但各种指标变化幅度很大，具有高分散性。红黏土地层从地表向下由硬变软，土的强度逐渐降低，压缩性逐渐增大。

（4）膨胀土　膨胀土一般是指黏粒成分主要由亲水性黏土矿物（以蒙脱石和伊利石为主）所组成的黏性土，在环境的温度和湿度变化时，可产生强烈的胀缩变形，具有吸水膨胀、失水收缩的特性。已有的建筑经验证明，当土中水分聚集时，土体膨胀，可能对与其接触的建筑物产生强烈的膨胀上抬压力而导致建筑物的破坏；土中水分减少时，土体收缩并可使土体产生程度不同的裂隙，导致其自身强度的降低或消失。

岩体中含有大量的亲水性黏土矿物成分，在湿度和温度的影响下产生强烈的胀缩变形，称为膨胀岩土。膨胀岩土一般分布在二级及二级以上的阶地、山前丘陵和盆地边缘。地形特征在山地表现为低丘缓坡，在平原地带表现为地面龟裂、沟槽、无直立边坡。膨胀岩土在风干时出现大量的微裂隙，具有光滑面挤压擦痕且有滑腻感。呈坚硬、硬塑状态的土体易沿微裂隙面散裂，当其遇水时则软化。膨胀土一般呈灰白、灰绿、灰黄、棕红、褐黄等颜色。膨胀岩土分布地区易发生浅层滑坡、地裂、新开挖的基槽及路堑边坡坍塌等不良地质现象。

膨胀岩土中的黏粒成分主要由亲水性矿物组成，同时具有显著的吸水膨胀软化和失水收缩开裂两种变形特性。在流水冲刷作用下的水沟、水渠易发生崩塌、滑动而淤塞。结构致密，压缩性较低。裂隙发育是膨胀土的重要特征。

（5）多年冻土　多年冻土是指土的温度等于或低于0℃，含有固态水且这种状态在自然界连续保持三年或三年以上的土。当自然条件改变时，产生冻胀、融陷、热融滑塌等特殊不良地质现象及发生物理力学性质的改变。多年冻土的冻胀力一般都很大，非建筑物自重能克服的，所以一般要求基础埋置在冻结深度以下，或采取消除的措施。当季节融化层融化时，会使建筑物产生融陷下沉。

（6）盐渍土　盐渍土是指易溶盐含量大于0.5%，且具有吸湿、松胀等特性的土。盐渍土按含盐性质可分为氯盐渍土、亚氯盐渍土、硫酸盐渍土、亚硫酸盐渍土、碱性盐渍土等，按含盐量可分为弱盐渍土、中盐渍土、强盐渍土和超盐渍土。盐渍土的腐蚀性是一个十分复杂的问题。盐渍土中由于大量的无机盐的积聚。有些盐渍土中含碱性较大的碳酸钠或碳酸氢钠，使土具有明显的腐蚀性，对建筑物基础和地下设施构成一种严重的腐蚀环境，影响其耐久性和安全使用。所以要注意提高建筑材料本身的防腐能力，提高钢筋的防腐能力等，同时还应采取在混凝土或砖石砌体表面做防水层和防腐涂层等方法。防盐类侵蚀的重点部位是接近地面或地下水干湿交替区段。

（7）混合土　混合土主要由级配不连续的黏粒、粉粒、砾粒和巨粒组组成。当碎石土中的粉土或黏性土的质量大于25%时，称为Ⅰ类混合土，当粉土或黏性土中碎石土的质量大于25%时，称为Ⅱ类混合土。

（8）污染土 污染土是指由于外来的致污物质侵入土体而改变了原生性状的土。污染土的定名可在土的原分类定名前冠以"污染"两字，如污染中砂、污染黏土等。

复习思考题

2-1 土由哪几部分组成？土中三相比例的变化对土的性质有什么影响？

2-2 何谓土的不均匀系数？如何从颗粒级配曲线的陡或平缓来评价土的均匀性？

2-3 土中水有几种？结合水与自由水的性质有什么不同？

2-4 土的三相指标有哪些？哪些指标可直接测定？哪些指标可由换算得到？

2-5 何谓土的塑性指数？塑性指数有何意义？

2-6 何谓土的液性指数？如何用液性指数描述土的物理状态？

2-7 地基土分为哪几类？分类的依据分别是什么？

2-8 何谓土粒粒组？土粒粒组的划分标准是什么？

2-9 何谓土的粒径级配？粒径级配曲线的纵横坐标各表示什么？

2-10 不均匀系数 C_u 大于 10 反映土的什么性质？

2-11 土的结构通常分为哪几种？它与矿物成分及成因条件有何关系？

2-12 无黏性土最重要的物理特征是什么？用孔隙比、相对密实度和标准贯入试验击数来划分密实度各有何优缺点？

2-13 黏性土最重要的物理特征是什么？何谓液限？何谓塑限？

2-14 土的压实性与哪些因素有关？何谓土的最大干密度和最优含水率？

2-15 简述黏性土的触变性的概念？

2-16 土发生冻胀的原因是什么？发生冻胀的条件、后果是什么？

习 题

2-1 某原状土样，经试验测得天然密度 $\rho = 1.91 \text{g/cm}^3$，含水量 $w = 0.95\%$，土粒相对密度 $G_s = 2.70$。试计算：①土的孔隙比 e、饱和度 s_r；②当土中孔隙充满水时土的密度 ρ_{sat} 和含水量 w。

$$[e = 0.548；s_r = 0.469；\rho_{sat} = 2.10 \text{g/cm}^3；w = 20.3\%]$$

2-2 某土样已测得其孔隙比 $e = 0.70$，土粒相对密度 $G_s = 2.72$。试计算：①土的干重度 γ_d、饱和重度 γ_{sat} 和有效重度 γ'；②当土的饱和度 $s_r = 75\%$ 时，土的重度 γ 和含水量 w 为多大？

$$[\gamma_d = 15.7 \text{g/cm}^3；\gamma' = 9.93 \text{g/cm}^3；\gamma = 18.72 \text{g/cm}^3；w = 19.3\%]$$

2-3 某地基土试验中，测得土的干重度 $\gamma_d = 15.7 \text{kN/m}^3$，含水量 $w = 19.3\%$，土粒相对密度 $G_s = 2.71$。液限 $w_L = 28.3\%$，塑限 $w_P = 16.7\%$。求：

1）该土的孔隙比 e，孔隙率 n 及饱和度 s_r。

2）土的塑性指数 I_p，液性指数 I_L，并选出该土的名称及状态。

$$[e = 0.726；n = 42\%；s_r = 0.72；I_p = 11.6；I_L = 0.224；硬塑状态的粉质黏土]$$

2-4 住宅工程地质勘察中取原状土做试验，用体积为 100cm^3 的环刀取样，用天平测得环刀加湿土的质量为241.0g，环刀质量为55.0g，烘干后土样质量为162.0g，土粒相对密度 $G_s = 2.7$，试计算土样的 w、s_r、e、ρ_{sat}。

$$[w = 14.8；s_r = 0.599；e = 0.667；\rho_{sat} = 2.02 \text{g/cm}^3]$$

2-5 某砂土试样，测得含水量 w 为23.2%，重度 $\gamma = 16 \text{kN/m}^3$，土粒相对密度 G_s 为2.68，取水的重度 $\gamma_w = 10 \text{kN/m}^3$。将该砂样放入振动容器中，振动到最密实时得砂样的体积为 220cm^3；其质量为415g；最

松散时量得砂样的体积为350cm³，其质量为420g。试求该砂样的天然孔隙比 e 和相对密度 D_r。

$$[e = 1.064;\ D_r = 0.687]$$

2-6 某砂土的含水量 $w = 28.5\%$、土的天然重度 $\gamma = 19\ \mathrm{kN/m^3}$、土粒相对密度 $G_s = 2.68$，颗粒分析结果见表2-17。

1）确定该土样的名称。

2）计算该土的孔隙比和饱和度。

3）确定该土的湿度状态。

4）如该土埋深在离地面3m以内，标准贯入试验锤击数 $N_{63.5} = 14$，试确定该土的密实度。

$$[细砂;\ e = 0.81;\ s = 94\%;\ 该土为饱和状态;\ 该土稍密]$$

表 2-17 习题 2-6 表

土粒组的粒径范围/mm	>2	2 ~0.5	0.5 ~0.25	0.25 ~0.075	< 0.075
粒组占干土总质量的百分数（%）	9.4	18.6	21.0	37.5	13.5

2-7 某一完全饱和黏性土试样的含水量为30%，土粒相对密度为2.73，液限为17%，试求其孔隙比、干密度和饱和密度并按塑性指数和液性指数分别定出该黏性土的分类和软硬状态。

$$[I_L = 0.8125,\ 土为处于可塑状态的粉质黏土]$$

2-8 为了配置含水量 w 为45.0%的土样，取天然含水 w 为10.0%的土样20g，已测定土粒的相对密度 G_s 为2.65，问需掺入多少水？

$$[需加水\ \Delta m_w = 5\mathrm{g}]$$

第3章 土中应力计算

3.1 概述

3.1.1 土中应力的概念、类型

地基受荷以后将产生应力和变形，给建筑物带来两个工程问题，即土体稳定问题和变形问题。如果地基内部所产生的应力在土的强度所允许的范围内，那么土体是稳定的，反之，土体就要发生破坏，并能引起整个地基产生滑动而失去稳定，从而导致建筑物倾倒。为了对建筑物地基或土工结构物本身进行稳定性分析和沉降（变形）分析，就必须了解和计算土体中的应力及其变化情况。因此，研究土中应力分布及计算方法是土力学的重要内容之一。

地基中的应力，按照其形成原因可以分为自重应力和附加应力两种。

（1）自重应力 由土体重力引起的应力称为自重应力。自重应力一般是自土形成之日起就在土中产生，因此也将它称为长驻应力。一般而言，土体在自重作用下，在漫长的地质历史上已压缩稳定，不会再引起土的变形（新沉积土或近期人工充填土除外）。

（2）附加应力 由于外荷载（如建筑物荷载、车辆荷载、土中水的渗透力、地震力等）的作用，在土中产生的应力增量即为附加应力。它是使地基失去稳定和产生变形的主要原因。附加应力的大小除与计算点的位置有关外，还决定于基底压力的大小和分布状况。

自重应力存在于任何土体中，附加应力则存在于受荷载影响的那部分土层中。修建建筑物前，土中应力属于自重应力；修建建筑物后，土中的应力为自重应力和附加应力之和，称为总应力。两种应力产生的原因不同，因而分布规律和计算方法也不同。

3.1.2 土中应力的计算方法及土中一点的应力状态

1. 土中应力的计算方法

目前土中应力的计算方法主要采用弹性理论公式，即假定地基土为连续均匀的、各向同性的、半无限的直线变形体。研究土的应力-应变关系时，认为是在弹性范围内。实际上，土是由三相组成的分散材料，具有明显各向异性，有明显的层理构造，是各向异性体和弹塑性体。只是由于一般建筑物荷载在地基中引起的应力不是很大（应力也或由其他原因引起），应力-应变关系可以近似用直线段代替曲线段，所造成的误差在工程允许范围之内。但对于许多复杂工程条件下的应力计算，弹性理论是远远不够的，应采用其他更为符合实际的计算方法，如非线性力学理论、数值计算方法等。

2. 土中一点的应力状态

在土中任取一单元体，如图 3-1 所示。作用在单元体上的 3 个法向应力（正应力）分量分别为 σ_x、σ_y、σ_z，六个剪应力分量分别为 $\tau_{xy} = \tau_{yx}$、$\tau_{yz} = \tau_{zy}$、$\tau_{zx} = \tau_{xz}$。剪应力的脚标前面

一个表示剪应力作用面的法线方向，后一个表示剪应力的作用方向。

应特别注意的是，在土力学中法向应力以压应力为正，拉应力为负，这与一般固体力学中的符号规定有所不同。剪应力的正负号规定是：当剪应力作用面上的法向应力方向和坐标轴的正向一致时，则剪应力的方向和坐标轴正方向一致为正，反之为负。反之亦然，图 3-1 中的剪应力均为正值。

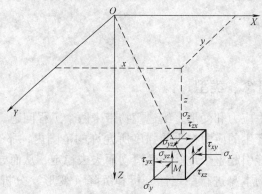

图 3-1　土中一点的应力状态

3.2　土中自重应力

3.2.1　均质土的自重应力

一般情况下，土层覆盖面积很大，若将地基视为均质的半无限体，则土的自重可看做面积为无限大的荷载，土体在自重作用下只能产生竖向变形，而无侧向位移及剪切变形。因此，在深度 z 处的平面上，土体因自身重力产生的竖向应力 σ_{cz} 就等于单位面积上土柱体的重力。在计算土中自重应力时，只考虑土中某单位面积上的平均应力，如图 3-2 所示。

1. 竖向自重应力

若土体重度为 γ，则在天然地面下任意深度处 z 处的水平面上的竖向自重应为

$$\sigma_{cz} = \frac{G}{A} = \frac{\gamma z A}{A} = \gamma z \qquad (3-1)$$

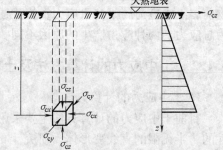

图 3-2　均质土中的竖向自重应力

式中　γ——天然重度（kN/m^3）；

G——土柱体重力（kN）；

A——土柱体截面积（m^2）。

由式（3-1）可知，自重应力随深度 z 线性增加，呈三角形分布，如图 3-2 所示。

2. 水平自重应力

由于假设地表为无限大的水平面，因此，在自重作用下只能产生竖向变形，而不能产生侧向变形，即 $\varepsilon_{cx} = \varepsilon_{cy} = 0$，且 $\sigma_{cx} = \sigma_{cy}$。从这个条件出发，根据弹性力学，侧向自重应力 σ_{cx} 和 σ_{cy} 应与 σ_{cz} 成正比，而剪应力均为零，即

$$\sigma_{cx} = \sigma_{cy} = K_0\sigma_{cz} = K_0\gamma z \tag{3-2}$$

$$\tau_{xy} = \tau_{yz} = \tau_{zx} = 0 \tag{3-3}$$

式中　　σ_{cz}——天然地面任意深度 z 处水平面上的竖直自重应力;

　　σ_{cx}、σ_{cy}——天然地面任意深度 z 处的水平自重应力;

　　　　K_0——土的侧压力系数或静止土压力系数, 由实测或按经验公式 $K_0 = 1 - \sin\phi$ 确定, ϕ 为土的内摩擦角;

τ_{xy}、τ_{yz}、τ_{zx}——天然地面任意深度 z 处土单元体的剪应力。

　　从上面的分析可以看出, 自重应力主要包括三个应力分量, 但对于地基自重应力场的分析与计算, 主要针对竖向自重应力 σ_{cz}。

3.2.2　成层土的自重应力

　　地基土往往是成层的, 因而各层土具有不同的重度。地下水位也应作为分层的界面。成层土自重应力的计算公式为

$$\sigma_{cz} = \gamma_1 h_1 + \gamma_2 h_2 + \gamma_3 h_3 + \cdots + \gamma_n h_n = \sum_{i=1}^{n} \gamma_i h_i \tag{3-4}$$

式中　　n——自然地面至深度 z 处土的层数;

　　h_i——第 i 层土的厚度 (m);

　　γ_i——第 i 层土的天然重度, 对地下水位以下的土层取有效重度 γ' (kN/m^3)。

图 3-3 给出了成层地基中自重应力的分布。

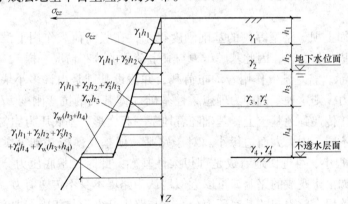

图 3-3　成层地基中自重应力的分布

【例 3-1】　一地基由多层土组成, 地质剖面如图 3-4 所示, 试计算并绘制自重应力 σ_{cz} 沿深度的分布图。

　　解:
$$\sigma_{cz1} = \gamma_1 h_1 = 19kN/m^3 \times 3m = 57kPa$$

$$\sigma_{cz2} = \sigma_{cz1} + \gamma'_2 h_2 = 57kPa + (20.5 - 10)kN/m^3 \times 2.2m = 80.1kPa$$

$$\sigma_{cz3\text{上}} = \sigma_{cz2} + \gamma'_3 h_3 = 80.1kPa + (19.2 - 10)kN/m^3 \times 2.5m = 103.1kPa$$

$$\sigma_{cz3\text{下}} = \sigma_{cz3\text{上}} + \gamma_w h_w = 103.1kPa + 10kN/m^3 \times (2.2 + 2.5)m = 150.1kPa$$

$$\sigma_{cz4} = \sigma_{cz3\text{下}} + \gamma_w h_w = 150.1kPa + 22kN/m^3 \times 2m = 194.1kPa$$

成层地基土自重应力分布如图 3-5 所示。

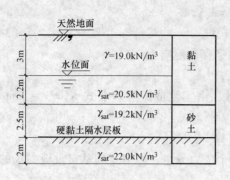

图 3-4 成层地基土层分布

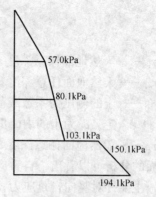

图 3-5 自重应力分布

3.3 基底压力

所谓基底压力是指基础底面与地基间的接触压力，即基础传递给地基单位面积上的压力。为了计算上部荷载在地基中引起的附加应力，应首先研究基底压力的大小及分布规律。

3.3.1 基底压力的分布规律

实验表明，基础底面的接触压力分布取决于地基和基础的相对刚度、荷载的大小及其分布情况、基础的埋深、土的性质等多种因素。

1. 柔性基础

柔性基础（如土坝、路基等）的基础刚度很小，在竖向荷载作用下没有抵抗弯曲变形的能力，能随地基一起变形，因此基底压力与其上荷载的分布情况一样。

如图 3-6a 所示，若基础上作用着均布荷载，并假设基础是由许多小块组成，各小块之间光滑而无摩擦力，则这种基础即为理想柔性基础（即基础的抗弯刚度 $EI \to 0$），基础上的荷载通过小块直接传递到地基土上，基础随着地基一起变形，基底压力均匀分布，但基础底面的沉降则各处不同，中央大而边缘小。对于路基、坝基及薄板基础等柔性基础，如图 3-6b 所示，其刚度很小，可近似地看成是理想柔性基础。此时，基底压力分布与作用的荷载分布规律相同，如由土筑成的路基，可以近似地认为路堤本身不传递剪力，那么它就相当于一种柔性基础，路堤自重引起的基底压力分布就与路堤断面形状相同，即为梯形分布。

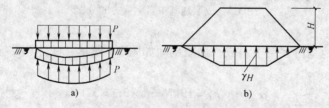

图 3-6 柔性基础基底压力分布图

2. 刚性基础

基础刚度大大超过地基刚度，可看做绝对刚体，由于地基和基础的变形必须协调一致，故在中心荷载作用下，地基表面各点的竖向变形值相同，由此就决定了基底接触压力的分布是不均匀的。理论与实测证明，在中心受压时，刚性基础的接触压力为马鞍形分布，如图 3-7a 所示，当上部荷载加大，基础边缘土中产生塑性变形区，边缘应力不再增大，而中间土的应力在持续增加，此时应力分布变为抛物线形，如图 3-7b 所示，当荷载继续增加接近地基的破坏荷载时，应力分布变成钟形，如图 3-7c 所示。

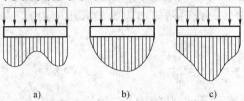

a)　　　　　　b)　　　　　　c)

图 3-7　刚性基础基底压力分布图

由于目前对影响基底压力的因素的研究不够，至今还不能采用考虑上部结构、基础、地基三者共同作用的方法来正确确定各种实际情况下作用于基础的荷载及接触压力分布规律。上述基础底面接触压力呈各种曲线，应用不便，为便于计算，对于大多数情况一般可简化成线性分布考虑。虽然不够精确，但这种误差也是工程所允许的。对于比较复杂的情况，为了考虑基础刚度的影响，应采用弹性地基上梁板理论来确定接触压力。

3.3.2　基底压力的简化计算方法

对于具有一定刚度以及尺寸较小的扩展基础，其基底压力近似当做直线分布，按材料力学公式进行简化计算。

1. 中心荷载作用下的基底压力

对于中心荷载作用下的矩形基础，如图 3-8a、b 所示，此时基底压力均匀分布，其数值可按下式计算，即

$$p = \frac{F + G}{A} \tag{3-5}$$

式中　p——基底（平均）压力（kPa）；

　　　F——上部结构传至基础顶面的竖向荷载（kN）；

　　　G——基础自重与其台阶上的土重之和（kN），$G = \gamma_G d$，γ_G 为基础及回填土的平均重度，一般取 20kN/m³，地下水位以下部分应扣除 10kN/m³ 的浮力；

　　　A——基础底面积（m²），$A = l \times b$，l 和 b 分别表示基础的长度和宽度（m）。

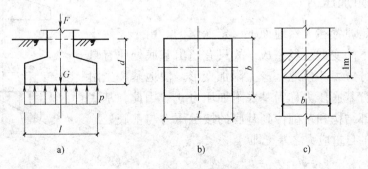

a)　　　　　　b)　　　　　　c)

图 3-8　中心荷载作用下的基底压力分布

对于条形基础（$l \geqslant 10b$），则沿长度方向取 1m 来计算。此时上式中的 F、G 代表每延米内的相应值，如图 3-8c 所示。

2. 偏心荷载作用下的基底压力

常见的偏心荷载作用于矩形基底的一个主轴上（称单向偏心），如图 3-9 所示，可将基底长边方向取与偏心方向一致，此时两短边边缘最大压应力 p_{max} 与最小压应力 p_{min} 可按材料力学偏心受压公式计算

$$\left.\begin{array}{c} p_{max} \\ p_{min} \end{array}\right\} = \frac{F+G}{A} \pm \frac{M}{W} \qquad (3\text{-}6)$$

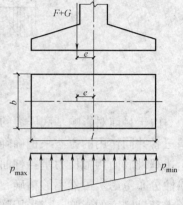

式中　M——作用于基础底面形心上的力矩（$kN \cdot m$），

　　　　　$M = (F+G)e$，e 为偏心距；

　　　W——基础底面的抵抗矩（m^3），矩形截面 $W = \frac{1}{6}bl^2$。

以下分析偏心距对接触压力的影响：

1）当 $e < \frac{l}{6}$ 时，$p_{min} > 0$，基底压力呈梯形分布。

2）当 $e = \frac{l}{6}$ 时，$p_{min} = 0$，基底压力呈三角形分布。

图 3-9　偏心荷载作用下
的基底压力分布

3）当 $e > \frac{l}{6}$ 时，$p_{min} < 0$，也即基础与地基接触边缘产生拉应力。但基底与土之间是不能承受拉应力的，这时产生拉应力部分的基底将与地基脱开，而不能传递荷载，基底压力将重新分布，如图 3-10 所示。

根据静力平衡条件有

$$p_{max} = \frac{2(F+G)}{3\left(\dfrac{l}{2} - e\right)b} \qquad (3\text{-}7)$$

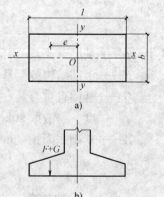

在实际工程设计中，应尽量避免大偏心，此时基础难于满足抗倾覆稳定性的要求，建筑物易倾倒，造成灾难性的后果。

3.3.3　基底附加压力

基础通常是埋置在天然地面下一定深度的。由于天然土层在自重作用下的变形已经完成，故只有超出基底处原有自重应力的那部分应力才使地基产生附加变形，使地基产生附加变形的那部分基底压力称为基底附加压力 p_0。因此，基底附加压力是上部结构和基础传到基底的接触压力与基底处原先存在于土中的自重应力之差，即

$$p_0 = p - \sigma_{cz} = p - \gamma_m d \qquad (3\text{-}8)$$

式中　p——基底压力（kPa）；

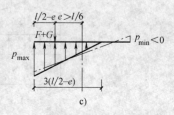

图 3-10　基底压力重分布图

d——基础埋深（m）；

γ_m——基础埋深范围内土的加权平均重度（kN/m³），$\gamma_m = \dfrac{\sum \gamma_i h_i}{d}$。

p_0 是引起地基土中产生附加应力和变形的主要因素。利用 d 和 p_0 的关系，可将基础深埋，附加压力就很小了，地基土中产生的沉降变形就会减小。

有了基底附加压力，即可把它作为作用在弹性半空间表面上的局部荷载，应用布氏理论确定地基中附加应力。实际上，基础有一定的埋深，因此，假设它作用在半空间表面上，运用弹性力学理论所得结果为近似值，对于浅基础来说，误差可以忽略不计。

3.4　地基的附加应力

基底附加压力要在地基中引起附加应力，从而导致地基土的变形，引起建筑物的沉降。地基中的附加应力计算比较复杂。目前，地基中附加应力的计算方法是根据弹性理论推导出来的，因此，需假定地基土是均匀、连续、各向同性的半无限空间弹性体。但事实上并非如此，从微观结构上看，由于其三相组成在性质方面的显著差异，决定了地基土是非均质体，也是非连续体；从宏观结构上看，天然地基土通常是分层的，各层之间的性质往往差别很大，从而表现出土的各向异性；试验结果表明，土的应力-应变关系也不是直线关系，而是非线性的，特别是当应力较大时。尽管如此，大量的工程实践表明，当地基上作用的荷载不大，土中塑性变形区很小时，土中的应力-应变关系可近似为直线关系，用弹性理论计算出来的应力值与实测值差别不大，所以工程上还普遍采用弹性理论。

3.4.1　竖向集中力作用下的地基附加应力

布辛奈斯克求出了在各向同性半无限线弹性体（弹性参数有两个，E 和 μ）的表面作用集中荷载 P 时（图 3-11），半空间内任意点 $M(x, y, z)$ 处的应力和位移。其各应力和位移分量如下

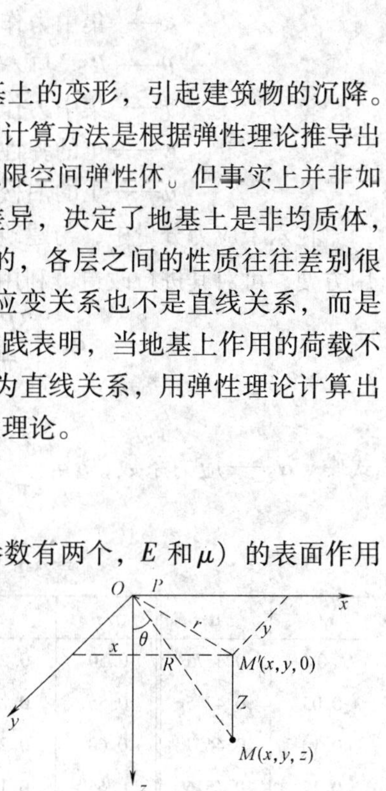

$$\sigma_x = \frac{3P}{2\pi}\left\{\frac{x^2 z}{R^5} + \frac{1-2\mu}{3}\left[\frac{R^2-Rz-z^2}{(R+z)R^3} - \frac{x^2(2R+z)}{R^3(R+z)^2}\right]\right\} \tag{3-9}$$

$$\sigma_y = \frac{3P}{2\pi}\left\{\frac{y^2 z}{R^5} + \frac{1-2\mu}{3}\left[\frac{R^2-Rz-z^2}{R^3(R+z)} - \frac{(2R+z)y^2}{(R+z)^2 R^3}\right]\right\} \tag{3-10}$$

图 3-11　竖向集中力作用
下的附加应力

$$\sigma_z = \frac{3P}{2\pi}\cdot\frac{z^3}{R^5} = \frac{3P}{2\pi R^2}\cos^3\theta \tag{3-11}$$

$$\tau_{xy} = \tau_{yx} = -\frac{3P}{2\pi}\left[\frac{xyz}{R^5} - \frac{1-2\mu}{3}\cdot\frac{(2R+z)xy}{(R+z)^2 R^3}\right] \tag{3-12}$$

$$\tau_{zy} = \tau_{yz} = -\frac{3P}{2\pi}\cdot\frac{yz^2}{R^5} \tag{3-13}$$

$$\tau_{zx} = \tau_{xz} = -\frac{3P}{2\pi}\cdot\frac{xz^2}{R^5} \tag{3-14}$$

$$u = \frac{P\ (1+\mu)}{2\pi E}\left[\frac{xz}{R^3} - (1-2\mu)\ \frac{x}{R\ (R+z)}\right] \tag{3-15}$$

$$v = \frac{P\ (1+\mu)}{2\pi E}\left[\frac{yz}{R^3} - (1-2\mu)\ \frac{y}{R\ (R+z)}\right] \tag{3-16}$$

$$w = \frac{P\ (1+\mu)}{2\pi E}\left[\frac{z^2}{R^3} + 2\ (1-\mu)\ \frac{1}{R}\right] \tag{3-17}$$

式中　σ_x、σ_y、σ_z——M 点平行于 x、y、z 轴的正应力；

$\quad\quad\tau_{xy}$、τ_{yz}、τ_{zx}——剪应力；

$\quad\quad u$、v、w——M 点沿 x、y、z 轴方向的位移；

$\quad\quad R$——集中力作用点至 M 点距离，$R = \sqrt{x^2 + y^2 + z^2}$；

$\quad\quad \theta$——R 线与 z 轴的夹角；

$\quad\quad r$——集中力作用点与点 M 在水平面上投影点 M' 的距离；

$\quad\quad E$——土的弹性模量；

$\quad\quad \mu$——土的泊松比。

在六个应力分量中，与建筑工程地基沉降计算直接有关的为竖向附加应力 σ_z，为了应用方便，可对其进行改造，利用几何关系 $R^2 = r^2 + z^2$

$$\sigma_z = \frac{3P}{2\pi} \cdot \frac{z^3}{R^5} = \frac{3}{2\pi}\ \frac{1}{\left[1 + \left(\dfrac{r}{z}\right)^2\right]^{5/2}} \cdot \frac{P}{z^2} = \alpha\ \frac{P}{z^2} \tag{3-18}$$

式中　α——应力系数，$\alpha = \dfrac{3}{2\pi}\ \dfrac{1}{\left[1 + \left(\dfrac{r}{z}\right)^2\right]^{5/2}}$，为计算方便，可查表 3-1。

表 3-1　集中荷载作用下竖向附加应力系数 α 值

r/z	α	r/z	α	r/z	α	r/z	α	r/z	α
0	0.4775	0.50	0.2733	1.00	0.0844	1.50	0.0251	2.00	0.0085
0.05	0.4745	0.55	0.2466	1.05	0.0744	1.55	0.0224	2.20	0.0058
0.10	0.4657	0.60	0.2214	1.10	0.0658	1.60	0.0200	2.40	0.0040
0.15	0.4516	0.65	0.1978	1.15	0.0581	1.65	0.0179	2.60	0.0029
0.20	0.4329	0.70	0.1762	1.20	0.0513	1.70	0.0160	2.80	0.0021
0.25	0.4103	0.75	0.1565	1.25	0.0454	1.75	0.0144	3.00	0.0015
0.30	0.3849	0.80	0.1386	1.30	0.0402	1.80	0.0129	3.50	0.0007
0.35	0.3577	0.85	0.1226	1.35	0.0357	1.85	0.0116	4.00	0.0004
0.40	0.3294	0.90	0.1083	1.40	0.0317	1.90	0.0105	4.50	0.0002
0.45	0.3011	0.95	0.0956	1.45	0.0282	1.95	0.0095	5.00	0.0001

当局部荷载的平面形状或分布状况不规则时，可将荷载面分成若干个形状规则的单元面积（图 3-12），每个单元面积上的分布荷载近似地以作用在单元面积形心上的集中力来代替，这样就可以利用式（3-18）来计算地基中某点 M 的附加应力。

由式（3-18）可知，在集中力作用线上，附加应力 σ_z 随着深度 z 的增加而递减，而离集中力作用线某一距离 r 时，随着深度的增加，σ_z 逐渐递增，但是到一定深度后，σ_z 又随着深度 z 的增加而减小，如图 3-13a 所示；当 z 一定时，即在同一水平面上，附加应力 σ_z 将随 r 的增大而减小，如图 3-13b 所示。

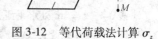

图 3-12　等代荷载法计算 σ_z

【**例 3-2**】　在地基上作用一竖向集中力 $P = 200\text{kN}$，要求确定：

1）在地基中 $z = 2\text{m}$ 的水平面上，水平距离 $r = 0\text{m}$、1m、2m、3m、4m 处各点的附加应力 σ_z 值，并绘出分布图。

2）在地基中 $r = 0$ 的竖直线上距地基表面 $z = 0\text{m}$、1m、2m、3m、4m 处各点的 σ_z 值，并绘出分布图。

3）取 $\sigma_z = 10\text{kPa}$、5kPa、2kPa、1kPa，反算在地基中 $z = 2\text{m}$ 的水平面上的 r 值和 $r = 0$ 的竖直线上的 z 值，并绘出相应于该四个应力值的 σ_z 等值线图。

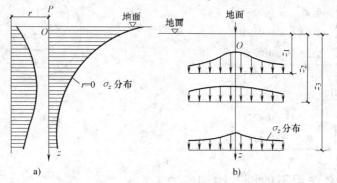

图 3-13　集中力作用下附加应力分布

解： 1）各点的竖向附加应力 σ_z 可按式（3-18）计算，计算资料见表 3-2，σ_z 的分布图如图 3-14 所示。

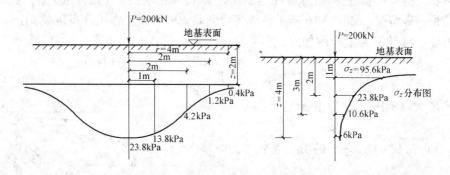

图 3-14　例 3-2 附加应力分布图

2）σ_z 的计算资料见表 3-3，如图 3-14 所示。

3）反算资料见表 3-4，σ_z 等值线图如图 3-15 所示。

表 3-2　$z=2\mathrm{m}$ 的水平面上竖向附加应力 σ_z 计算

z/m	r/m	r/z	α	σ_z
2	0	0	0.4775	23.8
2	1	0.5	0.2733	13.8
2	2	1	0.0844	4.2
2	3	1.5	0.0251	1.2
2	4	2	0.0085	0.4

表 3-3　$r=0\mathrm{m}$ 处集中力作用线上竖向附加应力 σ_z 的计算

z/m	r/m	r/z	α	σ_z
0	0	0	0.4775	∞
1	0	0	0.4775	95.6
2	0	0	0.4775	23.8
3	0	0	0.4775	10.6
4	0	0	0.4775	6.0

表 3-4　$z=2\mathrm{m}$ 处水平面上 r 的反算及 $r=0$ 处竖直线上 z 的计算

z/m	r/m	r/z	α	σ_z
2	1.30	0.65	0.2000	10
2	1.90	0.95	0.1000	5
2	2.60	1.30	0.0400	2
2	3.20	1.60	0.0200	1
3.1	0	0	0.4775	10
4.4	0	0	0.4775	5
6.9	0	0	0.4775	2
9.8	0	0	0.4775	1

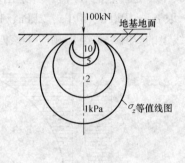

图 3-15　σ_z 等值线图

3.4.2　分布荷载作用下的地基附加应力

建筑物通过一定尺寸的基础把荷载传给地基,所以在地基基础设计中,常需计算作用于有限基底面积上的荷载在地基中引起的附加应力。若基础底面的形状或基底下的荷载分布是不规则时,可以把分布荷载分割为许多集中力,可用等代荷载法计算土中附加应力。若基础底面的形状及分布都有规律时,则可以应用积分法得到相应的土中附加应力。

先讨论一般情况,如图 3-16 所示,地基面也即 xOy 平面上作用分布荷载 $p_0(\varepsilon,\eta)$,应用式 (3-11) 可得 M 点竖向附加应力

$$\sigma_z = \iint_A \mathrm{d}\sigma_z = \iint_A \frac{3\mathrm{d}P}{2\pi}\cdot\frac{z^3}{R^5} = \frac{3z^3}{2\pi}\iint_A \frac{p_0(\varepsilon,\eta)\mathrm{d}\varepsilon\mathrm{d}\eta}{\left[(x-\varepsilon)^2+(y-\eta)^2+z^2\right]^{5/2}} \tag{3-19}$$

在求解式 (3-19) 时与下面三个条件有关:

1) 分布荷载 $p(x,y)$ 的分布情况及大小。

2) 荷载作用面的几何形状。

3) 所求应力点 $M(x,y,z)$ 的位置。

在基础底面形状以及作用荷载有规

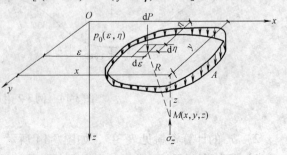

图 3-16　分布荷载作用下土中附加应力计算

则的情况下，来介绍几种常见的地基土中附加应力 σ_z 的计算方法。

1. 空间问题的附加应力计算

常见的空间问题有：矩形面积受竖向均布荷载作用、竖向三角形分布荷载作用；圆形面积受均布荷载作用等。

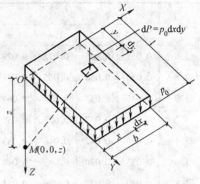

（1）矩形面积受竖向均布荷载作用　先来介绍矩形角点下 M 点的竖向附加应力 σ_z 的计算，如图 3-17 所示，设荷载作用面的长度和宽度分别为 l、b，作用于矩形面积上的竖向均布荷载大小为 p_0，若取计算的角点为坐标原点，则计算点 M 的坐标为（0，0，z），带入式（3-19）则得

图 3-17　均布矩形角点下的
附加应力 σ_z

$$\sigma_z = \frac{3p_0 z^3}{2\pi} \iint_A \frac{\mathrm{d}x\mathrm{d}y}{(x^2 + y^2 + z^2)^{5/2}}$$

$$= \frac{p_0}{2\pi}\left[\arctan\left(\frac{m}{n\sqrt{1+m^2+n^2}} \right) + \frac{mn}{\sqrt{1+m^2+n^2}}\left(\frac{1}{m^2+n^2} + \frac{1}{1+n^2} \right) \right] \tag{3-20}$$

令 $\alpha_c = \dfrac{1}{2\pi}\left[\arctan\left(\dfrac{m}{n\sqrt{1+m^2+n^2}} \right) + \dfrac{mn}{\sqrt{1+m^2+n^2}}\left(\dfrac{1}{m^2+n^2} + \dfrac{1}{1+n^2} \right) \right]$

则　　　　　　　　　　　　　　　　　$\sigma_z = \alpha_c p_0$　　　　　　　　　　　　　　　　　（3-21）

式中　α_c——竖向附加应力系数，$\alpha_c = f(m, n)$，其中 $m = \dfrac{l}{b}$，$n = \dfrac{z}{b}$（其中 b 为荷载面的短边尺寸），通过计算 m、n 查表 3-5 可得 α_c。

表 3-5　矩形面积上均布荷载作用下角点附加应力系数 α_c

z/b	l/b											
	1.0	1.2	1.4	1.6	1.8	2.0	3.0	4.0	5.0	6.0	10.0	条形
0.0	0.250	0.250	0.250	0.250	0.250	0.250	0.250	0.250	0.250	0.250	0.250	0.250
0.2	0.249	0.249	0.249	0.249	0.249	0.249	0.249	0.249	0.249	0.249	0.249	0.249
0.4	0.240	0.242	0.243	0.243	0.244	0.244	0.244	0.244	0.244	0.244	0.244	0.244
0.6	0.223	0.228	0.230	0.232	0.232	0.233	0.234	0.234	0.234	0.234	0.234	0.234
0.8	0.200	0.207	0.212	0.215	0.216	0.218	0.220	0.220	0.220	0.220	0.220	0.220
1.0	0.175	0.185	0.191	0.195	0.198	0.200	0.203	0.204	0.204	0.204	0.205	0.205
1.2	0.152	0.163	0.171	0.176	0.179	0.182	0.187	0.188	0.189	0.189	0.189	0.189
1.4	0.131	0.142	0.151	0.157	0.161	0.164	0.171	0.173	0.174	0.174	0.174	0.174
1.6	0.112	0.124	0.133	0.140	0.145	0.148	0.157	0.159	0.160	0.160	0.160	0.160
1.8	0.097	0.108	0.117	0.124	0.129	0.133	0.143	0.146	0.147	0.148	0.148	0.148
2.0	0.084	0.095	0.103	0.110	0.116	0.120	0.131	0.135	0.136	0.137	0.137	0.137
2.2	0.073	0.083	0.092	0.098	0.104	0.108	0.121	0.125	0.126	0.127	0.128	0.128
2.4	0.064	0.073	0.081	0.088	0.093	0.098	0.111	0.116	0.118	0.118	0.119	0.119

（续）

z/b	l/b											条形
	1.0	1.2	1.4	1.6	1.8	2.0	3.0	4.0	5.0	6.0	10.0	
2.6	0.057	0.065	0.072	0.079	0.084	0.089	0.102	0.107	0.110	0.111	0.112	0.112
2.8	0.050	0.058	0.065	0.071	0.076	0.080	0.094	0.100	0.102	0.104	0.105	0.105
3.0	0.045	0.052	0.058	0.064	0.069	0.073	0.087	0.093	0.096	0.097	0.099	0.099
3.2	0.040	0.047	0.053	0.058	0.063	0.067	0.081	0.087	0.090	0.092	0.093	0.094
3.4	0.036	0.042	0.048	0.053	0.057	0.061	0.075	0.081	0.085	0.086	0.088	0.089
3.6	0.033	0.038	0.043	0.048	0.052	0.056	0.069	0.076	0.080	0.082	0.084	0.084
3.8	0.030	0.035	0.040	0.044	0.048	0.052	0.065	0.072	0.075	0.077	0.080	0.080
4.0	0.027	0.032	0.036	0.040	0.044	0.048	0.060	0.067	0.071	0.073	0.076	0.076
4.2	0.025	0.029	0.033	0.037	0.041	0.044	0.056	0.063	0.067	0.070	0.072	0.073
4.4	0.023	0.027	0.031	0.034	0.038	0.041	0.053	0.060	0.064	0.066	0.069	0.070
4.6	0.021	0.025	0.028	0.032	0.035	0.038	0.049	0.056	0.061	0.063	0.066	0.067
4.8	0.019	0.023	0.026	0.029	0.032	0.035	0.046	0.053	0.058	0.060	0.064	0.064
5.0	0.018	0.021	0.024	0.027	0.030	0.033	0.043	0.050	0.055	0.057	0.060	0.062
6.0	0.013	0.015	0.017	0.020	0.022	0.024	0.033	0.039	0.043	0.046	0.051	0.052
7.0	0.009	0.011	0.013	0.015	0.016	0.018	0.025	0.031	0.035	0.038	0.043	0.045
8.0	0.007	0.009	0.010	0.011	0.013	0.014	0.020	0.025	0.028	0.031	0.037	0.039
9.0	0.006	0.007	0.008	0.009	0.010	0.011	0.016	0.020	0.024	0.026	0.032	0.035
10.0	0.005	0.006	0.007	0.007	0.008	0.009	0.013	0.017	0.020	0.022	0.028	0.032
12.0	0.003	0.004	0.004	0.005	0.005	0.006	0.009	0.012	0.014	0.017	0.022	0.026
14.0	0.002	0.003	0.003	0.004	0.004	0.005	0.007	0.009	0.011	0.013	0.018	0.023
16.0	0.002	0.002	0.003	0.003	0.003	0.004	0.005	0.007	0.009	0.010	0.014	0.020
18.0	0.001	0.002	0.002	0.002	0.003	0.003	0.004	0.006	0.007	0.008	0.012	0.018
20.0	0.001	0.001	0.002	0.002	0.002	0.002	0.004	0.005	0.006	0.007	0.010	0.016
25.0	0.001	0.001	0.001	0.001	0.001	0.002	0.002	0.003	0.004	0.004	0.007	0.013
30.0	0.000	0.001	0.001	0.001	0.001	0.001	0.002	0.002	0.003	0.002	0.005	0.011
35.0	0.000	0.000	0.001	0.001	0.001	0.001	0.001	0.002	0.002	0.002	0.004	0.009
40.0	0.000	0.000	0.000	0.000	0.001	0.001	0.001	0.001	0.001	0.002	0.003	0.008

值得特别指出的是，α_c 是均布矩形荷载角点下的竖向附加应力系数，按式（3-21）计算的附加应力是矩形角点下某点的附加应力。当计算点不位于角点下时，利用角点下的应力计算公式和应力叠加原理，可推求地基中任意点的附加应力，这一方法称为角点法。如图 3-18 所示，设地基中任意点 M 在基底平面的垂直投影点为 M'，利用角点法求矩形范围以内或以外任意点 M' 下的竖向附加应力时，通过 M' 点做平行于矩形两边的辅助线，使 M' 点成为几个小矩形的共同角点，利用应力叠加原理，即可求得 M 点的附加应力。

1）M' 点位于荷载边缘时

$$\sigma_z = \left[\alpha_{c(M'hbe)} + \alpha_{c(M'ecf)} \right] p_0$$

2）M'点位于荷载面内时

$$\sigma_z = \left[\alpha_{c(M'hbe)} + \alpha_{c(M'ecf)} + \alpha_{c(M'gah)} + \alpha_{c(M'fdg)} \right] p_0$$

3）M'点位于荷载边缘外侧时

$$\sigma_z = \left[\alpha_{c(M'hbe)} + \alpha_{c(M'ecf)} - \alpha_{c(M'hag)} - \alpha_{c(M'gdf)} \right] p_0$$

4）M'点位于荷载角点外侧时

$$\sigma_z = \left[\alpha_{c(M'hbe)} - \alpha_{c(M'fce)} - \alpha_{c(M'hag)} + \alpha_{c(M'fdg)} \right] p_0$$

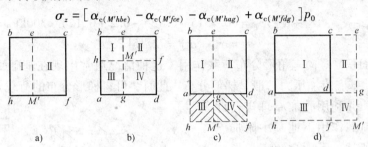

图 3-18　应用角点法计算 M' 点下地基竖向附加应力

应用角点法尚需注意以下几点：①划分的每一个矩形都要有一个角点是 M' 点；②所有划分的矩形面积总和应等于原受荷面积；③划分后的每一个矩形面积，短边都用 b 表示，长边都用 l 表示。

【例 3-3】　有两相邻基础 A 和 B，其尺寸、相对位置及基底附加压力分布如图 3-19 所示，若考虑相邻荷载的影响，试求 A 基础底面中心点下 2m 处的竖向附加应力。

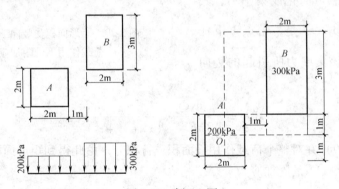

图 3-19　例 3-3 图

解： A 基础底面中心点下的附加应力应该是两个基础共同产生的附加应力之和，根据叠加原理可以分别进行计算：

A 基础引起的附加应力

$$\sigma_{zA} = 4\alpha_c p_A$$

$b = 1\text{m}$，$l = 1\text{m}$，$z = 2\text{m}$，则 $l/b = 1$，$z/b = 2$，查表得 $\alpha_c = 0.084$。

$$\sigma_{zA} = 4\alpha_c p_A = 4 \times 0.084 \times 200\text{kPa} = 67.2\text{kPa}$$

B 基础引起的附加应力

$$\sigma_{zB} = \left(\alpha_{c1} - \alpha_{c2} - \alpha_{c3} + \alpha_{c4} \right) p_B$$

附加应力系数计算见表3-6。

表3-6　例3-3 附加应力系数计算表

荷载作用面积	l/b	z/b	α_c	荷载作用面积	l/b	z/b	α_c
1	1	0.5	0.2315	3	2	1	0.200
2	4	2	0.135	4	2	2	0.120

$$\sigma_{zB} = (\alpha_{c1} - \alpha_{c2} - \alpha_{c3} + \alpha_{c4})p_B = (0.2315 - 0.135 - 0.2 + 0.12) \times 300\text{kPa} = 4.95\text{kPa}$$

$$\sigma_z = \sigma_{zA} + \sigma_{zB} = 72.15\text{kPa}$$

（2）矩形面积受竖向三角形分布荷载作用　这种情况通常出现在基础受单向偏心荷载作用的情况下，基底附加压力一般呈梯形分布。此时，可将梯形分布的荷载分解成矩形荷载和三角形荷载，并利用叠加原理进行计算。均布矩形荷载作用下地基中附加应力的计算如上所述，下面介绍三角形荷载作用下的附加应力计算。

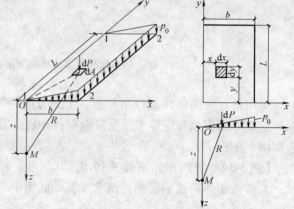

如图3-20所示，在矩形面积上作用着三角形分布荷载，最大荷载为p_0，取荷载零值边的角点1为坐标原点，在荷载作用面积上任意位置（x，y）处，选择一微面积，其大小为$dA = dxdy$，此微面积上的分布荷载可简化成集中力，其大小$dP = \dfrac{x}{b}p_0 dxdy$，于是，角点1下任意深度$z$处，由该集中力所引起的竖向附加应力为

图3-20　矩形面积受竖向三角形分布荷载作用下的附加应力

$$d\sigma_z = \frac{3xp_0 dxdy}{2\pi b} \cdot \frac{z^3}{(x^2 + y^2 + z^2)^{5/2}} \tag{3-22}$$

利用式（3-19）并对整个荷载作用面面积进行积分，由此得到矩形面积受竖直三角形分布荷载作用时角点1下的附加应力

$$\sigma_z = \frac{mn}{2\pi}\left[\frac{1}{\sqrt{m^2 + n^2}} - \frac{n^2}{(1 + n^2)\sqrt{1 + m^2 + n^2}} \right]p_0 \tag{3-23}$$

令 $\alpha_{t1} = \dfrac{mn}{2\pi}\left[\dfrac{1}{\sqrt{m^2 + n^2}} - \dfrac{n^2}{(1 + n^2)\sqrt{1 + m^2 + n^2}} \right]$，则

$$\sigma_z = \alpha_{t1}p_0 \tag{3-24}$$

同理，还可求得荷载最大值边角点2下任意深度z处的竖向附加应力

$$\sigma_z = \alpha_{t2}p_0 = (\alpha_c - \alpha_{t1})p_0 \tag{3-25}$$

式中　α_{t1}、α_{t2}——竖向附加应力系数，α_{t1}、$\alpha_{t2} = f(m, n)$，其中 $m = \dfrac{l}{b}$，$n = \dfrac{z}{b}$（其中 b 为荷载变化方向尺寸），通过计算 m、n 查表3-7可得 α_{t1}、α_{t2}。

表 3-7 矩形面积上竖向三角形分布荷载作用下的附加应力系数 α_{t1}、α_{t2}

z/b \ 点	l/b 0.2		0.4		0.6		0.8		1.0	
	1	2	1	2	1	2	1	2	1	2
0.0	0.0000	0.2500	0.0000	0.2500	0.0000	0.2500	0.0000	0.2500	0.0000	0.2500
0.2	0.0223	0.1821	0.0280	0.2115	0.0296	0.2165	0.0301	0.2178	0.0304	0.2182
0.4	0.0269	0.1094	0.0420	0.1604	0.0487	0.1781	0.0517	0.1844	0.0531	0.1870
0.6	0.0259	0.0700	0.0448	0.1165	0.0560	0.1405	0.0621	0.1520	0.0654	0.1575
0.8	0.0232	0.0480	0.0421	0.0853	0.0553	0.1093	0.0637	0.1232	0.0688	0.1311
1.0	0.0201	0.0346	0.0375	0.0638	0.0508	0.0852	0.0602	0.0996	0.0666	0.1086
1.2	0.0171	0.0260	0.0324	0.0491	0.0450	0.0673	0.0546	0.0807	0.0615	0.0901
1.4	0.0145	0.0202	0.0278	0.0386	0.0392	0.0540	0.0483	0.0661	0.0554	0.0751
1.6	0.0123	0.0160	0.0238	0.0310	0.0339	0.0440	0.0424	0.0547	0.0492	0.0628
1.8	0.0105	0.0130	0.0204	0.0254	0.0294	0.0363	0.0371	0.0457	0.0435	0.0534
2.0	0.0090	0.0108	0.0176	0.0211	0.0255	0.0304	0.0324	0.0387	0.0384	0.0456
2.5	0.0063	0.0072	0.0125	0.0140	0.0183	0.0205	0.0236	0.0265	0.0284	0.0318
3.0	0.0046	0.0051	0.0092	0.0100	0.0135	0.0148	0.0176	0.0192	0.0214	0.0233
5.0	0.0018	0.0019	0.0036	0.0038	0.0054	0.0056	0.0071	0.0074	0.0088	0.0091
7.0	0.0009	0.0010	0.0019	0.0019	0.0028	0.0029	0.0038	0.0038	0.0047	0.0047
10.0	0.0005	0.0004	0.0009	0.0010	0.0014	0.0014	0.0019	0.0019	0.0023	0.0024

z/b \ 点	l/b 1.2		1.4		1.6		1.8		2.0	
	1	2	1	2	1	2	1	2	1	2
0.0	0.0000	0.2500	0.0000	0.2500	0.0000	0.2500	0.0000	0.2500	0.0000	0.2500
0.2	0.0305	0.2184	0.0305	0.2185	0.0306	0.2185	0.0306	0.2185	0.0306	0.2185
0.4	0.0539	0.1881	0.0543	0.1886	0.0545	0.1889	0.0546	0.1891	0.0547	0.1892
0.6	0.0673	0.1602	0.0684	0.1616	0.0690	0.1625	0.0694	0.1630	0.0696	0.1633
0.8	0.0720	0.1355	0.0739	0.1381	0.0751	0.1396	0.0759	0.1405	0.0764	0.1412
1.0	0.0708	0.1143	0.0735	0.1176	0.0753	0.1202	0.0766	0.1215	0.0774	0.1225
1.2	0.0664	0.0962	0.0698	0.1007	0.0721	0.1037	0.0738	0.1055	0.0749	0.1069
1.4	0.0606	0.0817	0.0644	0.0864	0.0672	0.0897	0.0692	0.0921	0.0707	0.0937
1.6	0.0545	0.0696	0.0586	0.0743	0.0616	0.0780	0.0639	0.0806	0.0656	0.0826
1.8	0.0487	0.0596	0.0528	0.0644	0.0560	0.0681	0.0585	0.0709	0.0604	0.0730
2.0	0.0434	0.0513	0.0474	0.0560	0.0507	0.0596	0.0533	0.0625	0.0553	0.0649
2.5	0.0326	0.0365	0.0362	0.0405	0.0393	0.0440	0.0419	0.0469	0.0440	0.0491
3.0	0.0249	0.0270	0.0280	0.0303	0.0307	0.0333	0.0331	0.0359	0.0352	0.0380
5.0	0.0104	0.0108	0.0120	0.0123	0.0135	0.0139	0.0148	0.0154	0.0161	0.0167
7.0	0.0056	0.0056	0.0064	0.0066	0.0073	0.0074	0.0081	0.0083	0.0089	0.0091
10.0	0.0028	0.0028	0.0033	0.0032	0.0037	0.0037	0.0041	0.0042	0.0046	0.0046

（续）

z/b \ 点 \ l/b	3.0		4.0		6.0		8.0		10.0	
	1	2	1	2	1	2	1	2	1	2
0.0	0.0000	0.2500	0.0000	0.2500	0.0000	0.2500	0.0000	0.2500	0.0000	0.2500
0.2	0.0306	0.2186	0.0306	0.2186	0.0306	0.2186	0.0306	0.2186	0.0306	0.2186
0.4	0.0548	0.1894	0.0549	0.1894	0.0549	0.1894	0.0549	0.1894	0.0549	0.1894
0.6	0.0701	0.1638	0.0702	0.1639	0.0702	0.1640	0.0702	0.1640	0.0702	0.1640
0.8	0.0773	0.1423	0.0776	0.1424	0.0776	0.1426	0.0776	0.1426	0.0776	0.1426
1.0	0.0790	0.1244	0.0794	0.1248	0.0795	0.1250	0.0796	0.1250	0.0796	0.1250
1.2	0.0774	0.1096	0.0779	0.1103	0.0782	0.1105	0.0783	0.1105	0.0783	0.1105
1.4	0.0739	0.0973	0.0748	0.0982	0.0752	0.0986	0.0752	0.0987	0.0753	0.0987
1.6	0.0697	0.0870	0.0708	0.0882	0.0714	0.0887	0.0715	0.0888	0.0715	0.0889
1.8	0.0652	0.0782	0.0666	0.0797	0.0673	0.0805	0.0675	0.0806	0.0675	0.0808
2.0	1.0607	0.0707	0.0624	0.0726	0.0634	0.0734	0.0636	0.0736	0.0636	0.0738
2.5	0.0504	0.0559	0.0529	0.0585	0.0543	0.0601	0.0547	0.0604	0.0548	0.0605
3.0	0.0419	0.0451	0.0449	0.0482	0.0469	0.0504	0.0474	0.0509	0.0476	0.0511
5.0	0.0214	0.0221	0.0248	0.0256	0.0283	0.0290	0.0296	0.0303	0.0301	0.0309
7.0	0.0124	0.0126	0.0152	0.0154	0.0186	0.0190	0.0204	0.0207	0.0212	0.0216
10.0	0.0066	0.0066	0.0084	0.0083	0.0111	0.0111	0.0128	0.0130	0.0139	0.0141

（3）圆形面积上受均布荷载作用　水塔、烟囱等圆形构筑物的基础，其基底通常为圆形，在中心荷载作用下，基底附加压力可简化为均匀分布。

设有一圆形基底，半径为 r_0，其上作用均布荷载，其大小为 p_0，如图 3-21 所示，取圆心位置作为坐标原点。

在基底面积上取微面积单元 $\mathrm{d}A = r\mathrm{d}r\mathrm{d}\theta$，其上的分布荷载用一集中力 $\mathrm{d}P = p_0 r\mathrm{d}r\mathrm{d}\theta$ 来代替，并以 $R = (r^2 + z^2)^{\frac{1}{2}}$ 代入式（3-19），则该集中力在中心点下深度 z 处 M 点引起的竖向附加应力为

$$\sigma_z = \alpha_0 p_0 \qquad (3\text{-}26)$$

式中，$\alpha_0 = 1 - \dfrac{1}{\left(1 + \dfrac{1}{z^2/r_0^2}\right)^{3/2}} = f(z/r_0)$，称为均布圆形荷载中心点下的竖向附加应力系数，查表 3-8。

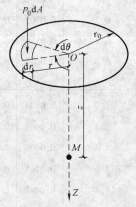

图 3-21　均布圆形荷载中心点下的 σ_z

2. 平面问题的附加应力计算

理论上，当基础长度 l 与宽度 b 之比 $l/b = \infty$ 时，地基内部的应力状态属于平面问题。而在实际工程实践中，当 $l/b \geqslant 10$ 时，即可认为地基内部的应力状态属于平面问题。如水利工程中的土坝、土堤、水闸、挡土墙、码头、船闸等。为了便于求解条形荷载作用下土中的附加应力，下面先介绍线荷载作用下的解答。

表 3-8 均布圆形荷载中心点下的附加应力系数 α_0

z/r_0	α_0	z/r_0	α_0	z/r_0	α_0	z/r_0	α_0
0.0	1.000	1.3	0.502	2.6	0.187	3.9	0.091
0.1	0.999	1.4	0.461	2.7	0.175	4.0	0.087
0.2	0.992	1.5	0.424	2.8	0.165	4.1	0.083
0.3	0.976	1.6	0.390	2.9	0.155	4.2	0.079
0.4	0.949	1.7	0.360	3.0	0.146	4.3	0.076
0.5	0.911	1.8	0.332	3.1	0.138	4.4	0.073
0.6	0.864	1.9	0.307	3.2	0.130	4.5	0.070
0.7	0.811	2.0	0.285	3.3	0.124	4.6	0.067
0.8	0.756	2.1	0.264	3.4	0.117	4.7	0.064
0.9	0.701	2.2	0.245	3.5	0.111	4.8	0.062
1.0	0.647	2.3	0.229	3.6	0.106	4.9	0.059
1.1	0.595	2.4	0.210	3.7	0.101	5.0	0.057
1.2	0.547	2.5	0.200	3.8	0.096	10.0	0.015

（1）线荷载　沿无限长线上作用的竖直均布荷载称为竖直线荷载，如图 3-22a 所示。

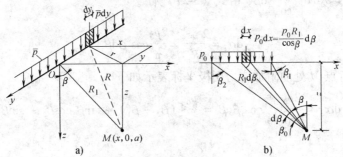

图 3-22　地基附加应力的平面问题

a）线荷载作用下　b）条形荷载作用下

当地基面上作用竖向线荷载时，以此线荷载方向作为 y 轴，经过所求 M 点建立 xOz 坐标平面，与 y 轴交点即为坐标原点，利用式（3-11），可计算出 M 点的竖向附加应力。

y 轴上某微分段 dy 上的分布荷载以集中力代替，其大小 $dP = \bar{p}dy$，该集中力在 M 点引起的附加应力

$$d\sigma_z = \frac{3\,\bar{p}z^3}{2\pi R^5}dy$$

对上式进行积分得

$$\sigma_z = \int_{-\infty}^{+\infty} d\sigma_z = \int_{-\infty}^{+\infty} \frac{3\,\bar{p}z^3 dy}{2\pi(x^2+y^2+z^2)^{5/2}} = \frac{2\,\bar{p}z^3}{\pi(x^2+z^2)^2} = \frac{2\,\bar{p}z^3}{\pi R_1^4} = \frac{2\,\bar{p}}{\pi R_1}\cos^3\beta$$

$$(3-27)$$

同理可得

$$\sigma_x = \frac{2\bar{p}x^2z}{\pi(x^2+z^2)^2} = \frac{2\bar{p}x^2z}{\pi R_1^4} = \frac{2\bar{p}}{\pi R_1}\cos\beta\sin^2\beta \tag{3-28}$$

$$\tau_{xz} = \tau_{zx} = \frac{2\bar{p}xz^2}{\pi(x^2+z^2)^2} = \frac{2\bar{p}xz^2}{\pi R_1^4} = \frac{2\bar{p}}{\pi R_1}\cos^2\beta\sin\beta \tag{3-29}$$

由于线荷载沿 y 轴均匀分布且无限延伸，因此与 y 轴垂直的任何平面上的应力状态完全相同，根据弹性力学原理可得

$$\tau_{xy} = \tau_{yx} = \tau_{yz} = \tau_{zy} = 0 \tag{3-30}$$

$$\sigma_y = \mu(\sigma_x + \sigma_z) \tag{3-31}$$

因此，在平面问题中需要计算的应力分量只有 σ_z、σ_x、τ_{xz} 三个，式 (3-27) ~ 式 (3-31) 在弹性理论中称为费拉曼 (Flamant) 解。

(2) 均布条形荷载　条形基础 (如建筑工程中砖混结构承重墙基础，其基础底面的长宽比很大，如 $l/b \geqslant 10$ 时) 受中心荷载作用时，基底附加压力可近似认为均匀分布，即为均布条形荷载。

该问题在弹性力学中是一种典型的平面应变问题，垂直于 y 轴各平面的应力状态完全相同。因此，只研究 xOz 平面内的应力状态就可以了。

如图 3-22b 所示，竖向条形荷载沿 x 方向均匀分布，微分段 $\mathrm{d}x$ 上的荷载可以用线荷载 $\bar{p}$ 代替，如此则有 $\bar{p} = p_0\mathrm{d}x = \dfrac{p_0 R_1}{\cos\beta}\mathrm{d}\beta$，由式 (3-27) 有

$$\mathrm{d}\sigma_z = \frac{2\bar{p}z^3}{\pi R_1^4} = \frac{2p_0}{\pi}\cos^2\beta\mathrm{d}\beta$$

则地基中任意点 M 处的附加应力用极坐标表示如下

$$\sigma_z = \int_{\beta_1}^{\beta_2}\mathrm{d}\sigma_z = \frac{2p_0}{\pi}\int_{\beta_1}^{\beta_2}\cos^2\beta\mathrm{d}\beta = \frac{p_0}{\pi}\left[(\beta_2-\beta_1)+\sin\beta_2\cos\beta_2-\sin\beta_1\cos\beta_1\right] \tag{3-32}$$

同理得

$$\sigma_x = \frac{p_0}{\pi}\left[(\beta_2-\beta_1)-\sin(\beta_2-\beta_1)\cos(\beta_2+\beta_1)\right] \tag{3-33}$$

$$\tau_{xz} = \tau_{zx} = \frac{p_0}{\pi}\left[\sin^2\beta_2-\sin^2\beta_1\right] \tag{3-34}$$

各式中，当 M 点位于荷载分布宽度范围内时，β_1 取负值，反之取正值。

根据材料力学的有关公式，M 点的主应力为

$$\left.\begin{array}{c}\sigma_1\\\sigma_3\end{array}\right\} = \frac{\sigma_z+\sigma_x}{2} \pm \sqrt{\left(\frac{\sigma_z-\sigma_x}{2}\right)^2+\tau_{xz}^2} = \frac{p_0}{\pi}(\beta_0\pm\sin\beta_0) \tag{3-35}$$

式中　β_0——M 点与条形荷载两端连线的夹角，$\beta_0 = \beta_2-\beta_1$ (当 M 点在荷载宽度范围内时 $\beta_0 = \beta_2+\beta_1$)。

最大主应力 σ_1 的作用方向正好在视角 β_0 的等分线上，而最小主应力与最大主应力垂直，式 (3-35) 将在地基承载力介绍中得以应用。

为了计算方便，可以将式 (3-32) ~ 式 (3-34) 改用直角坐标表示。此时，取条形荷载的中点为坐标原点，则 M 点在直角坐标系下的三个应力分量分别为

$$\sigma_z = \frac{p_0}{\pi}\left[\arctan\frac{1-2n}{2m} + \arctan\frac{1+2n}{2m} - \frac{4m(4n^2-4m^2-1)}{(4n^2+4m^2-1)^2+16m^2}\right] = \alpha_{sz}p_0 \tag{3-36}$$

$$\sigma_x = \frac{p_0}{\pi}\left[\arctan\frac{1-2n}{2m} + \arctan\frac{1+2n}{2m} + \frac{4m(4n^2-4m^2-1)}{(4n^2+4m^2-1)^2+16m^2}\right] = \alpha_{sx}p_0 \tag{3-37}$$

$$\tau_{xz} = \tau_{zx} = \frac{p_0}{\pi}\frac{32m^2n}{(4n^2+4m^2-1)^2+16m^2} = \alpha_{sxz}p_0 \tag{3-38}$$

式中 α_{sz}、α_{sx}、α_{sxz} ——均布条形荷载作用下的附加应力系数，α_{sz}、α_{sx}、$\alpha_{sxz} = f(m, n)$，

$m = \dfrac{z}{b}$，$n = \dfrac{x}{b}$，坐标原点在宽度 b 的中点上，可由表 3-9 查得。

表 3-9 均布条形荷载下的附加应力系数

z/b	x/b 0.00			0.25			0.50			1.00			1.50			2.00		
	α_{sz}	α_{sx}	α_{sxz}	α_{sz}	α_{sx}	α_{sxz}	α_{sz}	α_{sx}	α_{sxz}	α_{sz}	α_{sx}	α_{sxz}	α_{sz}	α_{sx}	α_{sxz}	α_{sz}	α_{sx}	α_{sxz}
0.00	1.00	1.00	0	1.00	1.00	0	0.50	0.50	0.32	0	0	0	0	0	0	0	0	0
0.25	0.96	0.45	0	0.90	0.39	0.13	0.50	0.35	0.30	0.02	0.17	0.05	0.00	0.07	0.01	0	0.04	0
0.50	0.82	0.18	0	0.74	0.19	0.16	0.48	0.23	0.26	0.08	0.21	0.13	0.02	0.12	0.04	0	0.07	0.02
0.75	0.67	0.08	0	0.61	0.10	0.13	0.45	0.14	0.16	0.15	0.22	0.16	0.04	0.14	0.07	0.02	0.10	0.04
1.00	0.55	0.04	0	0.51	0.05	0.10	0.41	0.09	0.16	0.19	0.15	0.16	0.07	0.14	0.10	0.03	0.13	0.05
1.25	0.46	0.02	0	0.44	0.03	0.07	0.37	0.06	0.12	0.20	0.11	0.14	0.10	0.12	0.10	0.04	0.11	0.07
1.50	0.40	0.01	0	0.38	0.02	0.06	0.33	0.04	0.10	0.21	0.08	0.13	0.11	0.10	0.10	0.06	0.10	0.07
1.75	0.35	—	0	0.34	0.01	0.04	0.30	0.03	0.08	0.19	0.06	0.11	0.11	0.08	0.10	0.07	0.09	0.08
2.00	0.31	—	0	0.31	—	0.03	0.28	0.02	0.06	0.20	0.05	0.10	0.14	0.07	0.10	0.08	0.08	0.08
3.00	0.21	—	0	0.21	—	0.02	0.20	0.01	0.03	0.17	0.02	0.06	0.13	0.03	0.07	0.10	0.04	0.07
4.00	0.16	—	0	0.16	—	0.01	0.15	—	0.02	0.14	0.01	0.03	0.12	0.02	0.05	0.10	0.03	0.05
5.00	0.13	—	0	0.13	—	—	0.12	—	—	0.12	—	—	0.11	—	—	0.09	—	—
6.00	0.11	—	0	0.10	—	—	0.10	—	—	0.10	—	—	0.10	—	—	—	—	—

3.4.3 非均质和各向异性地基中的附加应力

前述附加应力计算都是把地基土看做均质和各向同性的线性变形体，然后应用弹性力学来解决的。而实际上地基土并非均匀和各向同性，有的地基中土的变形模量常随深度增加而增大，有的地基土具有较明显的薄交互层状构造，有的则是由不同压缩性土层组成的成层地基。这些都会影响附加应力的分布，此时应考虑地基的非均匀性和各向异性对附加应力的影响。

1. 双层地基

天然土层的松密、软硬程度往往不相同，变形特性可能差别较大。如在软土地区常遇到一层硬黏土或密实的砂覆盖在较软的土层上；又如在山区，常可见厚度不大的可压缩土层覆盖于绝对刚性的岩层上。这种情况下，地基中的应力分布显然与连续、均质土体不相同，对这类问题的解答比较复杂，目前弹性力学只对其中某些简单的情况有理论解，可以分为如下

两类。

（1）上软下硬土层　由弹性理论解得知，上层土中荷载中轴线附近的附加应力 σ_z 将比均质半无限体时增大；如图 3-23a 所示，离开中轴线，应力逐渐减小，至某一距离后，应力小于半无限体时的应力。这种现象称为"应力集中"现象。岩层埋藏越浅，应力集中现象越显著，当可压缩土层的厚度小于或等于荷载面积宽度的一半时，荷载面积下的附加应力几乎不扩散。可见，应力集中与荷载面的宽度、压缩层的厚度等有关。

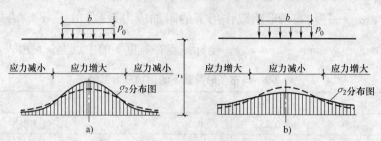

图 3-23　非均质和各向异性地基对附加应力的影响

注：虚线表示均质地基中水平面上的附加应力分布。

（2）上硬下软土层　当土层上硬下软时，将会出现荷载中轴线附近附加应力 σ_z 比均质半无限体时减小的应力扩散现象，如图 3-23b 所示。在荷载中心线上也如此，如图 3-24 所示，σ_z 随深度的增加而迅速减小。

由于应力分布比较均匀，地基的沉降也相应比较均匀。在坚硬的上层与软弱的下卧层中引起的应力扩散随上层土厚度的增大而更加显著。它还与双层地基的变形模量 E_0、泊松比 μ 有关，即随下列参数 f 的增加而显著。

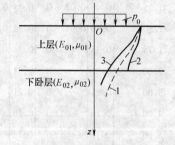

$$f = \frac{E_{01}}{E_{02}} \cdot \frac{1-\mu_2^2}{1-\mu_1^2} \qquad (3\text{-}39)$$

式中　E_{01}、μ_1——上层的变形模量和泊松比；

E_{02}、μ_2——软弱下卧层的变形模量和泊松比。

由于土的泊松比变化不大（一般 $\mu = 0.3 \sim 0.4$），故参数 f 的值主要取决于变形模量的比值 E_{01}/E_{02}。

图 3-24　双层地基竖向附加应力分布比较

注：曲线 1 表示均质地基情况；

曲线 2 表示上软下硬，应力集中现象；

曲线 3 表示上硬下软，应力扩散现象。

2. 变形模量随深度增大的地基

地基土的另一非均质性表现为变形模量 E_0 随深度增大而增大，在砂土地基中尤其常见。这是由土体在沉降过程中的受力条件所决定的。弗罗利克（Frohlich）对于集中力作用下地基中附加应力 σ_z 的计算，提出半经验公式

$$\sigma_z = \frac{\nu P}{2\pi R^2} \cos^\nu \theta \qquad (3\text{-}40)$$

ν 为大于或等于 3 的应力集中系数。对于均质弹性体即 E_0 为常数，如均匀的黏土，$\nu = 3$，其结果即为布辛奈斯克解；对于较密实的砂土，非均质现象最显著，取 $\nu = 6$；介于黏土与砂土之间的土，取 $\nu = 3 \sim 6$。

复习思考题

3-1 何谓土层自重应力？土的自重应力沿深度有何变化？

3-2 土的自重应力计算，在地下水位上、下是否相同？为什么？土的自重应力是否在任何情况下都不会引起地基的沉降？

3-3 基底压力的计算有何实用意义？柔性基础与刚性基础的基底压力分布是否相同？

3-4 如何计算基底压力和基底附加压力？两者概念有何不同？

3-5 何谓附加应力？附加应力在地基中的传播有何规律？目前附加应力计算的依据是什么？计算时作了哪些假设？

3-6 应用角点法计算土中附加应力时应注意哪些问题？

习 题

3-1 某工程土层分布图及土的物理性质指标如图 3-25 所示。试求各土层分界面处土的自重应力，并绘出自重应力分布曲线。

3-2 某土层及其物理指标如图 3-26 所示，黏土层以下为不透水层。试计算土中自重应力并绘制分布图。

图 3-25 习题 3-1 图

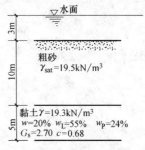

图 3-26 习题 3-2 图

3-3 某建筑物基础在设计地面标高处作用有偏心荷载 680kN，偏心荷载作用线距基础中心线 0.6m，基础埋深为 2m，底面尺寸为 4m×4m。试求基底平均压力和边缘最大压力。

[答案：$p = 82.5$kPa；$p_{max} = 121$kPa]

3-4 如图 3-27 所示桥墩基础，已知基础底面尺寸 $b = 4$m，$l = 10$m，作用在基础底面中心的荷载 $N = 4000$kN，$M = 2800$kN·m。试计算基础底面的压力。

[答案：$p_{max} = 205$kPa]

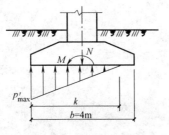

图 3-27 习题 3-4 图

3-5 如图 3-28 所示，基底为 4m×4m，基础埋深 $d = 1.0$m，埋深范围内土的平均重度 $\gamma_m = 16$kN/m³，基底以下每层土的重度为 $\gamma_1 = 18.7$kN/m³、$\gamma_2 = 19.7$kN/m³、$\gamma_3 = 19.3$kN/m³。试计算出基础中心点以下

2.4m 深度处竖向应力值。

[答案：$\sigma = 122.7\text{kPa}$]

3-6　某基础截面呈 T 形，如图 3-29 所示，作用在基底的附加压力 $p_0 = 150\text{kN/m}^2$。试求 A 点下 10m 深处的附加应力。

[答案：$\sigma_z = 94.2\text{kPa}$]

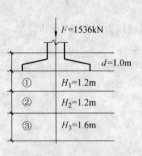

图 3-28　习题 3-5 图

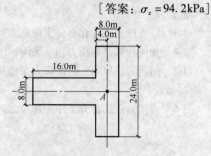

图 3-29　习题 3-6 图

第4章 土的渗透性和渗流问题

水在土体孔隙中流动的现象称为渗流。土具有的被水等流体透过的性质称为土的渗透性。土中发生渗流的原因，从内部因素讲，是土的碎散性；从外部因素讲，是存在能量的差异，水从能量高的地方向能量低的地方流动。土的渗透性同土的强度和变形特性一起，是土力学中所研究的几个主要的力学性质。岩土工程的各个领域内，许多课题都与土的渗透性有密切的关系。

在土石坝、堤防、渠道、基坑工程以及开采地下水等工程建设中，常常会涉及渗流问题。如在土石坝或渠道设计中，要考虑渗漏情况；在采用水井开采地下水时，要考虑是否有足够的渗出水量满足供水需求；在基坑降水中，需要根据渗流量情况计算设计井点的布置和抽水机功率等。另一方面，在土石坝或堤防工程中，渗流自由面（浸润线）位置过高，对堤防的稳定不利；在闸基问题中，底板的扬压力过大也不利于闸基的稳定。

如同地表水的流动会对河道中建筑物产生力的作用一样，水在土的孔隙中的渗流也会对土体产生拖曳作用。当这种拖曳作用较大时，会带动土颗粒或土体移动，若这种情况持续发展，将会导致建筑物或地基发生渗透变形或渗透破坏。如我国1998年洪水中长江堤防的破坏和险情绝大多数是由渗透变形引起的。又如1993年青海省沟后水库失事，也与水的渗漏及土的渗透破坏有关。

研究土的渗透性以及水在土中的渗透规律，有助于对渗流进行有效的利用和控制。渗流现象可以发生在饱和土中，也可以发生在非饱和土中。非饱和土的渗透性质与土的饱和度有关，涉及问题比较复杂。本章主要介绍饱和土的渗透性质，土中渗流的基本规律与基本理论、渗透力与渗透变形等问题。

4.1 土的渗透性和渗流定律

4.1.1 渗流中的水头与水力坡降

从水力学中得知，液体流动除了要满足连续原理外，还必须要满足液流的能量方程，即伯努利（D. Bernoulli）方程。为了研究方便，采用水头的概念来研究水体流动中的位能和动能。所谓水头，实际上就是单位重量水体所具有的能量。按照伯努利方程，液流中一点的总水头 h，可用位置水头 z，压力水头 $\dfrac{u}{\gamma_w}$ 和流速水头 $\dfrac{v^2}{2g}$ 之和表示，即

$$h = z + \frac{u}{\gamma_w} + \frac{v^2}{2g} \tag{4-1}$$

式（4-1）中各项的物理意义均代表单位重量液体所具有的各种机械能，而其量纲却都是长度。

图4-1表示渗流在土中流经 A、B 点时，各种水头的相互关系。按照式（4-1），A、B 两

点的总水头可分别表示为

$$h_1 = z_A + \frac{u_A}{\gamma_w} + \frac{v_A^2}{2g} \tag{4-2}$$

$$h_2 = z_B + \frac{u_B}{\gamma_w} + \frac{v_B^2}{2g} \tag{4-3}$$

且 $$h_1 = h_2 + \Delta h \tag{4-4}$$

式中 z_A、z_B——A 点和 B 点相对于任意选定的基准面的高度，代表单位重量液体所具有的位能，故称 z 为位置水头；

u_A、u_B——A 点和 B 点的孔隙水压力，代表单位重量液体所具有的压力势能，它们除以水的重度后，分别代表 A 点和 B 点孔隙水压力的水柱高度，故称 $\frac{u}{\gamma_w}$ 为压力水头；

v_A、v_B——A 点和 B 点的渗流流速，$\frac{v^2}{2g}$ 代表单位重量液体所具有的动能，故称 $\frac{v^2}{2g}$ 为流速水头；

h_1、h_2——A 点和 B 点单位重量液体所具有的总机械能，故称之为总水头；

Δh——A、B 两点间的总水头差，代表单位重量液体从 A 点向 B 点流动时，为克服阻力而损失的能量。

将图 4-1 中 A、B 两点的测管水头连接起来，得到测管水头线（又称为水力坡降线）。由于渗流过程中存在能量损失，测管水头线沿渗流方向下降。A、B 两点间的水头损失，可用水力坡降来表示，即单位渗流长度上的水头损失，亦即

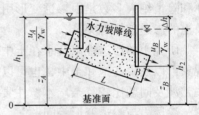

$$i = \frac{\Delta h}{L} \tag{4-5}$$

图 4-1　渗流中的位置、压力和总水头

式中 i——水力坡降；

L——A、B 两点间的渗流途径，也就是使水头损失 Δh 的渗流长度。

水力坡降 i 在研究土的渗透规律中是个十分重要的物理量。

【**例 4-1**】 某常水头试验中，在恒定的总水头差之下水自下而上透过两个土样，相关几何参数列于图 4-2 中，水从土样 1 顶面溢出。

1）以土样 2 底面 c—c 为基准面，求该面的总水头和静水头。

2）已知水流经土样 2 的水头损失为总水头差的 30%，求 b—b 面的总水头和静水头。

3）水在土样 2 中的渗流水力坡降。

解：1）以 c—c 为基准面，则有 c—c 面位置水头 $z_c = 0$，净水头 $h_{wc} = 90 \text{cm}$，总水头 $h_c = 90 \text{cm}$。

2）已知 $\Delta h_{bc} = 30\% \Delta h_{ac}$，而由图可知 Δh_{ac} 为 30cm，所

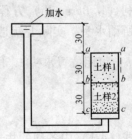

图 4-2　例 4-1 图（单位：cm）

以
$$\Delta h_{bc} = 30\% \Delta h_{ac} = 0.3 \times 30\text{cm} = 9\text{cm}$$

所以
$$h_b = h_c - \Delta h_{bc} = 90\text{cm} - 9\text{cm} = 81\text{cm}$$

又　$z_b = 30\text{cm}$，故　$h_{wb} = h_b - z_b = 81\text{cm} - 30\text{cm} = 51\text{cm}$

3）水在土样 2 中的渗流水力坡降 i 可由 Δh_{bc} 及相应的流程求得

$$i = \frac{\Delta h_{bc}}{30\text{cm}} = \frac{9}{30} = 0.3$$

4.1.2　渗流试验与达西定律

　　水在土中流动时，由于土的孔隙通道很小且很曲折，渗流过程中粘滞阻力很大，所以多数情形下，水在土中的流速十分缓慢，属于层流状态，即相邻两个水分子运动的轨迹相互平行而不混掺。法国工程师达西（H. Darcy，1856 年）用图 4-3 所示的试验装置对均匀砂进行了大量渗流试验，得出了层流条件下，土中水渗流速度与能量（水头）损失之间的渗流规律，即达西定律。

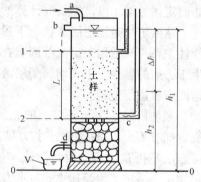

图 4-3　达西渗透试验装置

　　达西试验装置的主要部分是一个上端开口的直立圆筒，下部放碎石，碎石上放一块多孔滤板 c，滤板上面放置颗粒均匀的土样，其断面积为 A，长度为 L。筒的侧壁装有两支测压管，分别设置在土样两端的 1、2 过水断面处。水由上端进水管 a 注入圆筒，并以溢水管 b 保持筒内为恒定水位。透过土样的水从装有控制阀门 d 的弯管流入容器 V 中。

　　当筒的上部水面保持恒定以后，通过砂土的渗流是恒定流，测压管中的水面将恒定不变。现取图 4-3 中的 0—0 面为基准面，h_1、h_2 分别为 1、2 断面处的测压管水头；Δh 即为渗流流经 L 长度砂样后的水头损失。

　　达西根据对不同尺寸的圆筒和不同类型及长度的土样所进行的试验发现，渗出水量 Q 与圆筒断面面积 A 和水力坡降 i 成正比，且与土的透水性质有关，即

$$Q = kAi \tag{4-6}$$

或
$$v = \frac{Q}{A} = ki \tag{4-7}$$

式中　v——断面平均渗透速度（mm/s 或 m/d）；

　　　　k——反映土的透水性能的比例系数，称为土的渗透系数，它相当于水力坡降 $i = 1$ 时的渗透速度，故其量纲与流速相同（mm/s 或 m/d）。

　　式（4-6）或式（4-7）称为达西定律。达西定律说明，在层流状态的渗流中，渗透速度 v 与水力坡降 i 的一次方成正比，并与土的性质有关。

　　这里需要注意的是，在达西定律的表达式中，采用了以下两个基本假设：

　　1）由于土试样断面内，仅土颗粒骨架间的孔隙是渗水的，而沿试样长度的各个断面，其孔隙大小和分布是不均匀的。式（4-7）中的渗透流速并不是土孔隙中水的实际平均流速。因为公式推导中采用的是土样的整个断面积，其中包括了土粒骨架所占的部分面积在内。显

然，土粒本身是不能透水的，故真实的过水面积 A_v 应小于 A，从而实际平均流速 v_s 应大于 v。一般称 v 为假想渗流速度。v 与 v_s 的关系可通过水流连续原理建立。

按照水流连续原理

$$Q = vA = v_s A_v \tag{4-8}$$

若均质砂土的孔隙率为 n，则 $A_v = nA$，所以

$$v_s = \frac{vA}{nA} = \frac{v}{n} \tag{4-9}$$

2）由于水在土中沿孔隙流动的实际路径十分复杂，比试样长度大得多，而且也无法知道具体长度，所以 v_s 也并非渗流的真实速度。要想真正确定某一具体位置的真实流动速度，无论理论分析或是试验方法都很难做到。从工程应用角度而言，也没有这种必要。对于解决实际工程问题，最重要的是掌握在某一范围内宏观渗流的平均效果，所以为了研究的方便，达西定律考虑了以试样长度计算的平均水力梯度，即在渗流计算中均采用假想的平均流速。

达西定律是描述层流状态下渗透流速与水头损失关系的规律，即渗流速度与水力坡降呈线性关系，只适用于层流范围。在水利工程中，绝大多数渗流，无论是发生于砂土中或是发生于一般的黏性土中，均属于层流范围，故达西定律均可适用。但以下两种情况可认为超出达西定律适用范围。

一种情况是在纯砾以上的粗粒土中的渗流，如堆石体中的渗流，水力坡降较大时，流态已不再是层流，而是湍流。这时，达西定律不再适用，渗流速度 v 与水力坡降 i 之间的关系不再保持直线而变为次线性的曲线关系，如图 4-4a 所示。层流进入湍流的界限，即为达西定律的上限。关于上限值，目前尚无明确的确定方法。不少学者曾主张用临界

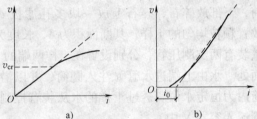

图 4-4 渗透速度与水力坡降的非线性关系

雷诺数 Re 作为确定达西定律上限的指标，但研究结果表明，界限值很分散。也有的学者（A. R. Jumikis）主张用临界流速 v_{cr} 来划分这一界限，并认为 $v_{cr} = 0.3 \sim 0.5 \text{cm/s}$。当 $v > v_{cr}$ 后达西定律可修改为

$$v = ki^m \qquad (m < 1) \tag{4-10}$$

此外，也有人提出用土的特征粒径如 d_{10}、d_{50} 等作为划分标准，但也未被人们普遍接受。

另一种情况是发生在粘性很强的致密黏土中。不少学者的试验表明，这类土的渗透特征也偏离达西定律。汉斯博（S. Hansbo，1960年）对四种原状黏土进行试验，其渗流速度 v 与水力坡降 i 的关系如图 4-4b 所示。实线表示试验曲线，它呈非线性规律增长，且不通过原点。使用时，可将曲线简化为如虚线所示的直线关系。截距 i_0 称为起始坡降。这时，达西定律可修改为

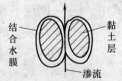

图 4-5 对 i_0 的说明

$$v = k(i - i_0) \tag{4-11}$$

式（4-11）说明，当坡降很小，$i < i_0$ 时，没有渗流产生。不少学者对此现象作如下解释：密实黏土颗粒的外围具有较厚的结合水膜，它占据了土体内部的过水通道（图 4-5），

渗流只有在较大的水力坡降作用下，挤开结合水膜的堵塞才能发生。起始水力坡降 i_0 是用以克服结合水膜阻力所消耗的能量。$i = i_0$，就是达西定律适用的下限。

需要指出的是，对于起始水力坡降 i_0 的解释一直存在争论。有不少学者认为，达西定律照样适用于土的粘性高、坡降小的条件，即认为起始水力坡降 i_0 并不存在，试验表现出来的现象乃是试验精度不高所造成的试验误差。

【例 4-2】 有 A、B、C 三种土，渗透系数分别为 $k_A = 1 \times 10^{-2}\,\text{cm/s}$, $k_B = 3 \times 10^{-3}\,\text{cm/s}$, $k_C = 5 \times 10^{-4}\,\text{cm/s}$，装在断面为 $10\text{cm} \times 10\text{cm}$ 的方管中，如图 4-6 所示。问：

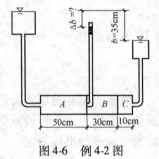

图 4-6 例 4-2 图

1）渗流经过 A 土后的水头降落值 Δh 为多少？

2）若要保持上下水头差 $h = 35\text{cm}$，需每秒加多少水？

解： 1）根据渗流连续原理，流经三种土样的渗透速度 v 应相等，即 $v_A = v_B = v_C$。

根据达西定律，得 $k_A \dfrac{\Delta h_A}{L_A} = k_B \dfrac{\Delta h_B}{L_B} = k_C \dfrac{\Delta h_C}{L_C}$。

已知 $L_A = 50\text{cm}$, $L_B = 30\text{cm}$, $L_C = 10\text{cm}$, 所以

$$\Delta h_A : \Delta h_B : \Delta h_C = 1 : 2 : 4$$

因为 $\qquad\qquad\qquad\qquad \Delta h_A + \Delta h_B + \Delta h_C = 35\text{cm}$

所以 $\qquad\qquad\qquad \Delta h_A = 5\text{cm},\ \ \Delta h_B = 10\text{cm},\ \ \Delta h_C = 20\text{cm}$

2）$v = k_A \dfrac{\Delta h_A}{L_A} = 1 \times 10^{-3}\,\text{cm/s}$, $v_{加水} = vAt = 0.3\text{cm}^3$。

4.1.3 渗透系数的测定与影响因素

渗透系数 k 是一个代表土的渗透性强弱的定量指标，也是渗流计算时必须用到的一个基本参数。不同种类的土，渗透系数 k 差别很大。因此，渗透系数的大小是直接衡量土的透水性强弱的一个重要的力学性质指标。但是它不能由计算求出，只能通过试验直接确定。因此，准确地测定土的渗透系数也是一项十分重要的工作。

渗透系数的物理意义为单位水力梯度（$i = 1$）时孔隙流体的渗流速度，它反映了土体渗透性的大小。渗透系数可以通过室内试验测定，也可以通过现场试验测定。尽管从渗透的物理本质探讨渗透系数的理论研究已取得多种模拟计算公式，但计算结果与实际比较，只能用于指导试验的测定。土体渗透性指标仍然通过试验测定。虽然现场抽水注水方法测定的结果比较可靠，但设备复杂、耗费大。所以除重大工程或工程的特殊需要外，一般只要求进行室内试验。

1. 室内试验测定渗透系数

室内试验测定渗透系数的仪器种类和试验方法很多，但从原理上可以分为常水头渗透试验和变水头渗透试验。常水头试验适用于渗透性强的无黏性土，变水头试验则适用于渗透性较小的黏性土。

（1）常水头试验 常水头试验就是在整个试验过程中，始终保持恒定的水头，水头差也不发生变化，土中的渗流处于稳定流状态。常水头渗透试验装置如图 4-7a 所示。试验时，在透明塑料筒中装填截面为 A，长度为 L 的饱和试样，打开阀门，使水自上而下流经试样，

并自出水口处排出。待水头差 Δh 和渗出量 Q 稳定后，量测经过一定时间 t 内流经试样的水量 V。

则

$$V = Qt = vAt \qquad (4\text{-}12)$$

根据达西定律，$v = ki$，则

$$V = k\frac{\Delta h}{L}At \qquad (4\text{-}13)$$

从而得出

$$k = \frac{VL}{A\Delta ht} \qquad (4\text{-}14)$$

常水头试验适用于测定透水性大的砂性土的渗透系数。黏性土由于渗透系数很小，渗透水量很小，用这种试验不易准确测定，须改用变水头试验。

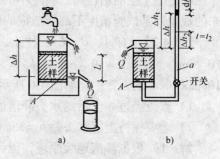

图 4-7　渗透试验装置示意图
a）常水头试验　b）变水头试验

（2）变水头试验　变水头试验就是在整个试验过程中，试样顶部的水头随时间而变化，则试样两端的水头差随时间发生变化，利用水头变化与渗流通过试样截面的水量关系测定土的渗透系数。

变水头渗透试验装置如图 4-7b 所示。试验时，将玻璃管充水至需要高度后，测记起始水头差 Δh_1，启动秒表，经过时间 t 后，再测记终了水头差 Δh_2，通过建立瞬时达西定律，即可推出渗透系数 k 的表达式。

设试验过程中任意时刻 t 作用于试样两端的水头差为 Δh，经过 $\mathrm{d}t$ 时段后，管中水位下降 $\mathrm{d}h$，则 $\mathrm{d}t$ 时间内流入试样的水量为

$$\mathrm{d}V_\mathrm{e} = -a\mathrm{d}h$$

式中　a——玻璃管断面积。

根据达西定律，$\mathrm{d}t$ 时间内试样的渗流量为

$$\mathrm{d}V_\mathrm{o} = ki A\mathrm{d}t = k\frac{\Delta h}{L}A\mathrm{d}t$$

式中　A——试样断面积；

　　　L——试样的长度。

根据水流连续原理，应有 $\mathrm{d}V_\mathrm{e} = \mathrm{d}V_\mathrm{o}$，即

$$\mathrm{d}t = -\frac{aL}{kA} \cdot \frac{\mathrm{d}h}{\Delta h}$$

等式两边各自积分

$$t = \frac{aL}{kA}\ln\frac{\Delta h_1}{\Delta h_2}$$

从而得到土的渗透系数

$$k = \frac{aL}{At}\ln\frac{\Delta h_1}{\Delta h_2} \qquad (4\text{-}15)$$

改用常用对数表示，则式（4-15）可写为

$$k = 2.3 \frac{aL}{At} \lg \frac{\Delta h_1}{\Delta h_2} \qquad (4\text{-}16)$$

通过选定几组不同的 Δh_1、Δh_2 值，分别测出它们所需的时间 t，利用式（4-16）计算它们的渗透系数 k，然后取其平均值，作为该土样的渗透系数。

实验室内测定渗透系数的优点是设备简单，费用较省。但是，由于土的渗透性与土的结构有很大的关系，地层中水平方向和垂直方向的渗透性往往不一样；再加之取样时的扰动，不易取得具有代表性的原状土样，特别是砂土。因此，室内试验测出的 k 值常常不能够很好地反映现场中土的实际渗透性质。为了量测地基土层的实际渗透系数，可直接在现场进行 k 值的原位测定。

2. 现场测定渗透系数

与室内试验方法测定渗透系数相比，现场原位试验条件更符合实际土的渗透情况。测得的渗透系数 k 值为整个渗流区较大范围内土体渗透系数的平均值，是比较可靠的测定方法。但试验规模较大，所需要的人力物力也较多，因此试验所需费用较多，应当根据工程规模和勘察要求恰当选用。对土层来说，现场渗透系数测定方法主要有渗压计法、试坑法、抽水试验、注水试验等方法。具体可参考有关地下水和水文地质方面的书籍和相关试验规程。这里主要介绍野外无压完整井（孔）抽水试验测试渗透系数的原理。

在地表面附近不存在黏土层等不透水层时，地下水面的形状在重力的作用下自由变化。在这样具有自由水面的地基中挖的井称为无压井，如图 4-8 所示。与此相反，在地表面附近存在着不透水层时，穿过这层不透水层，从下面的砂砾层中抽水的井称为承压井，如图 4-9 所示。由于井内抽水，将使得地下水位下降，之后随着时间变化最终达到稳定状态。基本上可以认为，以抽水井为中心的同心圆上各点的水位和水压相等。

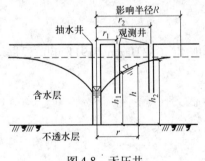

图 4-8　无压井

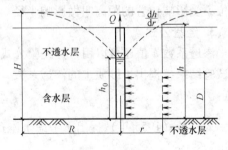

图 4-9　承压井

图 4-10 所示为一现场井孔抽水试验示意图。在现场打一口试验井，贯穿要测定 k 值的砂土层，并在距井中心不同距离处设置一个或两个观测孔。然后自井中以不变的速率连续抽水。抽水造成井周围的地下水位逐渐下降，形成一个以井孔为轴心的降落漏斗状的地下水面。测定试验井和观察孔中的稳定水位，可以画出测压管水位变化图形。测管水头差形成的水力坡降，使水流向井内。假定水流是水平流向时，则流向水井的渗流过水断面应是一系列

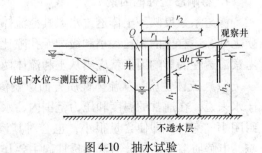

图 4-10　抽水试验

的同心圆柱面。待出水量和井中的动水位稳定一段时间后，若测得的抽水量为 Q，观测孔距井轴线的距离分别为 r_1、r_2，孔内的水位高度为 h_1、h_2，通过达西定律即可求出土层的平均 k 值。

现围绕井轴取一过水断面，该断面距井中心距离为 r，水面高度为 h，则过水断面 A 为

$$A = 2\pi rh$$

假设该过水断面上各处水力坡降为常数，且等于地下水位线在该处的坡度时，则

$$i = \frac{dh}{dr}$$

根据达西定律，单位时间自井内抽出的水量为

$$Q = Aki = 2\pi rh \cdot k\frac{dh}{dr}$$

$$Q\frac{dr}{r} = 2\pi kh dh$$

等式两边进行积分，得

$$Q\ln\frac{r_2}{r_1} = \pi k(h_2^2 - h_1^2)$$

从而得出

$$k = 2.3\frac{Q}{\pi} \cdot \frac{\lg(r_2/r_1)}{(h_2^2 - h_1^2)} \tag{4-17}$$

由图 4-10 可知，距抽水井距离越远，抽水对其地下水位的影响越小。从抽水井到地下水位不受影响位置的距离叫做影响半径。

3. 经验公式

渗透系数 k 值还可以用一些经验公式来估算，如哈臣（A. Hazen，1911 年）根据均匀砂的试验结果，提出了砂质土的渗透系数 k 如下

$$k = (1 \sim 1.5)d_{10}^2 \tag{4-18}$$

太沙基（1955 年）提出了考虑土体孔隙比 e 的经验公式

$$k = 2d_{10}^2 e^2 \tag{4-19}$$

式中　　d_{10}——土颗粒的有效半径（mm）；

　　　　k——渗透系数（cm/s）。

4. 影响渗透性的因素

渗透系数反映了土体透过水或其他流体的能力。因而影响渗透性的因素除了渗透水的性质之外，还有土的颗粒大小和级配、孔隙比、矿物成分、饱和度、微观结构和宏观构造等。考察渗透性的影响因素就应当从土和流体两方面来分析。

（1）流体性质　从流体性质方面影响渗透性的主要是流体的重度和动力粘滞系数。对于水来说，在通常的温度和压力范围内，水的重度变化很小，可以看做是常数。当水中含有封闭小气泡时，即使含量很小，也会对其渗透性产生很大影响。在黏土中由于双电层的影响，电解质溶质的成分对其渗透性起主要作用。其中渗透流体的极性增大，介电常数减小，

k 值随之减小。这既与黏土的结构影响有关，也与渗透流体本身性质有关。溶液中盐含量提高，渗透系数加大，这与黏土中结合水膜的厚度有关。

动力粘滞系数会随着温度的变化而变化。温度高时，动力粘滞系数降低，k 值变大；反之变小。温度从 5℃ 升高到 35℃，水的动力粘滞系数可以降低一半，相应测出的渗透系数也会增大一倍。为了消除温度对 k 值的影响，渗透试验中要记录水温，并根据动力粘滞系数将 k 值修正为标准温度下（一般以 20℃ 作为标准温度）的渗透系数。温度校正方法为

$$k_{20} = k_T \frac{\eta_T}{\eta_{20}} \qquad (4-20)$$

式中　k_{20}——标准温度时土的渗透系数（m/s）；

　　　k_T——试验温度 T（℃）时土的渗透系数（m/s）；

　　　η_T——T（℃）时水的动力粘滞系数；

　　　η_{20}——20（℃）时水的动力粘滞系数。

（2）土的性质　对 k 值有影响的土的性质主要有粒径大小与级配、孔隙比（或孔隙率）、矿物成分、结构、饱和度等，其中尤以粒径大小和孔隙比（或孔隙率）的影响最大。孔隙比越大表明单位土体中含有的孔隙体积越大，这显然会增大有效过水面积，因而渗透系数也会相应增大。渗透系数与孔隙比也大致具有平方关系。

黏土和粗粒土的渗透系数及其影响因素的机理不同。对于黏性土，颗粒的表面力起重要作用，因此除了孔隙比外，黏土的矿物成分对渗透系数 k 值也有很大影响。如当黏土中含有可交换的钠离子较多时，渗透系数会比较小。由于塑性指数 I_P 能综合反映黏性土的颗粒大小和矿物成分，所以有人提出以孔隙比和塑性指数一起为参数的 k 的表达式，如

$$e = \alpha + \beta \ln k \qquad (4-21)$$

式中　α、β——取决于塑性指数 I_P 的常数，可表示为 $\alpha = 10\beta$，$\beta = 0.01I_P + 0.05$。

试验表明式（4-21）适合于 $k = 10^{-7} \sim 10^{-4}$ cm/s 范围内，对于 $k < 10^{-8}$ cm/s 的高塑性黏土，则偏差较大。

黏土矿物的片状颗粒也使黏土渗透系数呈各向异性，有时水平向渗透系数比垂直向可大几十倍、上百倍。

影响土的渗透性的另一个重要因素是土的密度。一般讲，可以建立渗透系数 k 与土孔隙比 e 之间的经验公式。

土的结构也是影响渗透系数 k 值的重要因素之一，尤其是对黏性土而言。天然沉积的层状黏性土层，由于扁平状黏土颗粒的水平排列，往往使土层水平方向的渗透系数大于垂直层面方向的渗透系数。水平方向渗透系数与垂直方向渗透系数之比可大于 10，使土层呈现出明显的各向异性。如果黏性土先形成粒组、团粒结构，则团粒间的大孔隙决定了渗透性，使其渗透性明显增大。

饱和度对 k 值的影响主要针对非饱和土。非饱和土中的气泡不仅会使土的有效渗透面积减小，还会堵塞某些孔隙通道，从而使 k 值大为降低。在其他条件不变的情况下，饱和土的渗透系数最大，随着饱和度的减小，即土变得越"干"，土的透水性也会随之降低。为了保证试验精度，测试 k 值时要求试样必须充分饱和。

各类土的渗透系数的大致范围列于表 4-1 中。

表 4-1 土的渗透系数范围

土的类型	渗透系数 $k/(\text{cm/s})$	土的类型	渗透系数 $k/(\text{cm/s})$
砾石、粗砂	$a \times 10^{-1} \sim a \times 10^{-2}$	粉土	$a \times 10^{-4} \sim a \times 10^{-6}$
中砂	$a \times 10^{-2} \sim a \times 10^{-3}$	粉质黏土	$a \times 10^{-6} \sim a \times 10^{-7}$
细砂、粉砂	$a \times 10^{-3} \sim a \times 10^{-4}$	黏土	$a \times 10^{-7} \sim a \times 10^{-10}$

【例4-3】 在常水头渗透试验中，已知渗透仪直径 $D = 7.5\text{cm}$，在 $L = 200\text{mm}$ 渗流途径上的水头损失 $h = 83\text{mm}$，在 60s 时间内渗水量 $Q = 71.6\text{cm}^3$，求土的渗透系数。

解： 根据达西定律

$$k = \frac{VL}{A\Delta h t}$$

结合已知条件，可得

$$k = \frac{VL}{A\Delta h t} = \frac{71.6\text{cm}^3 \times 20\text{cm}}{\frac{3.14}{4} \times 7.5^2\text{cm}^2 \times 8.3\text{cm} \times 60\text{s}} = 6.5 \times 10^{-2}\text{cm/s}$$

【例4-4】 变水头渗透试验的土样截面积为 30cm^2，厚度为 4cm，渗透仪细玻璃管内径为 0.4cm，试验开始时水位差为 145cm，经过 $7\text{min}25\text{s}$ 观察得水位差为 100cm，试验时水温为 $20℃$，试求试样渗透系数。

解： 因为试验时温度为标准温度，故不作温度修正。

$$k = \frac{aL}{A(t_2 - t_1)}\ln\frac{h_1}{h_2} = \frac{\frac{3.14}{4} \times 0.4^2\text{cm}^2 \times 4\text{cm}}{30\text{cm}^2 \times (7\times 60 + 25)\text{s}}\ln\frac{145}{100} = 1.4 \times 10^{-5}\text{cm/s}$$

【例4-5】 在 5.0m 厚的黏土层下有一砂土层厚 6.0m，其下为基岩（不透水）。为测定该砂土的渗透系数，打一钻孔到基岩顶面并以 $10^{-2}\text{m}^3/\text{s}$ 的速率从孔中抽水。在距抽水孔 15m 和 30m 处各打一观测孔穿过黏土层进入砂土层，测得孔内稳定水位分别在地面以下 3.0m 和 2.5m，如图 4-11 所示。试求该砂土的渗透系数。

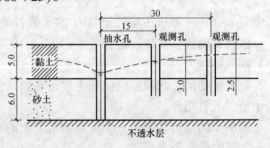

图 4-11 例 4-5 图（单位：m）

解： 砂土为透水土层，厚 6m，上覆黏土为不透水土层，厚 5m，因为黏土层不透水，所以任意位置处的过水断面的高度均为砂土层的厚度，即 6m。$r_1 = 15\text{m}$，$r_2 = 30\text{m}$，$h_1 = 8\text{m}$，$h_2 = 8.5\text{m}$。

由达西定律 $q = kAi = k \cdot 2\pi r \cdot h\frac{\text{d}h}{\text{d}r} = 2k\pi r h\frac{\text{d}h}{\text{d}r}$，可改写为

$$q\frac{\text{d}r}{r} = 2k\pi \cdot h\text{d}h$$

积分后得到

$$q\ln\frac{r_2}{r_1} = 2k\pi h(h_2 - h_1)$$

代入已知条件,得到

$$k = \frac{q}{2h\pi(h_2 - h_1)}\ln\frac{r_2}{r_1} = \frac{0.01\,\text{m}^3/\text{s}}{12\,\text{m}\pi(8.5-8)\,\text{m}}\ln\frac{30}{15} = 3.68\times10^{-4}\,\text{m/s} = 3.68\times10^{-2}\,\text{cm/s}$$

4.1.4　层状地基的等效渗透系数

通常情况下,地基多是由渗透系数不同的几层土所组成,并且每层土水平方向的渗透性是相差很大的,一般水平方向的渗透性比垂直方向的大得多,宏观上表现出非均质性。在计算渗流量时,为简单起见,常常把几个土层等效为厚度等于各土层之和,渗透系数为等效渗透系数的单一土层。但要注意,等效渗透系数的大小与水流的方向有关,可按下述方法求之。

1. 水平渗流情况

图 4-12 表示由三层各向同性的、渗透系数各不相同的土组成的地基,讨论其水平方向的渗透性和等效渗透系数。已知地基内各层土的渗透系数分别为 k_1、k_2、k_3,厚度相应为 H_1、H_2、H_3,设上、下及两侧边界都密封不透水,由于无垂直方向渗流,在各层土中进、出口的水位和水头损失必然是相同的,即

$$\Delta h_1 = \Delta h_2 = \Delta h_3 = \Delta h \tag{4-22}$$

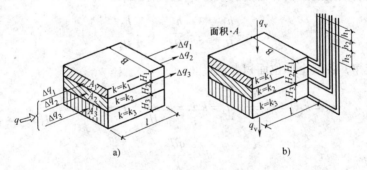

图 4-12　分层土的渗流

a) 水平渗流　b) 垂直渗流

因而水力梯度也相同,即

$$i_1 = i_2 = i_3 = i \tag{4-23}$$

根据达西定律,各层土单位宽度上的流量为

$$\Delta q_1 = H_1 k_1 i$$

$$\Delta q_2 = H_2 k_2 i$$

$$\Delta q_3 = H_3 k_3 i$$

假想有一厚度为 H 的均匀土层,在同样水力梯度下,通过它的单位宽度的流量等于上述各层流量之和,即 $q = \sum q_i$,那么这一均匀土层的渗透系数就是水平渗流时上述多层土的等效渗透系数,记作 k_H。

对于假想的均匀土层

$$q = k_H H_i = k_H \sum_{j=1}^{n} H_j i$$

对于多层土

$$q = \sum q_i = \sum_{j=1}^{n} H_j k_j i$$

两者应当相等，则有

$$k_H \sum_{j=1}^{n} H_j i = \sum_{j=1}^{n} H_j k_j i$$

$$k_H = \sum_{j=1}^{n} \frac{H_j}{H} k_j \tag{4-24}$$

可见在水平渗流情况下，等效渗透系数是各层土渗透系数按厚度加权的平均值。由式（4-24）可以证明：对于成层土，如果各土层的厚度大致相近，而渗透性却相差悬殊时，与层向平行的平均渗透系数将取决于最透水土层的渗透系数和厚度，并可近似地表示为 $H'k'/H$，式中 k' 和 H' 分别为最透水土层的渗透系数和厚度。

2. 垂直渗流情况

图 4-12b 表示渗流垂直于土层的情况。由于没有水平渗流的分量，根据水流的连续性原理，则通过单位面积上的各层流量应当相等，即

$$q_1 = q_2 = q_3 = q$$

但流经各层所损失的水头和需要的水力梯度不同，即

$$i_1 = \frac{h_1}{H_1}, \quad i_2 = \frac{h_2}{H_2}, \quad i_3 = \frac{h_3}{H_3}$$

根据达西定律，各层土单位面积上流量

$$q_1 = k_1 i_1 = k_1 \frac{h_1}{H_1}, \quad q_2 = k_2 i_2 = k_2 \frac{h_2}{H_2}, \quad q_3 = k_3 i_3 = k_3 \frac{h_3}{H_3}$$

即

$$h_i = \frac{q H_j}{k_j} \tag{4-25}$$

假想多层土层是一个厚度为 H 的均匀土层，在相同的进、出口水头差 $h = \sum h_i$ 的情况下流出相同的流量 q，则该均匀土层的渗透系数就作为这个多层土的垂直渗流等效渗透系数，记作 k_v。

对于假想的均匀土

$$q = k_v \frac{h}{H} = k_v \frac{\sum_{j=1}^{n} h_j}{\sum_{j=1}^{n} H_j} \tag{4-26}$$

将式（4-25）代入可得

$$k_v = \frac{1}{\sum_{j=1}^{n} \frac{H_j}{H} \cdot \frac{1}{k_j}} \tag{4-27}$$

可见，在垂直渗流情况下，等效渗透系数的倒数等于各层土渗透系数倒数按厚度加权的平均值。对于成层土，如果各土层的厚度大致相近，而渗透性却相差悬殊时，与层向垂直的平均渗透系数将取决于最不透水层的渗透系数和厚度，并可近似地表示为 Hk''/H''，式中 k'' 和 H'' 分别为最不透水土层的渗透系数和厚度。

同时，可以证明，对于成层土，水平向平均渗透系数总是大于竖向平均渗透系数。

【例 4-6】　某地基由 3 层均匀各向同性的土层构成，每层土层厚度和渗透系数分别为：$k_1 = 1 \times 10^{-2}$ cm/s，$H_1 = 5$m；$k_2 = 1 \times 10^{-7}$ cm/s，$H_2 = 1$m；$k_3 = 1 \times 10^{-5}$ cm/s，$H_3 = 20$m。试求该地层水平和竖直方向上的等效渗透系数 k_x 和 k_z。

解：根据公式，得到水平方向上的等效渗透系数

$$k_x = \frac{1}{H}(k_1 H_1 + k_2 H_2 + k_3 H_3)$$

$$= \frac{1}{5\text{m} + 1\text{m} + 20\text{m}}(1 \times 10^{-2}\text{cm/s} \times 5\text{m} + 1 \times 10^{-7}\text{cm/s} \times 1\text{m} + 1 \times 10^{-5}\text{cm/s} \times 20\text{m})$$

$$= 1.93 \times 10^{-3}\text{cm/s}$$

根据公式，得到竖直方向上的等效渗透系数

$$k_z = \frac{H}{\dfrac{H_1}{k_1} + \dfrac{H_2}{k_2} + \dfrac{H_3}{k_3}} = \frac{(5 + 1 + 20)\text{m}}{\dfrac{5\text{m}}{1 \times 10^{-2}\text{cm/s}} + \dfrac{1\text{m}}{1 \times 10^{-7}\text{cm/s}} + \dfrac{20\text{m}}{1 \times 10^{-5}\text{cm/s}}} = 2.17 \times 10^{-6}\text{cm/s}$$

4.2　渗流力与渗流稳定分析

当土中水体具有水平的自由表面时，水体将为无流动的静水，它只对土骨架起一种浮托作用；但当土中的水有一定的水头差的作用时，水将由高水头处向低水头处渗透，在渗流场内引起渗透力的作用。水头差越大，渗透流速和渗透力也越大，且与水力坡降（水头差与渗流途径长度之比）成正比例。水头、流速等是渗流场内的水力因素，它们的变化可以用由流线和等势线构成的流网图来表示。

水在土体或地基中渗流，将引起土体内部应力状态的改变。如对土坝地基和坝体来说，由于上下游水头差引起的渗流，一方面会导致土体内细颗粒被冲走或土体局部移动，引起土体的渗透变形；另一方面，渗透的作用力会增大坝体或地基的滑动力，导致坝体或地基滑动破坏，影响工程的整体稳定性。

4.2.1　渗流力

水是具有一定粘滞度的液体，当其在土体流动时，由于受到土粒的阻力作用，会引起水头损失，图 4-13 所示为渗透破坏试验示意图，可以看出，当 $h_1 = h_2$ 时，$\Delta h = 0$，此时土体处于静水中，土骨架只会受到浮力作用，无渗流发生；提高贮水器位置，使 $h_1 > h_2$，$\Delta h > 0$，从而产生一个水头差，此时，水不再处于静止状态，在流动时，水流受到来自土骨架的阻力，从作用力与反作用力原理可知，流动的孔隙水也会对土骨架产生一个推动、摩擦、拖曳力，其方向与渗流方向一致，如图 4-14 所示，通过这种力的作用形式使土体产生应力与变形。

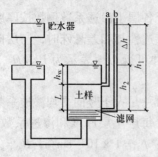

图 4-13　渗透破坏试验示意图

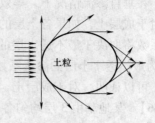

图 4-14　渗流力的概念

为了便于研究与计算,将单位土体内土颗粒所受的渗流作用力称为渗流力,也称渗透力,用 j 表示。

1. 竖向渗流力的计算

取图 4-13 渗透破坏试验示意图中的土样进行分析,分析时可以将水土整体看做土骨架与水体之和,如图 4-15 所示。

土粒有效重力 $W' = \gamma' LA$,总渗透力 $J = jLA$,方向竖直向上。

在土柱中孔隙水隔离体中,可看出水柱重力 W_w 为土中孔隙水重力和土粒浮力反力之和

$$W_w = V_v \gamma_w A + V_s \gamma_w A = V \gamma_w A = L \gamma_w A \quad (4\text{-}28)$$

式中　A——土样截面积（m^2）；

　　　L——渗流途径（m）；

　　　γ_w——水的重度（kN/m^3）。

从式（4-28）可以看出 W_w 即为 $A \times L$ 的水柱重力。

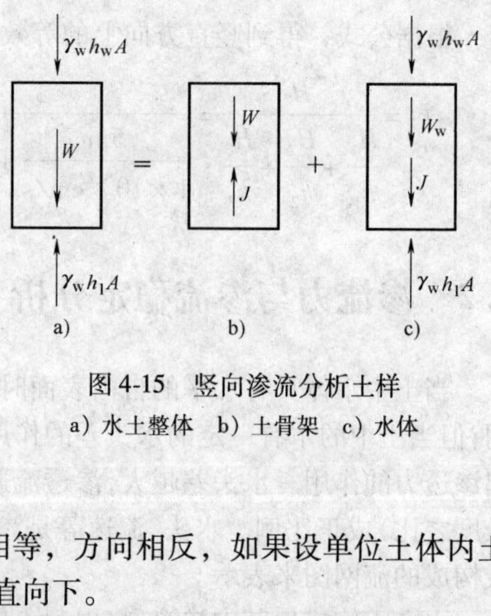

水柱上下两端面的边界水压力分别为 $\gamma_w h_w A$ 和 $\gamma_w h_1 A$,由于渗透力与土柱内土粒对水流的阻力大小相等,方向相反,如果设单位土体内土粒对水流的阻力为 j',则总阻力 $J' = j'LA = J$,方向竖直向下。

图 4-15　竖向渗流分析土样
a) 水土整体　b) 土骨架　c) 水体

现根据土柱中孔隙水隔离体的平衡条件进行分析,可得

$$\gamma_w h_w A + W_w + J' = \gamma_w h_1 A \quad (4\text{-}29)$$

则

$$\gamma_w h_w + L\gamma_w + j'L = \gamma_w h_1 \quad (4\text{-}30)$$

$$j' = \frac{\gamma_w(h_1 - h_w - L)}{L} = \frac{\gamma_w \Delta h}{L} = \gamma_w i \quad (4\text{-}31)$$

$$j = j' = \gamma_w i \quad (4\text{-}32)$$

式中　A——土样截面积（m^2）；

　　　L——渗流途径（m）；

　　　γ_w——水的重度（kN/m^3）；

　　　j'——单位土体内土粒对水流的阻力（kN/m^3）；

　　　j——渗流力（kN/m^3）；

　　　i——水力梯度。

可以看出，渗流力是一种体积力，其量纲与 γ_w 相同。

2. 水平渗流力的计算

与竖向渗流力相比，当渗流力方向为水平时计算相对简单一些，此时不再考虑土样所受浮力作用，如图 4-16 所示，取土柱中孔隙水隔离体作为研究对象，分析水体在水平方向的平衡。

隔离体左侧水压力为 $\gamma_w h_1 A$，右侧水压力为 $\gamma_w h_2 A$，根据土柱中孔隙水隔离体的平衡条件进行分析，可得

$$\gamma_w h_1 A = \gamma_w h_2 A + J' \tag{4-33}$$

则

$$J' = \gamma_w (h_1 - h_2) A = \gamma_w \Delta h A \tag{4-34}$$

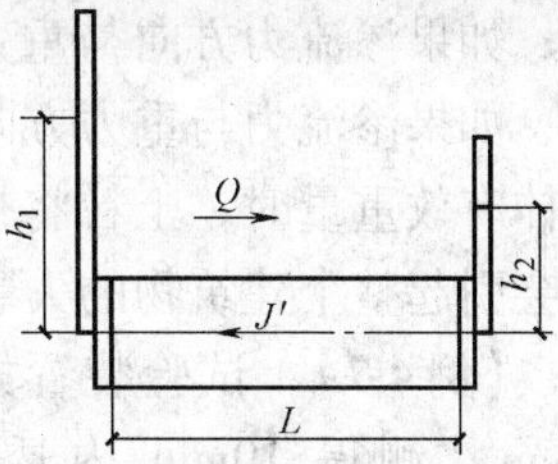

图 4-16　水平
渗流分析土样

则单位土体内土颗粒所受的渗流作用力为

$$j = \frac{J}{V} = \frac{\gamma_w \Delta h A}{AL} = \gamma_w \frac{\Delta h}{L} \tag{4-35}$$

$$j = \gamma_w i \tag{4-36}$$

式中　A——土样截面积（m^2）；

　　　L——渗径（m）；

　　　γ_w——水的重度（kN/m^3）；

　　　j'——单位土体内土粒对水流的阻力（kN/m^3）；

　　　j——渗流力（kN/m^3）；

　　　i——水力梯度。

j 也叫渗流力，它是作用于土骨架上的一种体积力，作用方向与渗流方向一致，是水流对土颗粒的拖曳力。与浮力是作用于土颗粒表面上的静水压力差一样，渗流力源于作用在土颗粒上沿渗流方向上的渗流水压力不等，在客观上表现为体积力。

3. 任意方向渗流力的计算

对于二元平面渗流，可以利用流网方便地求出任意网格上的渗流力及其方向，选取流网中任意一网格，如图 4-17 所示，可以测得两条等势线之间水头差为 Δh，可得网格平均水力梯度为 $i = \dfrac{\Delta h}{\Delta l}$，单位厚度上网格土体体积 $V = \Delta s \Delta l$，根据平衡条件，作用于该网格上总的渗流力为

$$J = jV = \gamma_w \Delta s \Delta l = \gamma_w \frac{\Delta h}{\Delta l} \Delta s \Delta l = \gamma_w \Delta h \Delta s \tag{4-37}$$

图 4-17　流网中
的渗透力计算

假定渗流力作用于该网格的形心，方向与流线平行，显然，流网中各处的渗流力大小和方向均不相同，在等势线较密的区域，水力坡降 i 大，因而渗流力 j 也大。

4. 几点说明

1）在分析渗流力时，由于渗流力与土骨架对渗透水流的阻力是作用力与反作用力的关系，所以不能取土-水整体进行分析，因为此时渗流力作为内力不出现，所以必须把土骨架与水分开来取隔离体。

2）与浮力是作用于土颗粒表面的静水压力差一样，渗流力是由作用在土颗粒上沿渗流方向的渗流水压力不等造成的，客观上表现为体积力，其方向与渗流方向一致。

3）在有渗流的情况下，由于渗流力的存在，将使土体内部渗流情况（包括大小和方向）发生变化，一般来说，这种变化对土体稳定性是不利的，但具体部位应作具体分析：如果渗流力方向与重力方向一致，渗流力促使土体压密、强度提高，对稳定起着有利的作用；如果渗流力方向与重力近乎正交，使土体有向下游方向移动的趋势，对稳定就是不利的；如果渗流力与重力方向正好相反，此时对稳定是最不利的，特别是当向上的渗流力大于土体有效重量时，土粒将被水流冲出，如不及时加以防治，将会引起整个建筑物的失事。

【例 4-7】　试验装置如图 4-18 所示，土样横截面积为 30cm^2，测得 10min 内透过土样渗入其下容器的水重 0.018N，求土样的渗透系数及其所受的渗透力。

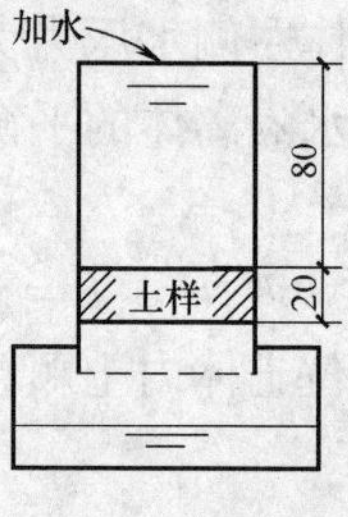

分析：本题可看成为常水头渗透试验，关键是确定水头损失。

图 4-18　例 4-7 图（单位：cm）

解： 以土样下表面为基准面，则上表面的总水头为

$$h_上 = 20cm + 80cm = 100cm$$

下表面直接与空气接触，故压力水头为零，又因位置水头也为零，故总水头为

$$h_下 = 0cm + 0cm = 0cm$$

所以渗流流经土样产生的水头损失为 100cm，由此得水力梯度为

$$i = \frac{\Delta h}{L} = \frac{100}{20} = 5$$

渗流速度：

$$v = \frac{W_w}{\gamma_w t A} = \frac{0.018 \times 10^{-3}}{10 \times 10 \times 60 \times 30 \times 10^{-4}} m/s = 1 \times 10^{-6} m/s = 1 \times 10^{-4} cm/s$$

所以

$$k = \frac{v}{i} = \frac{1 \times 10^{-4}}{5} cm/s = 2 \times 10^{-5} cm/s$$

$$j = \gamma_w i = 10 \times 5 = 50 kN/m^3$$

$$J = jV = 50 \times 30 \times 10^{-4} \times 0.2 kN = 0.03 kN = 30N$$

4.2.2　流土与临界水力坡降

1. 流土的形成

在图 4-13 所示渗透破坏试验示意图中，若贮水器不断上提，Δh 不断增大，使作用于土体中的渗流力逐渐增大，当 Δh 增大到某一数值时，向上的渗流力大于向下的重力作用，土体会发生浮起或受到破坏。在实际工程中，这种自下而上的渗流情况有很多，如有承压含水层的地基中，降低地下水位时钢板桩内侧的渗流；在饱和软黏土地基上加载，把地基中的水自下而上挤出形成渗流等。渗流自下而上，渗流压力（动水压力）也是自下而上，由于土体在水下，用向下的有效重度 γ' 计算，当渗流力 $j = \gamma_w i \geqslant \gamma'$ 时，土颗粒会完全失重，随渗水流一起悬浮和上涌，也会完全失去抗剪能力，这时候，地层遭到破坏，产生大规模涌水、涌

土，使工程场地遭到严重破坏。这种在向上的渗流力作用下，土粒间有效应力为零时，颗粒群发生悬浮、移动的现象称为流土现象或流砂现象，如图 4-19 所示。这种现象多发生在颗粒级配均匀的饱和细粉砂和粉土层中，在黏性土和非黏性土中均可以发生。黏性土发生流土破坏的外观表现为土体隆起、鼓胀、浮动、断裂等。无黏性土发生流土破坏的外观表现为泉（群）、砂沸、整块土体翻滚直至被渗流水抬起等。

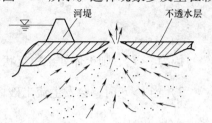

图 4-19 流土示意图

2. 临界水力坡降

当 $j = \gamma_w i = \gamma'$ 时，土体将处于流土的临界状态，此时的水力梯度称为临界水力坡降 i_{cr}，此时

$$i_{cr} = \frac{\gamma'}{\gamma_w} \tag{4-38}$$

已知土体的有效重度 γ' 为

$$\gamma' = \frac{(G_s - 1)\gamma_w}{1 + e}$$

所以

$$i_{cr} = \frac{G_s - 1}{1 + e} \tag{4-39}$$

式中 G_s——土粒相对密度；

     e——孔隙比；

     γ_w——水的重度（kN/m^3）。

由式（4-39）可知，流土的临界水力坡降取决于土的物理性质。

3. 流土的可能性判别

在自下而上的渗流溢出处，任何土体（包括黏性土和无黏性土），只要满足渗透坡降大于临界水力坡降，均要发生流土。因此，只要用流网求出水力坡降 i，再利用式（4-39）求出临界水力坡降 i_{cr}，即可进行判别。

若 $i < i_{cr}$，土体处于稳定状态；$i > i_{cr}$，土体发生流土破坏；$i = i_{cr}$，土体处于临界状态。

由于流土会造成地基破坏、建筑物倒塌等严重事故，所以工程上严禁发生流土现象，故设计时要提出一定的安全系数，使实际水力坡降限制在允许坡降 $[i]$ 之内，即

$$i \leqslant [i] = \frac{i_{cr}}{F_s} \tag{4-40}$$

式中 F_s——流土安全系数，一般取 $F_s = 1.5 \sim 2.0$。

【例 4-8】   一种黏性土的相对密度 $G_s = 2.70$，孔隙比 $e = 0.58$，求该种土的临界水力坡降。

解： $i_{cr} = \dfrac{G_s - 1}{1 + e} = \dfrac{2.70 - 1}{1 + 0.58} = 1.076$。

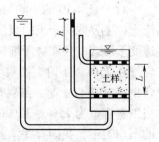

【例 4-9】   如图 4-20 所示试验中，已知水头差 $h = 20cm$，土样长度 $L = 30cm$，$G_s = 2.72$，$e = 0.63$，试问土样是否会发生流土？若不发生流土，求出该土样发生流土时的水头差 h。

图 4-20 例 4-9 图

解：1)

$$i_{cr} = \frac{G_s - 1}{1 + e} = \frac{2.72 - 1}{1 + 0.63} = 1.055$$

$$i = \frac{\Delta h}{L} = \frac{20}{30} = 0.667$$

因为 $i < i_{cr}$，则土体处于稳定状态，不会发生流土现象。

2) 当 $i > i_{cr}$ 时，会发生流土破坏，即 $\frac{h}{L} > i_{cr}$。

$$h > L i_{cr} = 30cm \times 1.055 = 31.65cm$$

水头差值为 32cm 时就可使土样发生流土破坏。

4.2.3 管涌

1. 管涌的形成

管涌是渗透变形的另一种形式，指在渗透水流作用下，土体中细颗粒在粗颗粒形成的孔隙中移动并被带出流失的现象。管涌开始时，由于渗透水流作用，土体中细颗粒沿水流方向逐渐移动，不断流失，继而较粗颗粒土发生移动，使土体内部形成较大的连续孔隙通道。随着土体中孔隙不断扩大，渗流速度不断增加，最终导致土体内形成贯通的渗流管道，并带走大量砂粒，造成土体塌陷而破坏，如图 4-21 所示。管涌破坏发生在一定级配的无黏性土中，发生的部位可以在渗流逸出处，也可以在土体内部，故也称为渗流的潜蚀现象。

图 4-21　通过坝基的管涌示意图

2. 管涌的可能性判别

土是否发生管涌，首先决定于土的性质。一般黏性土（分散性土例外），只会发生流土而不会发生管涌，即使水力梯度很大也不会出现管涌，属于非管涌土（流土型土）；对于无黏性土，往往水力梯度不大就会出现管涌，故称为管涌型土。无黏性土中产生管涌有其内因和外因。内因是土的颗粒组成和结构，即几何条件；外因是作用于土体渗流力的大小，也就是水力条件。

（1）几何条件　土中粗颗粒构成的孔隙直径必须大于细颗粒的直径，才可能让细颗粒在其孔隙间移动，这是管涌产生的必要条件。

研究结果表明，对于不均匀系数 $C_u < 10$ 的较均匀土，颗粒粒径相差不大，粗颗粒构成的孔隙直径不大于细颗粒的直径，因此，细颗粒不能在其孔隙间移动，也就不可能发生管涌。

对于 $C_u > 10$ 的不均匀砂砾石土，大量试验表明，这种土既可能发生管涌，也可能发生流土，主要取决于土的级配情况与细颗粒含量。对于缺乏中间粒径，级配不连续的土，其渗透变形形式主要取决于细料含量，这里所说的细料是指级配曲线水平段以下的粒径。当细料含量在 25% 以下时，细料填不满粗料所形成的孔隙，渗透变形基本上属于管涌型；当细料含量在 35% 以上时，细料足以填满粗料所形成的孔隙，抗渗能力增强，渗透变形是流土型；当细料含量为 25%~35% 时，则是过渡型，具体形式还要看土的松密程度。对于级配连续的不均匀土，我国有些学者提出，可用土的孔隙平均直径 D_0 最细部分的颗粒粒径 d_s 进行比较，以判别土的渗透变形类型。其中，孔隙平均直径 D_0 可按下述经验公式表示

$$D_0 = 0.25 d_{20}$$ (4-41)

式中 d_{20}——小于该粒径的土质量占总质量的20%。

综上所述，现对无黏性土发生管涌的几何条件总结如下：

1）$C_u \leqslant 10$ 的比较均匀土为非管涌土。

2）$C_u > 10$ 的不均匀土

①级配不连续的土，细料含量 > 35% 时，为非管涌土；细料含量 < 25% 时，为管涌土；细料含量 = 25% ~ 35% 时，为过渡型土。

②级配连续的土，$D_0 < d_3$ 时，为非管涌土；$D_0 > d_5$ 时，为管涌土；$D_0 = d_3 \sim d_5$ 时，为过渡型土。

（2）水力条件 发生管涌的水力条件是指渗透力能够带动细颗粒在孔隙间滚动或移动，可用管涌的水力坡降来表示。但至今，管涌的临界水力坡降计算方法尚不成熟，对于一些重大工程，应尽量由渗透破坏试验来确定。

在无试验条件的情况下，伊斯托敏娜（B. C. HCTOMHHa）给出的渗透破坏准则如图4-22所示。对于不均匀系数 $C_u > 20$ 的管涌型土，临界水力梯度 i_{cr} 约为 0.25 ~ 0.30，考虑安全系数后，允许水力坡降 $[i] = 0.10 \sim 0.15$。实践表明，伊氏理论带有一定的局限性，该方法把 $C_u > 20$ 的土体统归于管涌型土是不全面的，其结论是保守的。我国学者在对级配连续与级配不连续的土体进行了理论分析与试验研究的基础

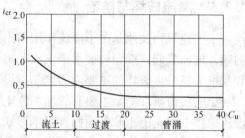

图4-22 伊斯托敏娜土体
渗透破坏关系曲线

上，提出了管涌型土的破坏坡降与允许坡降的范围值，见表4-2。由表中可以看出，管涌的临界水力坡降远小于流土的临界水力坡降。

表4-2 管涌的水力坡降范围

水力坡降	级配连续土	级配不连续土
临界水力坡降 i_{cr}	0.2 ~ 0.4	0.1 ~ 0.3
允许水力坡降 $[i]$	0.15 ~ 0.25	0.1 ~ 0.2

4.2.4 渗流稳定分析

对一般黏性土，只有流土、接触流土和接触冲刷三种破坏形式，不可能产生管涌破坏。这是因为通常情况下以团粒或单粒存在的黏性土细颗粒，其孔隙直径通常小于团粒或孔隙直径，且粒间有粘聚力，使得黏性土颗粒不易流失。但工程中发现有一种黏性土对水流的抗冲蚀能力很低，有些均质土坝建成尚未蓄水，在雨水的作用下坝面就出现多处冲蚀，甚至出现洞穴。这种土称为分散性土。所以从黏性土的渗透稳定性出发，可以将其分为分散性黏土和非分散性黏土两种类型。非分散性黏土一般又称为一般黏性土或黏性土。

分散性黏土极易发生类似管涌的冲蚀现象，在盐含量低的水中分散性土迅速分散，在盐含量高的水中可以减轻分散程度或不分散。20世纪50年代首先在澳大利亚水利工程中发现分散性黏土造成的破坏，我国于20世纪70年代在兴建黑龙江北部引嫩、繁荣灌区等工程时

遇到分散性黏土对工程的破坏，1980 年南部引嫩工程出现严重的雨水冲蚀破坏，引起人们的重视。

对于无黏性土，管涌、流土、接触流土和接触冲刷四种破坏均有可能发生。一般来说，对于比较均匀（即不均匀系数 C_u 比较小）的无黏性土，颗粒粒径相差不大，粗颗粒构成的孔隙直径不大于细颗粒的直径，细颗粒不能在其孔隙间移动，不可能发生管涌，可能发生的破坏方式为流土型。随着不均匀系数的增加或者级配不连续，就可能发生管涌型破坏。也有一种情况属于过渡型，即细颗粒在土体中属于半稳定状态，当土体属于紧密状态时可能是流土型，疏松状态时则呈管涌型。一般状态下先出现管涌，但不发展，在较大的水力坡度下发展成为流土。判断可能发生的渗流破坏形式的依据有很多，且并不统一，除了粒径级配外，由于渗透系数的大小综合反映了渗流通道的大小和数量，所以也可以作为判断渗流破坏形式的依据之一。渗流破坏形式的具体判别方法举例见前两小节。

4.2.5 渗流破坏与防治

土工建筑物及地基由于渗流作用而出现的变形或破坏称为渗流变形或渗流破坏，如土层剥落，地面隆起，细颗粒被水带出以及出现集中渗流通道等。至今渗流变形仍是水工建筑物和基坑失稳发生破坏的主要原因之一。设计时应予以重视。

土的渗流破坏类型主要有管涌、流土、接触流土和接触冲刷四种，但就单一土层来说，渗流破坏主要是流土和管涌两种基本形式。这两种破坏形式在前文已有详细介绍，在此不再赘述。接触流土是指渗透水流垂直于两种不同介质的接触面运动，并把一层土的颗粒带入另一土层的现象，这种现象一般发生在颗粒粗细相差较大的两种土层的接触带，如反滤层的机械淤堵等；接触冲刷是指渗流沿着两种不同介质的接触面流动并带走细颗粒的现象，如穿堤建筑物与堤身结合面和裂缝的渗透破坏等。

渗流破坏的发生与土本身的性质、水力条件（水力坡度）以及边界条件（如是否有保护措施）等有关。渗流破坏的防治也应从这三方面入手。选择抗渗能力比较强的土层有利于防治渗透破坏。在土的性质不变的情况下，改善上游和下游的水力条件和边界条件就成为防治渗透破坏的主要手段，即采用不透水材料阻断渗流途径，设法增长渗流途径，减小水力坡降，或者在渗流溢出处布置反滤层以减轻流土和管涌产生的危害。其中改善水力条件主要是指延长渗径，减小水力坡度；改善边界条件主要是指做好反滤设施，避免土颗粒大量流失。所以，基本措施是"上游挡，下游排"。

1. 堤坝及其地基的渗流变形防治

（1）垂直防渗　上游做垂直防渗帷幕，如混凝土防渗墙、板桩或灌浆帷幕等。封闭式防渗墙完全切断地基的透水层，可以彻底解决地基的渗透变形问题。悬挂式防渗墙虽然不完全切断透水层，但能够延长渗径，降低水力坡度。试验和实践也表明，悬挂式防渗墙可以改变管涌通道的方向，从而使管涌自动终止。

防渗墙材料可采用黏土、混凝土、塑性混凝土、自凝灰浆和土工膜等。它既可以作为坝体和堤身的防渗体，也可作为透水地基的防渗体。最常用的是混凝土和塑性混凝土防渗墙。其中塑性混凝土具有足够的强度和较低的弹性模量，可适应较大变形而保持不开裂，曾成功用于三峡工程二期围堰，其配比经反复试验后确定，一般成分为每立方米含水泥 70 ~ 220kg、膨润土 80 ~ 105kg、砂石骨料 1600kg，常掺入粉煤灰 50 ~ 80kg。除此之外，小浪底土石坝的地基防渗也是用塑性混凝土垂直防渗墙，均达到了理想效果。

土工膜的渗透系数一般小于 10^{-11} cm/s，防渗性好，施工方便，得到迅速推广。模袋混凝土具有便于水下施工的优点，主要用于岸坡防护，同时也兼有防渗功能。截流墙成槽的方法有开挖、钻孔、链斗、抓斗或射水法成槽，以及锯槽、同时成槽。也可采用高喷、旋喷、劈裂灌浆和深层搅拌法形成地下截流墙。

（2）水平铺盖　上游做水平防渗铺盖，可以延长渗径，降低整体的水力坡度。水平铺盖防渗层一般使用黏土铺筑，要求土料的渗透系数 $k < 10^{-5}$ cm/s，铺盖厚度为 0.5 ~ 1.0m，允许垂直水力坡降为 4 ~ 6，也可用土工膜做水平防渗铺盖。

（3）下游压重　下游加设可透水的反压覆盖土体，防止流土发生。

（4）排水减压井　对于双层地基，上层相对不透水，下层透水，两层土均较厚。为防止堤的背水坡脚的上层承受较大的水力坡降，常用减压井将下层承压水引出上层土，以避免流土破坏。下游挖减压沟或打减压井，降低作用在下游黏性土层底部的水压力，防止流土发生。

（5）下游排水体　在下游渗流溢出处设反滤排水层，反滤层可以让水通过，阻止土颗粒通过，从而可以保护土体，防止管涌发生。传统反滤层由一定级配的砂或砾石分层组成，随着土工合成材料的发展，可以用满足规定要求的无纺土工布做反滤层。

2. 基坑渗透破坏的防治

基坑渗透破坏的防治措施与堤坝相似。当透水层厚度不大时可以将垂直防渗体插入下面不透水层，完全阻断地下水。当透水层厚度较大时，也可以做成悬挂式垂直防渗，减少基底的溢出水力坡降。也可采用高压喷射注浆法形成水平隔渗层防止地下水引起基底流土，如图 4-23 所示。用透水材料，如砂砾石，铺设在坑底形成压渗盖重，也可有效防止坑底的流土破坏。

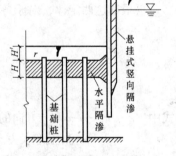

图 4-23　悬挂式竖向隔渗和水平封底隔渗

实践表明，管涌从发生到导致堤坝破坏尚需要一段时间，所以管涌的及时发现和处置能够避免险情的扩大。

分散性土的抗雨水冲蚀和裂缝冲蚀能力很低，在分散性土较多的地区筑坝，可以用防渗土工膜等把大坝包起来，从而把低溶盐水和分散性土隔离开；可以改造坝体土质，通过在土中掺加石灰、硫酸铝等，把分散性土改造为非分散性土；还可以改造库水，将低溶盐库水改造为高溶盐库水，或者在渗流溢出段设置反滤层保护。

4.3　二维渗流与流网

对于简单边界条件下的一维渗流，只要渗透介质的渗透系数和厚度以及两端的水头或水头差已知，介质内的流动特征均可根据达西定律确定。但实际工程中，边界条件复杂，如土坡、路基、坝基、闸基及带挡墙（或板桩）的基坑等，水流形态往往是二维或三维的，介质内的流动特性逐点不同，不能再视为一维渗流。这时达西定律需用微分形式表达，然后根据边界条件进行求解。

不过，上述构筑物有一个共同的特点，就是轴线长度远大于其横向尺寸，因而可以近似地认为渗流仅发生在横断面内，或者说在轴向方向上的任意一个断面上，其渗流特性都是相同的。这种渗流称为二维渗流（或平面渗流）。下面简要讨论二维平面渗流问题。

4.3.1 平面渗流的基本方程及求解

当渗流场中水头及流速等渗流要素不随时间改变时，这种渗流称为稳定渗流。现从稳定渗流场中任意点 A 处取一微单元体，面积为 $dxdz$，厚度为 $dy = 1$，在 x 和 z 方向各有流速 v_x 和 v_z，如图 4-24 所示。

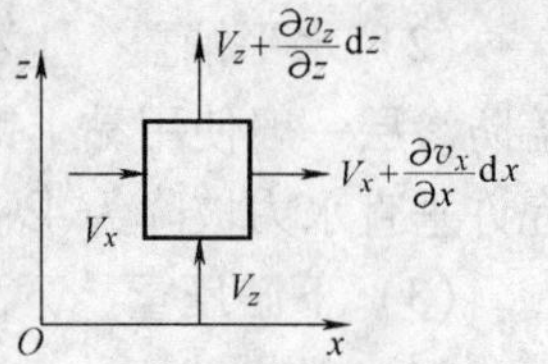

单位时间内流入这个微单元体的渗水量为 dq_e，则

$$dq_e = v_x dz \cdot 1 + v_z dx \cdot 1 \tag{4-42}$$

单位时间内流出这个微单元体的水量为 dq_0，则

图 4-24 二维渗流的连续条件

$$dq_0 = \left(v_x + \frac{\partial v_x}{\partial x}dx\right)dz \cdot 1 + \left(v_z + \frac{\partial v_z}{\partial z}dz\right)dx \cdot 1 \tag{4-43}$$

假定水体不可压缩，根据水流连续原理，单位时间内流入和流出微单元体的水量应相等，

$$dq_e = dq_0 \tag{4-44}$$

从而得出

$$\frac{\partial v_x}{\partial x} + \frac{\partial v_z}{\partial z} = 0 \tag{4-45}$$

式（4-45）即为二维渗流连续微分方程。

再根据达西定律，对于各向异性土

$$v_x = k_x i_x = k_x \frac{\partial h}{\partial x} \tag{4-46}$$

$$v_z = k_z i_z = k_z \frac{\partial h}{\partial z} \tag{4-47}$$

式中 k_x、k_z——x 和 z 方向的渗流系数；

h——测压管水头。

将式（4-46）和式（4-47）代入式（4-45）可得出

$$k_x \frac{\partial^2 h}{\partial x^2} + k_z \frac{\partial^2 h}{\partial z^2} = 0 \tag{4-48}$$

对于各向同性的均质土，$k_x = k_z$，则式（4-44）可表达为

$$\frac{\partial^2 h}{\partial x^2} + \frac{\partial^2 h}{\partial z^2} = 0 \tag{4-49}$$

式（4-49）即为著名的拉普拉斯（Laplace）方程，也是平面稳定渗流的基本微分方程。当已知渗流问题的具体边界条件时，结合这些边界条件求解上述微分方程，便能得到渗流问题的唯一解答。

Laplace 方程所描述的渗流问题，应满足以下条件：

1）此渗流属于稳定流。

2）渗流符合达西定律。

3）渗透水流流经的介质是不可压缩的。

4）描述的是均匀介质或者是分块均匀介质的流场。

Laplace 方程表明，渗流场内任一点水头是其坐标的函数，知道了水头分布，即可确定渗流场的其他特征。

求解 Laplace 方程一般有四种方法，即数学解析法、数值解法、近似作图法和模型试验法。实际工程中的渗流问题，其边界条件往往比较复杂，解析法虽然严密，但在数学求解上存在较大困难，故在实际应用上常用其他方法代替；数值解法是一种近似方法，随着计算机的发展，数值解法的精度越来越高，因而数值解法的应用也越来越广，然而目前在工程上还难以推广；模型试验法在操作上比较复杂。故常用的方法还是近似作图法，该方法应用绘制的流网求解 Laplace 方程的近似解。它简便、快速，并能用于建筑物边界轮廓较复杂的情况，只要满足绘制流网的基本要求，精度就可以得到保证，因而在工程中应用广泛。

4.3.2　流网的绘制及应用

1. 流网的特征

所谓流网就是根据一定边界条件绘制的由等势线和流线所组成的曲线正交网状图。在稳定渗流场中，流线表示水质点的流动路线，流线上任一点的切线方向就是流速矢量的方向。等势线是渗流场中势能或水头的等值线。

对于各向同性渗流介质，由流体力学可知，流网具有下列特征：

1）流线与等势线互相正交。

2）流线与等势线构成的各个网格的长宽比为常数。当长宽比为 1 时，网格为曲线正方形，这也是最常见的一种流网。

3）由于在不透水边界上不会有水流穿过，所以不透水边界必定是流线。

4）静水位下的透水边界其上总水头相等，所以它们是等势线。

5）在地下水位线或者浸润线上，孔隙水压力为零，其总水头只包括位置水头，所以它是一条流线。

6）水的渗出段与大气接触，孔隙水压力为零，只有位置水头，所以也是一条流线。

7）相邻等势线之间的水头损失相等。

8）相邻流线间的单位渗流量相等，相邻流线间的渗流区域称之为流槽，每一流槽的单位流量与总水头 h、渗透系数 k 及等势线间隔数有关，与流槽位置无关。

2. 流网的绘制

如图 4-25 所示，流网的绘制步骤如下：

1）按一定比例绘出结构物和土层的剖面图。

2）判定渗流区的边界条件，如透水面、不透水面的数量和位置。图 4-25 中，不透水面为 SS' 平面和 acb 曲面（均为流线），aa' 为基坑外侧的进水表面，bb' 为基坑内侧的出水表面（均为等势线）。

3）先试绘若干条流线（应相互平行，不交叉且是缓和曲线），流线应与进水面、出水面正交，并与不透水面接近平行，不交叉。

4）加绘等势线，须与流线正交，且每个渗流区的形状

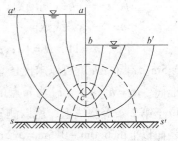

图 4-25　板桩支护的基坑流网

接近"方块"。

一般来说，上述过程不可能一次就合适，须经反复修改调整，直到满足上述条件为止。但应指出，由于边界形状不规则，在边界突变处很难画成正方形，而可能是三角形或五边形，这是由于流网图中流线和等势线的根数有限所造成的。只要网格的平均长度和宽度大致相等，就不会影响整个流网的精度。图 4-26 所示为几种典型流网图。

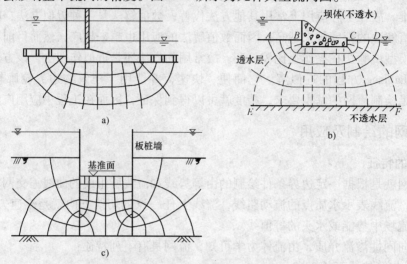

图 4-26　典型渗流问题流网图

a）闸基下半无限地基渗流流网　b）坝基下渗流流网　c）基坑板桩渗流流网

3. 流网的应用

正确地绘制出流网后，可以用它来求解渗流量、渗流速度、水力坡降及渗流区的孔隙水压力等。下面以图 4-27 为例，来说明流网的应用。

（1）测压管水头　根据流网特征可知，任意两相邻等势线间的势能差相等，即水头损失相等，从而算出相邻两条等势线之间的水头损失 Δh，即

$$\Delta h = \frac{\Delta H}{N} = \frac{\Delta H}{n-1} \qquad (4\text{-}50)$$

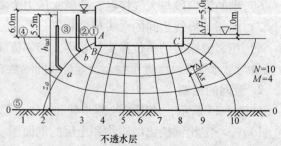

图 4-27　混凝土坝下流网

式中　ΔH——上、下游水位差，也就是水从上游渗到下游的总水头损失；

　　　N——等势线间隔数；

　　　n——等势线数。

本例中，$n=11$，$N=10$，$\Delta H = 5.0\text{m}$，故每一个等势线间隔所消耗的水头 $\Delta h = 5\text{m}/10 = 0.5\text{m}$。有了 Δh 就可以求出任意点的测压管水头。如求 a 点的测压管水头 h_a：以 0—0 为基准面，$h_a = h_{ua} + z_a$，z_a 为 a 点的位置高度，为已知值，关键是求出 h_{ua} 值的大小。由于 a 点位于第 2 条等势线上，所以测压管水位应在上游降低一个 Δh，故其测压管水位应在上游地表面以上的 6.0m − 0.5m = 5.5m 处。压力水头 h_{ua} 的高度可自图中按比例直接量出。

（2）孔隙水压力　如前所述，渗流场中各点的孔隙水压力，等于该点测压管水柱高度

h_{ua} 与水的重度 γ_w 的乘积，故 a 点的孔隙水压力为

$$u_a = h_{ua}\gamma_w \qquad (4-51)$$

应当注意，图 4-27 中所示 a、b 两点位于同一等势线上，其测压管水头虽然相同，即 $h_a = h_b$，但是其孔隙水压力却不同，$u_a \neq u_b$。

（3）水力坡降 流网中任意网格的平均水力坡降 $i = \dfrac{\Delta h}{\Delta l}$，$\Delta l$ 为该网格处流线的平均长度，可从图中量出。由此可知，流网中网格越密处，其水力坡降越大。故图 4-27 中，下游坝趾水流渗出地面处（图中 CD 段）的水力坡降最大。该处的坡降称为溢出坡降。

（4）渗流速度 各点的水力坡降已知后，渗流速度的大小可根据达西定律求出，即 $v = ki$，其方向为流线的切线方向。

（5）渗流流量 流网中任意两相邻流线间的单宽流量 Δq 是相等的，因为

$$\Delta q = v\Delta A = ki\Delta s \cdot 1.0 = k\frac{\Delta h}{\Delta l}\Delta s \qquad (4-52)$$

当取 $\Delta l = \Delta s$ 时

$$\Delta q = k\Delta h \qquad (4-53)$$

由于 Δh 是常数，故 Δq 也是常数。

通过坝下渗流区的总单宽流量

$$q = \sum \Delta q = M\Delta q = Mk\Delta h \qquad (4-54)$$

式中 M——流网中的流槽数，数值上等于流线数减 1，本例中 $M = 4$。

通过坝底的总渗流量 $\qquad\qquad Q = qL \qquad (4-55)$

式中 L——坝基长度。

此外，还可通过流网上的等势线求解作用于坝底上的渗透压力，可参考水工建筑物教材，此处省略。

【例 4-10】 已知流网如图 4-28 所示，（砂的饱和重度为 18.5kN/m^3）。

1）试估算沿板桩墙每延米渗入基坑的流量（设砂的渗透系数 $k = 1.8 \times 10^{-4}\text{m/s}$。

2）试估计坑底是否可能发生渗透破坏，安全系数为多少？

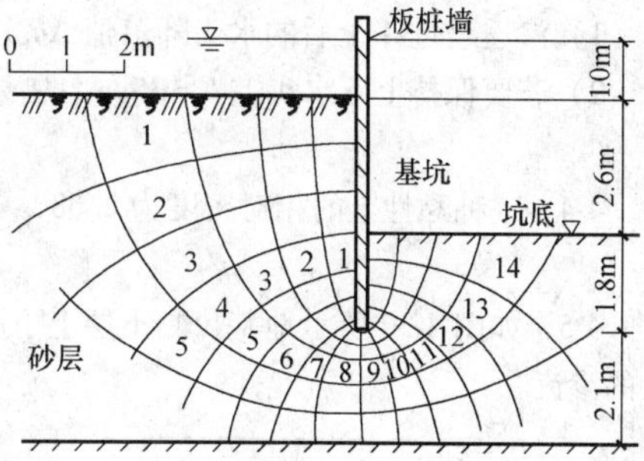

图 4-28 例 4-9 图

解：1）$\Delta H = 3.6\text{m}$，$\Delta h = \dfrac{\Delta H}{14} = 0.257\text{m}$。

$$q = M\Delta q = Mk\Delta h = 6 \times 1.8 \times 10^{-4} \times 0.257\text{m}^3/\text{s} = 2.776 \times 10^{-4}\text{m}^3/\text{s} = 0.046 \times 10^{-2}\text{m}^3/\text{min}$$

2）$i_{cr} = \dfrac{r'}{r_w} = \dfrac{r_{sat}}{r_w} - 1 = 0.888$。

$$i = \frac{\Delta h}{L} = 0.514，故 i < i_{cr}，不可能发生流土破坏。$$

流土安全系数 $\qquad\qquad F_s = \dfrac{i_{cr}}{i} = \dfrac{0.888}{0.514} = 1.73$

复习思考题

4-1 何谓总水头、可用位置水头、压力水头和流速水头？

4-2 影响土的渗透性的因素有哪些？渗透系数的测定方法有哪些？

4-3 达西定律的基本假定是什么？试说明达西渗透定律的应用条件和适用范围。

4-4 如何理解临界水头梯度？

4-5 用达西渗透定律计算出的渗透流速是否是土中的真实渗透流速，它们在物理概念上有何区别？

4-6 渗透变形有哪几种形式？在工程中会产生什么危害？防治渗透破坏的工程措施包括哪些？

4-7 发生管涌和流土的机理与条件是什么？与土的类别和性质有什么关系？在工程上是如何判断土可能发生渗透破坏并进行分类的。

4-8 什么是流网？流网两族曲线必须满足的条件是什么？流网的主要用途是什么？

习　　题

4-1 将某黏土试样置于渗透仪中进行变水头渗透试验。当试验经过的时间 t 为 1h 时，测压管的水头高度由 $h_1 = 310.8$cm 降至 $h_2 = 305.6$cm。已知试样的横断面积 A 为 32.2cm^2，高度 l 为 3.0cm，变水头测压管的横段面积 A' 为 1.1cm^2。求此土样的渗透系数 k 值。

[答案：4.803×10^{-7} cm/s]

4-2 某一粗砂试样高 15cm，直径 5.5cm，在常水头渗透试验仪中进行试验。在静水头高为 40cm 下经 6.0s 所流水的质量为 400g。试求在试验温度 20℃ 下试样的渗透系数。

[答案：1.05×10^{-4} m/s]

4-3 如图 4-29 所示，有 A、B、C 三种土，其渗透系数分别为 $k_A = 1 \times 10^{-2}$ cm/s，$k_B = 3 \times 10^{-3}$ cm/s，$k_C = 5 \times 10^{-4}$ cm/s，装在断面为 10cm × 10cm 的方管中。

1）渗透经过 A 土后的水头降落值 Δh 为多少？

2）若要保持上下水头差 $h = 35$cm，需要每秒加多少水？

[答案：5cm；0.1m^3]

4-4 一种黏性土的相对密度为 2.68，孔隙比为 0.62，试求该土的临界水力坡降？

[答案：1.037]

4-5 如图 4-30 所示地基，黏土层上下的测管水柱高度分别为 1m 及 5m，在承压力作用下产生自下而上的渗流。

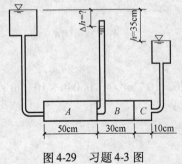

图 4-29　习题 4-3 图　　　　　　图 4-30　习题 4-5 图

1）试计算出 A、B、C 三点的水力坡降和渗透力。

2）A 点处是否产生流土：a. 发生；b. 不发生；c. 临界状态。

[答案：1）A、B、C 三点的水力坡降为 $i_{AB} = i_{BC} = i_{AC} = 2$；
渗透力分别为 0kPa、10kPa、20kPa；2）a 发生]

第 5 章　土的变形性质及地基沉降计算

土是由固体颗粒、水和气体组成的三相分散体系。由于不同成因土的粒度组成、颗粒排列和结构联结不同，形成了复杂的微观结构和构造上的差异，使得土体往往是非均质和各向异性的。在承受建筑物基础荷载之后，地基土体必然发生沉降。沉降的大小，一方面取决于建筑物的重力及其分布情况；另一方面取决于地基土层的种类、各层土的厚度以及地基土压缩性的大小。当土中应力变化较小时，地基土近似于直线变形体，此时可引用弹性理论计算土中应力。土中应力求出后，利用本章所介绍的土的压缩曲线便可计算地基变形。实践证明，计算结果与实际观测值有时较符合，有时误差也很大，取决于是否乘以经验系数以及此系数取值是否合理。

由于土体受荷历史和周围环境的多变性，因而研究这种松软三相分散体系的变形特性比研究连续物体和理想材料要困难得多。如何能正确而又简便地掌握土体的变形特性，同时利用固结理论研究地基变形与时间的关系，计算某时刻地基的沉降，为土工建筑物设计提供依据，是本章要解决的关键问题。

5.1　土的压缩性

土和其他材料一样，受力后要产生变形，包括体积变形和剪切变形。在建筑物荷载作用下，地基中的土体主要发生压缩变形，表现为建筑物基础的沉降。从宏观上看，土体的压缩变形主要是因为孔隙体积被压缩而引起的，可以看成是由于水和气体的排出造成土中孔隙体积的减小，对饱和土来说就是土中孔隙水的排出。从微观上看，土体受压力作用后，土颗粒在压缩过程中不断调整位置，重新排列压紧，直至达到新的平衡和稳定状态。试验研究表明，在一般的压力（压力为 $100\sim600kPa$）作用下，土粒和水的压缩量与土的总压缩量相比是很微小的，因此完全可以忽略不计，可将土的压缩视为土中孔隙体积的减小。因此，研究土的压缩变形特性，主要是讨论压应力与孔隙体积的变化规律。

土的压缩变形的快慢与土的渗透性有关。在荷载作用下，透水性大的饱和无黏性土，其压缩过程在短时间内就可以结束，即建筑物施工完毕时，可认为其压缩变形已经基本完成；而透水性小的饱和黏性土，土中的水分只能缓慢排出，因此其压缩过程所需时间长，十几年，甚至几十年压缩变形才稳定，相比于透水性大的饱和无黏性土，压缩稳定所需要的时间要长得多。如意大利的比萨斜塔，始建于 1173 年，至今地基土仍继续变形，成为世界瞩目的地基处理大难题。土体在外力作用下，压缩随着时间增长的过程，称为土的固结，对于饱和黏性土来说，土的固结问题非常重要。

土的压缩性常用土的压缩系数、压缩模量和压缩指数等指标来评价。目前，研究土的压缩变形特性通常借用室内试验和现场试验。室内试验常用的有单向压缩仪和三轴压缩仪两种。现场试验主要为载荷试验和旁压试验。

对于土体压缩性指标的获取，无论是用室内试验还是用原位测试试验，都应该力求使试验条件与土的天然状态及其在外荷载作用下的实际应力条件相符合。在一般工程中，常用不允许土样产生侧向变形的室内压缩试验来测定土的压缩性指标，其试验条件虽未能符合土的实际受力情况，但还是有其实用价值的。

5.1.1　土的压缩试验和压缩指标

1. 土的压缩试验

室内侧限压缩试验（也称固结试验）是目前研究土的压缩性的最基本的方法，试验方法简单，费用较低，被广泛采用。

土的压缩试验在压缩仪（固结仪）中完成，如图 5-1 所示。试验时，先用金属环刀取土，然后将土样连同环刀仪器放入压缩仪内，上下各盖一块透水石，以便土样受压后能够自由排水，透水石上面再施加垂直荷载。由于土样受到环刀、压缩容器的约束，在压缩过程中只能发生竖向变形，不可能发生侧向变形，所以这种方法也称为侧限压缩试验。试验时，竖向压力 p_i 分级施加。在每级荷载作用下使土样变形至稳定，用百分表测出土样稳定后的变形量 s_i，即可计算出各级荷载作用下的孔隙比 e_i。

如图 5-2 所示，设土样的初始高度为 H_0，受压后土样的高度为 H_i，则 $H_i = H_0 - s_i$，s_i 为外荷载 p_i 作用下土样压缩至稳定时的变形量。根据土的孔隙比定义，可得加荷前 $V_s = \dfrac{H_0}{1 + e_0}$（设土样横截面面积为 1），加荷后 $V_s = \dfrac{H_i}{1 + e_i}$。而为求土样压缩稳定后孔隙比 e_i，利用受压前后土颗粒体积不变、土样横截面面积也不变这两个条件，可得

$$\frac{H_0}{1 + e_0} = \frac{H_i}{1 + e_i} = \frac{H_0 - s_i}{1 + e_i} \tag{5-1}$$

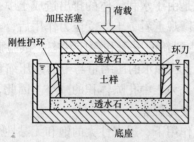

图 5-1　侧限压缩试验示意图

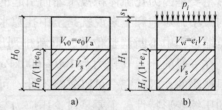

图 5-2　压缩试验中土样变形示意图

a) 加荷前　b) 加荷后

则

$$s_i = \frac{e_0 - e_i}{1 + e_0} H_0$$

或

$$e_i = e_0 - \frac{s_i}{H_0}(1 + e_0) \tag{5-2}$$

式中　　e_0——土的初始孔隙比，可由土的三个基本试验指标求得。

这样，只要测定了土样在各级压力 p_i 作用下的稳定变形量 s_i 后，就可按式（5-2）算出相应的孔隙比 e_i，然后以横坐标表示压力 p，纵坐标表示孔隙比 e，则可绘制出 e-p 曲线，称为压缩曲线，如图 5-3a 所示。

土的压缩曲线是土在上述无侧向变形（或完全侧限条件）下不同法向压力的作用与对应压力下土孔隙比之间关系的试验曲线。压缩曲线可按两种方式绘制，一种是普通坐标绘制的 e-p 曲线（图 5-3a），在常规试验中，一般按 p 等于 50kPa、100kPa、200kPa、300kPa、400kPa 五级加荷；另一种的横坐标则按 p 的常用对数取值，即采用半对数直角坐标绘制的 e-$\lg p$ 曲线，试验时

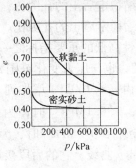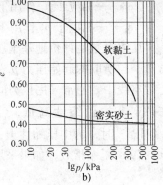

图 5-3　土的压缩曲线

a）e-p 曲线　b）e-$\lg p$ 曲线

以较小的压力开始，采取小增量多级加荷，并加到较大的荷载为止。

分析不同形态的压缩曲线，可以揭示出土体不同的压缩特性：

1）压缩曲线的压缩段越陡，土的压缩性越大，产生单位压缩应变所需要的应力越小。一般来说，压缩曲线会随着压力的增大而变缓，并在某一压力段表现出由缓变陡的明显转折。

2）若压缩曲线从一开始就一直下降，表明此压缩曲线为正常固结土的压缩曲线；先平后陡时则为由超固结到正常固结土的压缩曲线，或结构强度由保持到丧失的压缩曲线。

3）对比天然原状土样与其扰动重塑样的压缩曲线时，一般是后者具有较陡的压缩曲线，反映了原状土样的结构连接在重塑时遭到破坏的影响。

2. 土的压缩性指标

评价土体压缩性通常有如下指标：

（1）压缩系数　由图 5-3 可见，e-p 曲线初始段较陡，土的压缩量较大，而后曲线逐渐平缓，土的压缩量也随之减小，这是随着孔隙比的减小，土的密实度增加到一定程度后，土粒移动越来越困难，压缩量随之减小的缘故。

不同的土类，压缩曲线的形态有别，且曲线形态的陡、缓可衡量土的压缩性高低。密实砂土的 e-p 曲线比较平缓，而软黏土的 e-p 曲线较陡，因而土的压缩性很高，所以曲线上任一点的切线斜率 a 就表示了相应于压力 p 作用下的压缩性，即

$$a = -\frac{\mathrm{d}e}{\mathrm{d}p} \tag{5-3}$$

式中负号表示随着压力 p 的增加，e 逐渐减小。实际应用时，当外荷载引起的压力变化范围不大时，如图 5-4 中从 p_1 到 p_2，压缩曲线上 $\overgroup{M_1 M_2}$ 一段，可近似地用直线代替。该直线的斜率为

$$a \approx \tan\alpha = \frac{\Delta e}{\Delta p} = \frac{e_1 - e_2}{p_2 - p_1} \tag{5-4}$$

式中　a——土的压缩系数（kPa^{-1} 或 MPa^{-1}）；

　　p_1——地基某深度处土中竖向自重应力（kPa）；

　　p_2——地基某深度处自重应力与附加应力之和（kPa）；

　　e_1——相应于 p_1 作用下压缩稳定后土的孔隙比；

　　e_2——相应于 p_2 作用下压缩稳定后土的孔隙比。

压缩系数是评价地基土压缩性高低的重要指标之一。从图 5-4 的曲线上看，它不是一个常量，与所取的起始压力 p_1 有关，也与压力变化范围 $\Delta p = p_2 - p_1$ 有关。为了统一标准，在工程实践中，通常采用压力间隔由 $p_1 = 100kPa$ 增加到 $p_2 = 200kPa$ 时所得到的压缩系数 a_{1-2} 来评定土的压缩性高低，当 $a_{1-2} < 0.1MPa^{-1}$ 时，为低压缩性土；当 $0.1MPa^{-1} \leqslant a_{1-2} < 0.5MPa^{-1}$ 时，为中压缩性土；当 $a_{1-2} \geqslant 0.5MPa^{-1}$ 时，为高压缩性土。

（2）压缩指数　如果采用 e-$\lg p$ 曲线，它的后段接近直线，如图 5-5 所示，其斜率 C_c 为

$$C_c = \frac{e_1 - e_2}{\lg p_2 - \lg p_1} \tag{5-5}$$

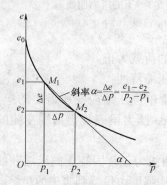

图 5-4　以 e-p 曲线确定压缩系数 a

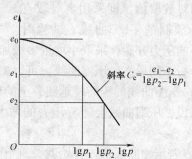

图 5-5　用 e-$\lg p$ 曲线求 C_c

同压缩系数 a 一样，压缩指数 C_c 也能用来确定土的压缩性大小。C_c 值越大，土的压缩性越高。一般认为 $C_c < 0.2$ 时，为低压缩性土；$C_c = 0.2 \sim 0.4$ 时，属于中压缩性土；$C_c > 0.4$ 时，属于高压缩性土。国内外广泛采用 e-$\lg p$ 曲线来分析研究应力历史对土的压缩性的影响。

（3）压缩模量　土体在完全侧限条件下，竖向附加应力 σ_z 与相应的应变增量 ε_z 之比，称为压缩模量或侧限压缩模量，用符号 E_s 表示，可按下式计算

$$E_s = \frac{1 + e_1}{a} \tag{5-6}$$

式（5-6）的推导，可仿照图 5-2 作图 5-6，但把压缩前比拟为实际土体在自重应力 p_1 作用下的情况，压缩后相当于自重应力和附加应力之和 p_2 的情况。这样，式（5-1）变换为

$$\frac{H_1}{1 + e_1} = \frac{H_2}{1 + e_2} = \frac{H_1 - \Delta H}{1 + e_2} \tag{5-7}$$

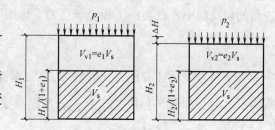

图 5-6　侧限条件下土样高度变化与孔隙比变化的关系（土样横截面面积不变）

$$\Delta H = \frac{e_1 - e_2}{1 + e_1} H_1$$

由 a 和 E_s 定义有

$$E_s = \frac{\sigma_z}{\varepsilon_z} = \frac{p_2 - p_1}{\Delta H / H_1} = \frac{p_2 - p_1}{\dfrac{e_1 - e_2}{1 + e_1}} = \frac{1 + e_1}{a} \tag{5-8}$$

压缩模量 E_s 是土的压缩性指标的又一个表达方式，其单位为 kPa 或 MPa。由式（5-6）可知，压缩模量 E_s 与压缩系数 a 成反比，E_s 越大，a 就越小，土的压缩性越低。所以，E_s 也具有划分土压缩性高低的功能。一般认为：$E_s < 4\text{MPa}$ 时，为高压缩性土；$4\text{MPa} \leqslant E_s \leqslant 15\text{MPa}$ 时，为中压缩性土；$E_s > 15\text{MPa}$ 时，为低压缩性土。

【例 5-1】　从一黏土层中取样做固结试验，该土样高 20mm，试验成果列于表 5-1。

1）该黏性土的压缩系数 $a_{1\text{-}2}$ 及相应的压缩模量 $E_{s,1\text{-}2}$，并评价其压缩性。

2）若在原有压力强度 $p_1 = 100\text{kPa}$ 的基础上增加压力强度 $\Delta p = 100\text{kPa}$，求土样的垂直变形。

表 5-1　土样室内压缩试验结果

压力强度 p（kPa）	0	50	100	200	300	400
孔隙比 e	0.866	0.799	0.770	0.736	0.721	0.714

解： 1）由 $p_1 = 100\text{kPa}$、$p_2 = 200\text{kPa}$ 查表 5-1 可知，$e_1 = 0.770$，$e_2 = 0.736$，则可得

$$a_{1\text{-}2} = \frac{e_1 - e_2}{p_2 - p_1} = \frac{0.770 - 0.736}{0.2 - 0.1}\text{MPa} = 0.34\text{MPa}^{-1}$$

$$E_{s,1\text{-}2} = \frac{1 + e_1}{a_{1\text{-}2}} = \frac{1 + 0.770}{0.34}\text{MPa} = 5.21\text{MPa}$$

因为 $0.1\text{MPa}^{-1} < a_{1\text{-}2} = 0.34\text{MPa}^{-1} < 0.5\text{MPa}^{-1}$ 或者 $4\text{MPa} < E_s = 5.21\text{MPa} < 20\text{MPa}$，故该土为中等压缩性的土。

2）由于试验过程中土样的横截面积不变，则 $\dfrac{1 + e_0}{h_0} = \dfrac{1 + e_1}{h_1}$，故有

$$h_1 = \frac{1 + e_1}{1 + e_0} h_0 = \frac{1 + 0.770}{1 + 0.866} \times 20\text{mm} = 18.97\text{mm}$$

与压力增量 $\Delta p = 100\text{kPa}$ 相对应的垂直变形为

$$\Delta h = \frac{a_{1\text{-}2} \Delta p}{1 + e_1} h_1 = \frac{0.34 \times 0.1}{1 + 0.770} \times 20\text{mm} = 0.38\text{mm}$$

【例 5-2】　在某黏土层中取样进行固结试验，试验数据见表 5-2。

1）绘制土的压缩曲线，包括 $e\text{-}p$ 曲线和 $e\text{-}\lg p$ 曲线。

2）根据 $e\text{-}p$ 曲线计算相应的压缩系数 $a_{1\text{-}2}$ 和压缩模量 E_s 并判断其压缩性，根据 $e\text{-}\lg p$ 曲线计算相应的压缩指数。

表 5-2 土样室内压缩试验结果

压力强度 p/kPa	0	50	100	200	300	400
压力强度 $\lg p$（p/kPa）	—	1.70	2	2.30	2.48	2.60
孔隙比 e	1.085	0.960	0.890	0.803	0.748	0.707

解：1）由表 5-2 可作出如图 5-7 和图 5-8 所示的 e-p 曲线和 e-$\lg p$ 曲线。

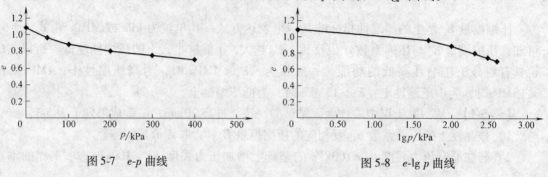

图 5-7 e-p 曲线   图 5-8 e-$\lg p$ 曲线

2）由 $p_1 = 100\text{kPa}$，$p_2 = 200\text{kPa}$ 查表 5-2 可得，$e_1 = 0.890$，$e_2 = 0.803$，则

$$a_{1\text{-}2} = \frac{e_1 - e_2}{p_2 - p_1} = \frac{0.890 - 0.803}{0.2 - 0.1}\text{MPa}^{-1} = 0.87\text{MPa}^{-1}$$

$$E_{s,1\text{-}2} = \frac{1 + e_1}{a_{1\text{-}2}} = \frac{1 + 0.890}{0.87}\text{MPa} = 2.17\text{MPa}$$

由于 $a_{1\text{-}2} = 0.87\text{MPa}^{-1} > 0.5\text{MPa}^{-1}$ 或者 $E_{s,1\text{-}2} = 2.17\text{MPa} < 4\text{MPa}$，则该黏土为高压缩性的土。

由图 5-7 可知，当竖向压力 $p_1 > 100\text{kPa}$ 时，近似为直线段，在计算压缩指数 C_c 时，可取 $p_1 = 100\text{kPa}$ 到 $p_2 = 200\text{kPa}$ 进行计算，则

$$C_c = \frac{e_1 - e_2}{\lg p_2 - \lg p_1} = \frac{0.890 - 0.803}{2.3 - 2} = 0.29$$

5.1.2 土的载荷试验及变形模量

土的压缩性指标除了从室内压缩试验得到外，也可通过现场原位测试得到。如在浅层土中进行静载荷试验，可得到变形模量；进行旁压试验或触探试验，都可间接确定土的模量。

1. 现场载荷试验

现场载荷试验是工程地质勘察工作中的一项原位测试。试验前先在现场试坑中竖立载荷架，使施加的荷载通过承压板传到地层中去，对地基土分级施加压力 p，并测量承压板的沉降 s，便可得到压力和沉降 p-s 的关系曲线，以便测试岩、土的力学性质，包括测定地基变形模量、地基承载力以及研究土的湿陷性等。

试验一般在试坑内进行，为模拟半空间地基表面的局部荷载，试坑宽度不应小于 3 倍承载板宽度或直径，其深度依所需测试土层的深度而定，承载板的底面积一般为 0.25～0.50m²；对均质密实土（如密实砂土、老黏性土）可用 0.1～0.25m²；对松软土及人工填土则不应小于 0.50m²。其试验装置如图 5-9 所示，一般由加荷稳压装置、反力装置及观测装

置三部分组成。加荷稳压装置包括承压板、千斤顶及稳压器等；反力装置常用平台堆载或地锚；观测装置包括百分表及固定支架等。

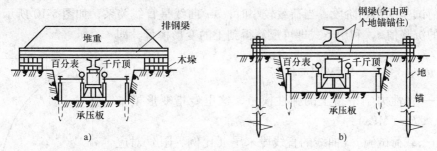

图 5-9 地基载荷试验载荷架示例

a）堆重-千斤顶式 b）地锚-千斤顶式

试验时，必须注意保持试验土层的原状结构和天然湿度，在坑底宜铺设不大于 20mm 厚的粗、中砂层找平。若试验土层为软塑或流塑状态的黏性土或饱和的松软土时，载荷板周围应留有 200~300mm 高的原土作为保护层。

最大加载量不应小于荷载设计值的两倍，且应尽量接近预估地基的极限荷载，第一级荷载（包括设备重）宜接近开挖试坑所卸除的土重，相应的沉降量不计。其后每级荷载增量，对较松软的土可采用 10~25kPa，对较硬密的土则用 50kPa。加荷等级不少于 8 级。每加一级荷载后，按间隔（min）10、10、10、15、15 及以后每隔 30min 读一次沉降，当连续两小时内，每小时的沉降量小于 0.1mm 时，则认为已趋于稳定，可加下一级荷载。当达到下列情况之一时，认为已破坏，可终止加载。

1）承压板周围的土明显侧向挤出（砂土）或发生裂纹（黏性土和粉土）。

2）沉降 s 急骤增大，荷载-沉降曲线出现陡降段。

3）在某一荷载下，24h 内沉降速率不能达到稳定标准。

4）沉降 $s \geqslant 0.06b$（b 为承载板宽度或直径）。

终止加载后，可按规定逐级卸载，并进行回弹观测，以作参考。

2. 变形模量

土的变形模量是指土体在无侧限条件下单轴受压时的应力与应变之比，用符号 E_0 表示。如前所述，土的变形中包括弹性变形和残余变形两部分，这是土的变形模量与一般材料的弹性模量相区别之处。

载荷试验曲线一般可以分为直线段（压缩阶段）、变形渐增段（剪切阶段）和迅速变形段（破坏阶段）三个阶段。三个阶段的两个转点压力分别称为比例界限荷载 p_c 和极限荷载 p_u。利用比例界限荷载以前直线段上的压力和对应的变形量以及弹性力学的关系可得到土的变形模量。

在半无限直线变形体表面作用单个集中力 F，引起的地表任意点沉降为

$$s = \frac{F(1-\mu^2)}{\pi E r}$$

上式通过积分，可得到均布荷载下地基沉降公式

$$s = \frac{\omega(1-\mu^2)pb}{E} \tag{5-9}$$

在载荷试验的初始阶段，当荷载较小时，$p\text{-}s$ 曲线呈直线关系，如图 5-10 所示。故用该阶段实测的沉降值 s，利用下式即可反算得到土的变形模量，即

$$E = \omega(1-\mu^2)\frac{p_1 b}{s_1} \tag{5-10}$$

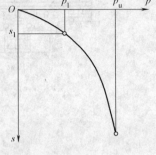

图 5-10 典型的 $p\text{-}s$ 曲线

式中 E——弹性力学中指土的弹性模量，这里专指变形模量 E_0（MPa）；

p_1——载荷试验 $p\text{-}s$ 曲线的直线段末尾（比例界限）对应的荷载（kPa），见图 5-10 所示；

s_1——与所取定的比例界限荷载相对应的沉降（cm）；

b——承压板的边长或直径（cm）；

μ——地基土的泊松比，参考表 5-3；

ω——沉降影响系数，刚性方形承压板取 0.88，圆形取 0.79。

若 $p\text{-}s$ 曲线不出现直线段时，《建筑地基基础设计规范》建议，对中、高压缩性土取 $s_1 = 0.02b$ 及其对应的荷载为 p_1；对低压缩性粉土、黏性土、碎石土及砂土，可取 $s_1 = (0.01 \sim 0.015)\,b$ 及其对应的荷载 p_1 代入上式计算 E_0。

表 5-3 μ、β 经验值

土的种类和状态		μ	β
碎石土		0.15 ~ 0.20	0.90 ~ 0.95
砂土		0.20 ~ 0.25	0.83 ~ 0.90
粉土		0.25	0.83
粉质黏土	坚硬状态	0.25	0.83
	可塑状态	0.30	0.74
	软塑及流塑状态	0.35	0.62
黏土	坚硬状态	0.25	0.83
	可塑状态	0.35	0.62
	软塑及流塑状态	0.42	0.39

对比测定的压缩指标方法，室内压缩试验操作比较简单，但要得到保持天然状态的原状土样很困难，尤其是一些结构性很强的软土，而且试验是在侧向受限制的条件下进行的，因此试验得到的压缩性规律和指标的实际运用有其局限性或近似性。相比较来说，载荷试验排除了取样和制样过程中扰动的影响，因此，土中的应力状态与实际基础情况比较接近，因而，测试出的指标较好地反映了土的压缩性质。但现场载荷试验所需要的设备笨重，操作繁杂，工作量大，时间长，且一般适合在浅层土中进行。

变形模量 E_0 与压缩模量 E_s 在土力学与基础工程中经常用到，而两者概念上是有所区别的。E_0 在现场通过载荷试验测得，土体压缩过程中无侧限；而 E_s 通过室内压缩试验获得，土体是在完全侧限条件下的压缩。它们与其他建筑材料的弹性模量不同，都包含了相当部分不可恢复的残余变形。但理论上变形模量 E_0 与压缩模量 E_s 有如下换算关系，即

$$E_0 = \beta E_s \tag{5-11}$$

必须指出，式（5-11）所表示的变形模量 E_0 与压缩模量 E_s 的关系，只是理论关系。实际上，由于现场测定 E_0 和室内测定 E_s 时，各有些无法考虑到的因素和无法统一的标准（如两者的加荷速率、压缩稳定标准等），μ 值也难以精确确定，故式（5-11）不能准确地反映 E_0 和 E_s 之间的实际关系，这在实际应用中要注意。

【例5-3】 在某一黏土层上进行载荷试验，从绘制的 p-s 曲线上可知比例界限荷载 p_1 及相应的沉降值 s_1 为：$p_1 = 160\text{kPa}$，$s_1 = 22\text{mm}$。已知刚性圆形压板的直径为 0.6m，土的泊松比为 $\mu = 0.35$，求地基土的变形模量 E_0。

解： 由于使用的是圆形承压板，沉降影响系数 $w = 0.79$，则变形模量为

$$E_0 = w(1-\mu^2)\frac{p_1 b}{s_1} = 0.79 \times (1-0.35^2) \times \frac{0.16 \times 0.6}{0.022}\text{MPa} = 3.02\text{MPa}$$

5.1.3 土的回弹与再压缩曲线

在室内压缩试验过程中，当压力加到某一数值 p_i（如图5-11中 e-p 曲线的 b 点）后，不再加压，相反地，开始逐级卸压，土样将发生回弹，土体膨胀，孔隙比增大，若测得回弹稳定后的孔隙比，则可绘制相应的孔隙比与压力的关系曲线（图5-11中虚线 bc），称为回弹曲线（或膨胀曲线）。

由图5-11可见，卸压后的回弹曲线 bc 并不沿压缩曲线 ab 回升，而要平缓得多，这说明土受压缩发生变形，卸压回弹，但变形不能全部恢复，其中可恢复的部分称为弹性变形，不能恢复的称为残余变形，而土的压缩变形以残余变形为主。

若再重新逐级加压，则可测得土的再压缩曲线如图5-11中 cdf 段所示，其中 df 段就像是 ab 段的延续，犹如没有经过卸压和再加压过程一样，在半对数曲线上也同样可看到这种现象。

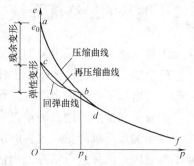

图5-11 土的回弹和再压缩曲线

高层建筑基础，往往其基础底面和埋置深度都较大，开挖深基坑后，地基受到较大的减压（应力解除）作用，因而发生土的膨胀，造成坑底回弹。因此，在预估基础沉降时，应适当考虑这种影响。此外，利用压缩、回弹、再压缩的 e-$\lg p$ 曲线，可以分析应力历史对土的压缩性的影响。

土的弹性模量的定义是土体在无侧限条件下瞬时压缩的应力应变模量。布辛奈斯克解答了一个竖向集中力作用在半空间（半无限体）表面上，半空间内任意点处所引起的六个应力分量和三个位移分量，其中位移分量包含了土的弹性模量和泊松比两个参数。由于土并非理想弹性体，它的变形包括了可恢复的弹性变形和不可恢复的残余变形两部分。因此，在静荷载作用下计算土的变形时，所采用的变形参数为压缩模量或变形模量；在侧限条件假设下，通常地基沉降计算的分层总和法公式都采用压缩模量；当运用弹性力学公式时，则用变形模量或弹性模量进行变形计算。

有学者计算高耸结构物有风荷载作用下的倾斜时发现，如用压缩模量或变形模量计算，将得出实际上不可能那样大的结果。这是因为风荷载是重复荷载，每次作用时间很短，此时土体中的孔隙水来不及排出，压缩变形来不及发生。也就是说，只发生土骨架的弹性变形和

封闭土中气体的压缩变形，这都是可恢复的弹性变形，而没有发生不可恢复的残余变形，即土颗粒相互移动、靠拢挤紧的现象。这种情况应该用弹性模量来计算。因此，土的残余变形远大于弹性变形，弹性模量远大于变形模量。由此可见，弹性模量应用来计算瞬间或短时间内即荷载快速作用时土体的变形。再如在地震反应分析计算或路面设计时也都要用地基土的弹性模量。

确定土的弹性模量的方法，一般采用室内三轴压缩试验或单轴压缩无侧限抗压强度试验得到的应力-应变关系曲线所确定的初始切线模量（E_i）或相当于现场荷载条件下的再加荷模量（E_r）。三轴仪中进行的试验，一般重复加荷和卸荷若干次，如图 5-12 所示，加、卸荷 5 ~ 6 个循环后，便可在主应力差（σ_1-σ_3）与轴向应变 ε 关系图上测得 E_i 和 E_r，该图还表明，在周期荷载作用下，土样随着应变量增大而逐渐硬化。这样确定的再加荷模量 E_r 就是符合现场条件下的土的弹性模量。

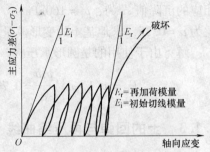

图 5-12　三轴压缩试验
确定土的弹性模量

5.2　地基的最终沉降量

天然土层是经历了漫长的地质历史时期而沉积下来的，往往地基土层在自重应力作用下压缩已稳定。在这样的地基土上建造建筑物时，建筑物荷载会使得地基土在原来的自重应力基础上再增加了一个应力增量，即附加应力。由土的压缩性可知，建筑物荷载使地基土中各点产生应力和变形，地面的垂直变形就是建筑物的沉降。直到压缩稳定后地基表面的沉降量称为地基的最终沉降量。过大的沉降将会造成建筑物的高程降低而影响正常使用，因此，设计工程时应对沉降进行估算，当估算值超过允许量时，就需要采取相应措施以保证建筑物的安全和正常使用。

地基变形计算涉及土体内的应力分布、土的应力应变关系、变形参数的选取、土体的侧向变形、次固结变形、建筑物上部结构与基础共同作用等复杂因素的影响。现今的实用计算，只是考虑最基本的情况，忽略一些次要因素，在一系列假定条件下进行的。通过假定简化后，以理论公式计算得到的沉降量，很难与实测值一致，因此计算时需用一个经验系数值修正计算得到的沉降量，使之接近实际。应该明确的问题：地基变形计算量是在未考虑上部结构刚度的作用下进行的，与实际沉降量有相当大的误差。

计算地基最终沉降量的目的在于确定建筑物的最大沉降量、沉降差和倾斜，判断其是否超出允许的范围，以便为建筑物设计时采取相应的措施提供依据，保证建筑物的安全。计算地基最终沉降量的方法很多，本节主要介绍国内常用的几种方法：分层总和法、《建筑地基基础设计规范》推荐的方法和考虑不同阶段地基沉降计算方法。

5.2.1　分层总和法

分层总和法的原理是假定地基土为直线变形体，在外荷载作用下，土中附加应力是随着深度增加而逐渐减小的。在一定的深度范围内附加应力较大，由此产生的竖向压缩变形也较大，对地基总沉降量有较明显的影响，这一深度称为地基的压缩层深度。在压缩层以下，土中的附加应力和压缩变形很小，对地基沉降几乎不产生影响，可忽略不计。将压缩层厚度内的地基土分为若干层，分别求出各分层地基的应力，然后用土的应力-应变关系式求出各分层的变形量，总和起来就是地基的最终沉降量。分层总和法主要分为单向压缩分层总和法、规范推荐公式法、考虑前期固结压力的沉降计算法等。

分层总和法基于如下假设：

1）地基土是均质、各向同性的半无限空间线性体，在建筑物荷载作用下，土中的应力与应变呈直线关系。

2）地基土在外荷载作用下，只产生竖向变形，侧向不发生膨胀变形，即在侧限条件下发生变形，这样就可以应用侧限压缩试验的指标。

3）采用基底中心点下的附加应力计算地基变形量。实际上各点的附加应力不同，在计算基础倾斜时，要分别用相应的附加应力计算。

4）一般地基的沉降量可认为等于基础底面下某一深度（受压层）范围内各土层压缩量的总和。理论上应计算至无限深度，但由于附加应力随着深度的增加而减小，超过某一深度后的土层沉降量很小可以忽略不计，但当受压层下有软弱土层时，则应计算其沉降量至软弱土层底部。

分层总和法是先将地基土分为若干水平土层（图 5-13），若以基底中心下截面面积为 A、高度为 h_i 的第 i 层小土柱为例，此时土柱上作用有自重应力和附加应力。但这时的 e_{1i} 应是自重应力 p_{1i} 作用下相应的孔隙比；e_{2i} 应是压力从 p_{1i} 增大到 p_{2i}（相当于自重应力与附加应力之和）时，压缩稳定后的孔隙比。可求得该土层的压缩变形量 Δs_i 为

$$\Delta s_i = \frac{e_{1i} - e_{2i}}{1 + e_{1i}} h_i \tag{5-12}$$

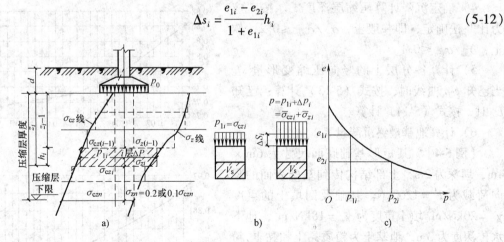

图 5-13 地基最终沉降量计算的分层总和法

求得各分层的变形量后，再累计起来即得地基最终沉降量

$$s = \sum_{i=1}^{n} \Delta s_i = \sum_{i=1}^{n} \frac{e_{1i} - e_{2i}}{1 + e_{1i}} h_i \tag{5-13}$$

因为

$$\frac{e_{1i} - e_{2i}}{1 + e_{1i}} = \frac{a_i (p_{2i} - p_{1i})}{1 + e_{1i}} = \frac{\Delta p_i}{E_{si}}$$

所以
$$s = \sum_{i=1}^{n} \frac{e_{1i} - e_{2i}}{1 + e_{1i}} h_i = \sum_{i=1}^{n} \frac{a_i(p_{2i} - p_{1i})}{1 + e_{1i}} h_i = \sum_{i=1}^{n} \frac{\Delta p_i}{E_{si}} h_i \qquad (5\text{-}14)$$

式中　e_{1i}——根据第 i 层的自重应力平均值（p_{1i}）从土的压缩曲线上得到的相应的孔隙比；

　　　e_{2i}——根据第 i 层的自重应力平均值与附加应力平均值之和（p_{2i}）从土的压缩曲线上
　　　　　得到的相应的孔隙比；

　　a_i、E_{si}——第 i 层的压缩系数和压缩模量。

由此可见，分层总和法物理概念清楚，计算方法简单，但计算过程繁琐，一般按以下步骤进行。

1）从基础底面开始将地基土分为若干薄层。分层原则：①厚度 $h_i \leqslant 0.4b$（b 为基础宽度）；②天然土层分界处；③地下水位处。

2）计算基底压力 p 及基底附加应力 p_0。

中心荷载
$$p = \frac{F + G}{A}$$

偏心荷载
$$p_{min}^{max} = \frac{F + G}{A}\left(1 \pm \frac{6e}{l}\right)$$

$$p_0 = p - \gamma_0 d$$

3）计算各分层面上土的自重应力 σ_{czi} 和附加应力 σ_{zi}，并绘制分布曲线。

4）确定沉降计算压缩层深度 z_n。按 "应力比" 法确定，即一般土，$\sigma_{zn}/\sigma_{czn} \leqslant 0.2$，软土，$\sigma_{zn}/\sigma_{czn} \leqslant 0.1$。

5）计算各分层土的竖向压缩变形量 s_i。当已知 $e\text{-}p$ 曲线时，按式（5-13）计算；已知 E_{si} 时，按式（5-14）计算。

6）计算地基最终沉降量 s。

【例 5-4】 某矩形基础底面尺寸为 6m × 4m，埋深为 2m，上部结构传到基础表面的竖向荷载为 $F = 1200\mathrm{kN}$。基础及回填土的重度 $\gamma_G = 20\mathrm{kN/m^3}$ 填土重度为 $\gamma_m = 18\mathrm{kN/m^3}$，地下水位深度为 3m，地基土为粉质黏土和黏土，粉质黏土的天然重度为 $\gamma = 18\mathrm{kN/m^3}$，饱和重度为 $\gamma_{sat} = 19.5\ \mathrm{kN/m^3}$，黏土的饱和重度为 $\gamma_{sat} = 20\mathrm{kN/m^3}$，计算资料如图 5-14 所示。试按分层总和单向压缩法计算基础底面中心点的沉降量。

解：1）地基分层。地下水位面 3m 深度处和土层分界面 5m 深度处是必然的分界面，且取分层厚度为 1m。

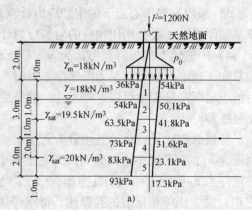

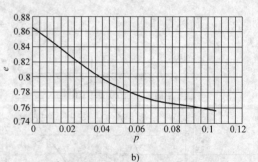

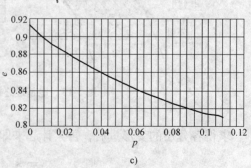

图 5-14　例 5-4 图

a）地基应力分布图　b）粉质黏土的 $e\text{-}p$ 曲线　c）黏土的 $e\text{-}p$ 曲线

2）计算基底平均附加压力。

基础及回填土的自重

$$G = \gamma_G A d = 20\text{kN/m}^3 \times 6\text{m} \times 4\text{m} \times 2\text{m} = 960\text{kN}$$

基底平均压力为

$$p = \frac{F+G}{A} = \frac{1200\text{kN} + 960\text{kN}}{6\text{m} \times 4\text{m}} = 90\text{kPa}$$

基底处的自重应力为

$$\sigma_{cz} = \gamma_m d = 18\text{kN/m}^3 \times 2\text{m} = 36\text{kPa}$$

则基底附加压力为

$$p_0 = p - \sigma_{cz} = 90\text{kPa} - 36\text{kPa} = 54\text{kPa}$$

3）计算基础底面中心点下各分层的顶面和底面的自重应力 σ_c，并画在基础中心线的左侧；同时计算基础中心点下各分层顶面和底面的附加应力 σ_z，并画在基础中心线的右侧。

对于方形基础，可根据角点法求基底中心点下地基的附加应力，基础中心点可以看成是四个相等的矩形的公共角点，其长宽比为 $l/b = 3/2 = 1.5$，根据公式 $\sigma_z = 4\alpha_{ci} p_0$ 计算附加应力。计算见表5-4。

表5-4 应 力 计 算

层数	土层厚度 /m	计算点	自基底深度 z/m	自重应力 /kPa	附加应力			
					l/b	z/b	α_{ci}	$\sigma_z = 4\alpha_{ci} p_0$ /kPa
1	1.0	顶面	0	36	1.5	0	0.2500	54
		底面	1.0	54	1.5	0.5	0.2320	50.1
2	1.0	顶面	1.0	54	1.5	0.5	0.2320	50.1
		底面	2.0	63.5	1.5	1.0	0.1933	41.8
3	1.0	顶面	2.0	63.5	1.5	1.0	0.1933	41.8
		底面	3.0	73	1.5	1.5	0.1461	31.6
4	1.0	顶面	3.0	73	1.5	1.5	0.1461	31.6
		底面	4.0	83	1.5	2.0	0.1069	23.1
5	1.0	顶面	4.0	83	1.5	2.0	0.1069	23.1
		底面	5.0	93	1.5	2.5	0.0801	17.3

4）确定地基沉降计算深度。用 $\sigma_z = 0.2\sigma_c$ 来确定地基沉降计算深度的下限。

在4m深度处：$0.2\sigma_c = 0.2 \times 83\text{kPa} = 16.6\text{kPa} < 23.1\text{kPa}$，故不满足要求。

在5m深度处：$0.2\sigma_c = 0.2 \times 93\text{kPa} = 18.6\text{kPa} > 17.3\text{kPa}$，满足要求，则计算深度为5m。

5）从 e-p 曲线分别查得 p_{1i}、p_{2i} 对应的孔隙比为 e_{1i}、e_{2i}，并计算地基各分层的自重应力平均值和附加应力平均值及两者之和，然后求得各分层沉降量，计算结果见表5-5。

表 5-5 分层总和单向压缩法计算基础底面中心点的沉降

层数	自重应力/kPa	自重应力均值 p_{1i}/kPa	附加应力/kPa	附加应力均值/kPa	自重应力加附加应力平均值之和 p_{2i}/kPa	受压前孔隙比 e_{1i}	受压后孔隙比 e_{2i}	各分层沉降量 $\Delta s_i = \dfrac{e_{1i} - e_{2i}}{1 + e_{1i}} h_i$ /mm
1	36 54	45	54 50.1	52.1	97.1	0.792	0.759	18.4
2	54 63.5	58.75	50.1 41.8	45.6	104.35	0.778	0.757	11.8
3	63.5 73	68.25	41.8 31.6	36.7	104.95	0.771	0.756	8.5
4	73 83	78	31.6 23.1	27.4	105.4	0.827	0.812	8.2
5	83 93	88	23.1 17.3	20.2	108.2	0.820	0.810	5.5

6) 计算地基最终沉降量

$$s = \sum_{i=1}^{n} \Delta s_i = (18.4 + 11.8 + 8.5 + 8.2 + 5.5)\,\text{mm} = 52.4\,\text{mm}$$

5.2.2 规范法

数十年来，我国通过大量建筑物沉降观测，并与单向分层总和法理论计算结果相对比，结果发现，两者的数值往往不同，有的相差很大。凡是坚实地基，用单向分层总和法计算的沉降值比实测值显著偏大；遇软弱地基，则计算值比实测值偏小。

分析沉降计算值与实测值不符的原因，一方面是单向分层总和法在理论上的假定条件与实际情况不完全符合；另一方面是取土的代表性不够，取原状土的技术以及室内压缩试验的准确度等问题。此外，在沉降计算中，没有考虑地基基础与上部结构的共同作用。这些因素导致了计算值与实测值之间的差异。

为了使计算值与实测沉降值相符合，并简化单向分层总和法的计算工作，在总结大量实践经验的基础上，经统计引入沉降计算经验系数 ψ_s，对分层总和法的计算结果进行修正。因此产生了 GB 50007—2011《建筑地基基础设计规范》所推荐的沉降计算方法，简称规范推荐的应力面积法。它也采用侧限试验条件下的压缩性指标，并运用了平均附加应力系数计算；还规定了地基沉降计算深度的标准以及提出了地基的沉降计算经验系数，使得计算成果接近于实测值。

1. 计算原理

当采用与单向分层总和法相同的假设时，基础底面至基础底面以下任意深度 z 范围内土层的压缩量为

$$s' = \sum_{i=1}^{n} \frac{\overline{\sigma}_{zi} h_i}{E_{si}} \qquad (5\text{-}15)$$

上式中分子部分等于第 i 层土附加应力曲线所包围的面积。规范法所采用的平均附加应力系数，其概念为：假定地基是均质的，即地基土在侧限条件下的压缩模量 E_s 不随深度而改变，则从基底至地基任意深度 z（图 5-15）范围内的压缩量为

$$S = \int_0^z \varepsilon \mathrm{d}z = \frac{1}{E_s}\int_0^z \sigma_z \mathrm{d}z = \frac{A}{E_s} \qquad (5\text{-}16)$$

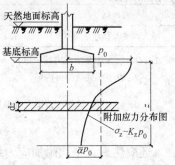

图 5-15　平均附加应力
系数的物理意义

式中　ε——土的侧限压缩应变，$\varepsilon = \sigma_z/E_s$；

　　　A——深度 z 范围内的附加应力分布图所包围的面

　　　　积，$A = \int_0^z \sigma_z \mathrm{d}z$。

因附加应力 σ_z 可以根据基底应力与附加应力系数计算，则 A 还可以表示为

$$A = \int_0^z \sigma_z \mathrm{d}z = p_0 \int_0^z \overline{\alpha} \mathrm{d}z = p_0 z \,\overline{\alpha} \qquad (5\text{-}17)$$

则

$$\overline{\alpha} = \frac{A}{p_0 z} \qquad (5\text{-}18)$$

所以，地基最终沉降量可以表示为

$$s = \frac{p_0 z \,\overline{\alpha}}{E_s} \qquad (5\text{-}19)$$

2. 《建筑地基基础设计规范》推荐公式

通过引入一个沉降计算经验系数 ψ_s，对计算结果进行修正，便得出了《建筑地基基础设计规范》所推荐的沉降计算公式，即

$$s = \psi_s s' = \psi_s \sum_{i=1}^n \frac{p_0}{E_{si}}(z_i \overline{\alpha_i} - z_{i-1}\overline{\alpha_{i-1}}) \qquad (5\text{-}20)$$

式中　s——基础最终沉降量（mm），按分层总和法计算出的地基沉降量 s' 乘以经验系数
　　　　　ψ_s 求得；

　　　ψ_s——沉降计算经验系数，根据地区沉降观测资料及经验确定，也可采用表 5-6 数
　　　　　值；

　　　n——地基压缩层范围内所划分的土层数；

　　　p_0——对应于荷载标准值时基础底面处的附加压力（kPa）；

　　　E_{si}——基础底面下第 i 层土的压缩模量，按实际应力范围取值（MPa）；

　　z_i、z_{i-1}——基础底面到第 i 层和第 $i-1$ 层土底面的距离（m）；

　　$\overline{\alpha_i}$、$\overline{\alpha_{i-1}}$——基础底面计算点至第 i 层和第 $i-1$ 层土底面范围内平均附加应力系数，可查
　　　　　表 5-7 ~ 表 5-10。

式中的经验系数 ψ_s 综合考虑了沉降计算公式中所不能反映的一些因素：土的工程地质类型不同、选用的压缩模量与实际的出入、土层的非均质性对应力分布的影响、荷载性质的不同与上部结构对荷载分布的调整作用等因素。

表 5-6　沉降计算经验系数 ψ_s

$\overline{E}_s$/MPa 基底附加应力/kPa	2.5	4.0	7.0	15.0	20.0
$p_0 \geq f_{ak}$	1.4	1.3	1.0	0.4	0.2
$p_0 \leq 0.75 f_{ak}$	1.1	1.0	0.7	0.4	0.2

注：1. f_{ak} 为地基承载力特征值。

2. 表中所列数值可内插。

3. 当变形计算深度范围内有多层土时，$\overline{E}_s$ 可按附加应力面积 A 的加权平均值采用，即 $\overline{E}_s = \dfrac{\sum A_i}{\sum \dfrac{A_i}{E_i}}$。

还应注意，平均附加应力系数 $\overline{\alpha}_i$ 是指基础底面计算点至第 i 层全部土层的附加应力系数平均值，而非地基中某一点的附加应力系数。

表 5-7　均布的矩形荷载角点下的平均竖向附加应力系数 $\overline{\alpha}$

z/b \\ l/b	1.0	1.2	1.4	1.6	1.8	2.0	2.4	2.8	3.2	3.6	4.0	5.0	≥10.0（条形）
0.0	0.2500	0.2500	0.2500	0.2500	0.2500	0.2500	0.2500	0.2500	0.2500	0.2500	0.2500	0.2500	0.2500
0.2	0.2496	0.2497	0.2497	0.2498	0.2498	0.2498	0.2498	0.2498	0.2498	0.2498	0.2498	0.2498	0.2498
0.4	0.2474	0.2479	0.2481	0.2483	0.2483	0.2484	0.2485	0.2485	0.2485	0.2485	0.2485	0.2485	0.2485
0.6	0.2423	0.2437	0.2444	0.2448	0.2451	0.2452	0.2454	0.2455	0.2455	0.2455	0.2455	0.2455	0.2456
0.8	0.2346	0.2372	0.2387	0.2395	0.2400	0.2403	0.2407	0.2408	0.2409	0.2409	0.2410	0.2410	0.2410
1.0	0.2252	0.2291	0.2313	0.2326	0.2335	0.2340	0.2346	0.2349	0.2351	0.2352	0.2352	0.2353	0.2353
1.2	0.2149	0.2199	0.2229	0.2248	0.2260	0.2268	0.2278	0.2282	0.2285	0.2286	0.2287	0.2288	0.2289
1.4	0.2043	0.2102	0.2140	0.2164	0.2190	0.2191	0.2204	0.2211	0.2215	0.2217	0.2218	0.2220	0.2221
1.6	0.1939	0.2006	0.2049	0.2079	0.2099	0.2113	0.2130	0.2138	0.2143	0.2146	0.2148	0.2150	0.2152
1.8	0.1840	0.1912	0.1960	0.1994	0.2018	0.2034	0.2055	0.2066	0.2073	0.2077	0.2079	0.2082	0.2084
2.0	0.1746	0.1822	0.1875	0.1912	0.1938	0.1958	0.1982	0.1996	0.2004	0.2009	0.2012	0.2015	0.2018
2.2	0.1659	0.1737	0.1793	0.1833	0.1862	0.1883	0.1911	0.1927	0.1937	0.1943	0.1947	0.1952	0.1955
2.4	0.1578	0.1657	0.1715	0.1757	0.1789	0.1812	0.1843	0.1862	0.1873	0.1880	0.1885	0.1890	0.1895
2.6	0.1503	0.1583	0.1642	0.1686	0.1719	0.1745	0.1779	0.1799	0.1812	0.1820	0.1825	0.1832	0.1838
2.8	0.1433	0.1514	0.1574	0.1619	0.1654	0.1680	0.1717	0.1739	0.1753	0.1763	0.1769	0.1777	0.1784
3.0	0.1369	0.1449	0.1510	0.1556	0.1592	0.1619	0.1658	0.1682	0.1698	0.1708	0.1715	0.1725	0.1733
3.2	0.1310	0.1390	0.1450	0.1497	0.1533	0.1562	0.1602	0.1628	0.1645	0.1657	0.1664	0.1675	0.1685
3.4	0.1256	0.1334	0.1394	0.1441	0.1478	0.1508	0.1550	0.1577	0.1595	0.1607	0.1616	0.1628	0.1639
3.6	0.1205	0.1282	0.1342	0.1389	0.1427	0.1456	0.1500	0.1528	0.1548	0.1561	0.1570	0.1583	0.1595
3.8	0.1158	0.1234	0.1293	0.1340	0.1378	0.1408	0.1452	0.1482	0.1502	0.1516	0.1526	0.1541	0.1554
4.0	0.1114	0.1189	0.1248	0.1294	0.1332	0.1362	0.1408	0.1438	0.1459	0.1474	0.1485	0.1500	0.1516
4.2	0.1073	0.1147	0.1205	0.1251	0.1289	0.1319	0.1365	0.1396	0.1418	0.1434	0.1445	0.1462	0.1479
4.4	0.1035	0.1107	0.1164	0.1210	0.1248	0.1279	0.1325	0.1357	0.1379	0.1396	0.1407	0.1425	0.1444
4.6	0.1000	0.1070	0.1127	0.1172	0.1209	0.1240	0.1287	0.1319	0.1342	0.1359	0.1371	0.1390	0.1410
4.8	0.0967	0.1036	0.1091	0.1136	0.1173	0.1204	0.1250	0.1283	0.1307	0.1324	0.1337	0.1357	0.1379
5.0	0.0935	0.1003	0.1057	0.1102	0.1139	0.1169	0.1216	0.1249	0.1273	0.1291	0.1304	0.1325	0.1348

（续）

z/b \ l/b	1.0	1.2	1.4	1.6	1.8	2.0	2.4	2.8	3.2	3.6	4.0	5.0	≥10.0（条形）
6.0	0.0805	0.0866	0.0916	0.0957	0.0991	0.1021	0.1067	0.1101	0.1126	0.1146	0.1161	0.1185	0.1216
7.0	0.0705	0.0761	0.0806	0.0844	0.0877	0.0904	0.0949	0.0982	0.1008	0.1028	0.1044	0.1071	0.1109
8.0	0.0627	0.0678	0.0720	0.0755	0.0785	0.0811	0.0853	0.0886	0.0912	0.0932	0.0948	0.0976	0.1020
10.0	0.0514	0.0556	0.0592	0.0622	0.0649	0.0672	0.0710	0.0739	0.0763	0.0783	0.0799	0.0829	0.0880
12.0	0.0435	0.0471	0.0502	0.0529	0.0552	0.0573	0.0606	0.0634	0.0656	0.0674	0.0690	0.0719	0.0774
16.0	0.0322	0.0361	0.0385	0.0407	0.0425	0.0442	0.0469	0.0492	0.0511	0.0527	0.0540	0.0567	0.0625
20.0	0.0269	0.0292	0.0312	0.0330	0.0345	0.0359	0.0383	0.0402	0.0418	0.0432	0.0444	0.0468	0.0524

表 5-8　矩形面积上三角形分布荷载作用下角点平均附加应力系数 $\bar{\alpha}$

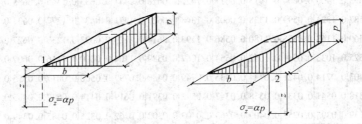

点 \ l/b	0.2		0.4		0.6		0.8		1.0		1.2		1.4	
z/b	1	2	1	2	1	2	1	2	1	2	1	2	1	2
0.0	0.0000	0.2500	0.0000	0.2500	0.0000	0.2500	0.0000	0.2500	0.0000	0.2500	0.0000	0.2500	0.0000	0.2500
0.2	0.0112	0.2161	0.0140	0.2308	0.0148	0.2333	0.0151	0.2339	0.0152	0.2341	0.0153	0.2342	0.0153	0.2343
0.4	0.0179	0.1810	0.0245	0.2084	0.0270	0.2153	0.0280	0.2175	0.0285	0.2184	0.0288	0.2187	0.0289	0.2189
0.6	0.0207	0.1505	0.0308	0.1851	0.0355	0.1966	0.0376	0.2011	0.0388	0.2030	0.0394	0.2039	0.0397	0.2043
0.8	0.0217	0.1277	0.0340	0.1640	0.0405	0.1787	0.0440	0.1852	0.0459	0.1883	0.0470	0.1899	0.0476	0.1907
1.0	0.0217	0.1104	0.0351	0.1461	0.0430	0.1624	0.0476	0.1704	0.0502	0.1746	0.0518	0.1769	0.0528	0.1781
1.2	0.0212	0.0970	0.0351	0.1312	0.0439	0.1480	0.0492	0.1571	0.0525	0.1621	0.0546	0.1649	0.0560	0.1666
1.4	0.0204	0.0865	0.0344	0.1187	0.0436	0.1356	0.0495	0.1451	0.0534	0.1507	0.0559	0.1541	0.0575	0.1562
1.6	0.0195	0.0779	0.0333	0.1082	0.0427	0.1247	0.0490	0.1345	0.0533	0.1405	0.0561	0.1443	0.0580	0.1467
1.8	0.0186	0.0709	0.0321	0.0993	0.0415	0.1153	0.0480	0.1252	0.0525	0.1313	0.0556	0.1354	0.0578	0.1381
2.0	0.0178	0.0650	0.0308	0.0917	0.0401	0.1071	0.0467	0.1169	0.0513	0.1232	0.0547	0.1274	0.0570	0.1303
2.5	0.0157	0.0538	0.0276	0.0769	0.0365	0.0908	0.0429	0.1000	0.0478	0.1063	0.0513	0.1107	0.0540	0.1139
3.0	0.0140	0.0458	0.0248	0.0661	0.0330	0.0786	0.0392	0.0871	0.0439	0.0931	0.0476	0.0976	0.0503	0.1008
5.0	0.0097	0.0289	0.0175	0.0424	0.0236	0.0476	0.0285	0.0576	0.0324	0.0624	0.0356	0.0661	0.0382	0.0690
7.0	0.0073	0.0211	0.0133	0.0311	0.0180	0.0352	0.0219	0.0427	0.0251	0.0465	0.0277	0.0496	0.0299	0.0520
10.0	0.0053	0.0150	0.0097	0.0222	0.0133	0.0253	0.0162	0.0308	0.0186	0.0336	0.0207	0.0359	0.0224	0.0379

（续）

点 \ l/b	1.6		1.8		2.0		3.0		4.0		6.0		10.0	
z/b	1	2	1	2	1	2	1	2	1	2	1	2	1	2
0.0	0.0000	0.2500	0.0000	0.2500	0.0000	0.2500	0.0000	0.2500	0.0000	0.2500	0.0000	0.2500	0.0000	0.2500
0.2	0.0153	0.2343	0.0153	0.2343	0.0153	0.2343	0.0153	0.2343	0.0153	0.2343	0.0153	0.2343	0.0153	0.2343
0.4	0.0290	0.2190	0.0290	0.2190	0.0290	0.2191	0.0290	0.2192	0.0291	0.2192	0.0291	0.2192	0.0291	0.2192
0.6	0.0399	0.2046	0.0400	0.2047	0.0401	0.2048	0.0402	0.2050	0.0402	0.2050	0.0402	0.2050	0.0403	0.2050
0.8	0.0480	0.1912	0.0482	0.1915	0.0483	0.1917	0.0486	0.1920	0.0487	0.1920	0.0487	0.1921	0.0487	0.1921
1.0	0.0534	0.1789	0.0538	0.1794	0.0540	0.1797	0.0545	0.1803	0.0546	0.1803	0.0546	0.1804	0.0546	0.1804
1.2	0.0568	0.1678	0.0574	0.1684	0.0577	0.1689	0.0584	0.1697	0.0586	0.1699	0.0587	0.1700	0.0587	0.1700
1.4	0.0586	0.1576	0.0594	0.1585	0.0599	0.1591	0.0609	0.1603	0.0612	0.1605	0.0613	0.1606	0.0613	0.1606
1.6	0.0594	0.1484	0.0603	0.1494	0.0609	0.1502	0.0623	0.1517	0.0626	0.1521	0.0628	0.1523	0.0628	0.1523
1.8	0.0593	0.1400	0.0604	0.1413	0.0611	0.1422	0.0628	0.1441	0.0633	0.1445	0.0635	0.1447	0.0635	0.1448
2.0	0.0587	0.1324	0.0599	0.1338	0.0608	0.1348	0.0629	0.1371	0.0634	0.1377	0.0637	0.1380	0.0638	0.1380
2.5	0.0560	0.1163	0.0575	0.1180	0.0586	0.1193	0.0614	0.1223	0.0623	0.1233	0.0627	0.1237	0.0628	0.1239
3.0	0.0525	0.1033	0.0541	0.1052	0.0554	0.1067	0.0589	0.1104	0.0600	0.1116	0.0607	0.1123	0.0609	0.1125
5.0	0.0403	0.0714	0.0421	0.0734	0.0435	0.0749	0.0480	0.0797	0.0500	0.0817	0.0515	0.0833	0.0521	0.0839
7.0	0.0318	0.0541	0.0333	0.0558	0.0347	0.0572	0.0391	0.0619	0.0414	0.0642	0.0435	0.0663	0.0445	0.0674
10.0	0.0239	0.0395	0.0252	0.0409	0.0263	0.0403	0.0302	0.0462	0.0325	0.0485	0.0349	0.0509	0.0364	0.0526

表5-9 圆形面积上均布荷载作用下通过中心点竖线上的平均竖向附加应力系数 $\overline{\alpha}$

z/r \ 点	中心点	z/r \ 点	中心点
0.0	1.000	2.3	0.606
0.1	1.000	2.4	0.590
0.2	0.998	2.5	0.574
0.3	0.993	2.6	0.560
0.4	0.986	2.7	0.546
0.5	0.974	2.8	0.532
0.6	0.960	2.9	0.519
0.7	0.942	3.0	0.507
0.8	0.923	3.1	0.495
0.9	0.901	3.2	0.484
1.0	0.878	3.3	0.473
1.1	0.855	3.4	0.463
1.2	0.831	3.5	0.453
1.3	0.808	3.6	0.443
1.4	0.784	3.7	0.434
1.5	0.762	3.8	0.425
1.6	0.739	3.9	0.417
1.7	0.718	4.0	0.409
1.8	0.697	4.2	0.393
1.9	0.677	4.4	0.379
2.0	0.658	4.6	0.365
2.1	0.640	4.8	0.353
2.2	0.623	5.0	0.341

**表 5-10 圆形面积上三角形分布荷载作用下通过零边点和最大值
边点竖线上的平均竖向附加应力系数$\bar{\alpha}$**

z/r 点	零边点	最大边值点	z/r 点	零边点	最大边值点
0.0	0.000	0.500	2.3	0.073	0.242
0.1	0.008	0.483	2.4	0.073	0.236
0.2	0.016	0.466	2.5	0.072	0.230
0.3	0.023	0.450	2.6	0.072	0.225
0.4	0.030	0.435	2.7	0.071	0.219
0.5	0.035	0.420	2.8	0.071	0.214
0.6	0.041	0.406	2.9	0.070	0.209
0.7	0.045	0.393	3.0	0.070	0.204
0.8	0.050	0.380	3.1	0.069	0.200
0.9	0.054	0.368	3.2	0.069	0.196
1.0	0.057	0.356	3.3	0.068	0.192
1.1	0.061	0.344	3.4	0.067	0.188
1.2	0.063	0.333	3.5	0.067	0.184
1.3	0.065	0.323	3.6	0.066	0.180
1.4	0.067	0.313	3.7	0.065	0.177
1.5	0.069	0.303	3.8	0.065	0.173
1.6	0.070	0.294	3.9	0.064	0.170
1.7	0.071	0.286	4.0	0.063	0.167
1.8	0.072	0.278	4.2	0.062	0.161
1.9	0.072	0.270	4.4	0.060	0.155
2.0	0.073	0.263	4.6	0.059	0.150
2.1	0.073	0.255	4.8	0.058	0.145
2.2	0.073	0.249	5.0	0.057	0.140

用规范法计算地基最终沉降量的具体步骤如下：

1）计算基础底面的附加应力。

2）把地基土按压缩性不同分层。一般天然层面就是分层面。由于不受分层厚度不超过 $0.4b$ 的限制，因而相比之下大大减少了计算工作量。

3）计算各土层的压缩量。

4）确定压缩层厚度。

5）按规范推荐的沉降计算公式计算地基最终沉降量。

由于土的附加应力是随着深度的增加而减小的。在一般情况下，土的压缩性随着深度的增加而降低，因而，可以认为只有在基础底面下一定深度范围内土层的压缩量才不可忽视，在这深度以下土层的压缩量则小到在实用上可以忽略不计，这个深度以内的土层称为压缩层，确定压缩层厚度时常采用试算法。一般常取附加应力与自重应力的比值为 0.2（软土取 0.1）处作为压缩层的底部界限。《建筑地基基础设计规范》规定，当满足下列条件时，某计算深度 z_n 就是压缩层的厚度

$$\Delta s_n' \leqslant 0.025 \sum_{i=1}^{n} \Delta s_i' \tag{5-21}$$

式中　$\Delta s_i'$——在计算深度范围内，第 i 层土的计算沉降值；

　　　$\Delta s_n'$——在由计算深度向上取厚度为 Δz 的土层计算沉降值，Δz 按表 5-11 确定。

表 5-11　Δz 值

b/m	$\leqslant 2$	$2 < b \leqslant 4$	$4 < b \leqslant 8$	> 8
$\Delta z/\mathrm{m}$	0.3	0.6	0.8	1.0

如确定的压缩层下部仍有软弱土层时，应继续向下计算，直到满足式（5-1）时为止。必要时，尚应考虑相邻基础的影响。

当压缩层范围内某一深度处以下都是压缩性很小的土层，如较厚的坚硬黏性土层，其 $e < 0.5$，$E_s > 50\mathrm{MPa}$，或密实的砂卵石层土，其 $E_s > 80\mathrm{MPa}$，或几乎不能压缩的岩层时，则压缩层就只计算到上述这些土层的顶面为止。

当无相邻荷载影响且基础宽度在 $1 \sim 30\mathrm{m}$ 范围内时，基础中点的压缩层厚度也可按下列简化公式近似计算

$$z_n = b(2.5 - 0.4\ln b) \qquad (5\text{-}22)$$

【例 5-5】　试以《建筑地基基础设计规范》法计算例 5-4 所示基础的最终沉降量。

解：1）地基分层。地下水位面 3m 深度处和土层分界面 5m 处是必然的分层面，将粉质黏土自地下水位面处分为两层，层厚分别为 1m 和 2m，黏土试取分层厚度为 2m 和 1m。

2）应力计算见表 5-12。

表 5-12　应 力 计 算

层数	土层厚度	自基底深度 z/m	自重应力平均值 p_{1i}/kPa	附加应力平均值 /kPa	自重应力与附加应力平均值之和 p_{2i}/kPa	受压前孔隙比 e_{1i}	受压后孔隙比 e_{2i}	各分层压缩模量 /MPa
1	1	0 1.0	45	52.1	97.1	0.792	0.759	2.83
2	2	1.0 3.0	63.5	40.9	104.4	0.774	0.757	4.27
3	2	3.0 5.0	83	24.5	107.5	0.821	0.810	4.06
4	1	5.0 6.0	98	15.3	113.3	0.816	0.810	4.63

各分层的孔隙比由前述图表可查得，在计算各分层的压缩模量 E_{si} 时，计算公式为

$$E_{si} = (1 + e_{1i}) \frac{p_{2i} - p_{1i}}{e_{1i} - e_{2i}}$$

3）计算分层平均附加应力系数 $\overline{\alpha}_i$，对于矩形基础，可根据角点法来计算分层平均附加应力系数。以基底中心点为公共角点，把基础荷载分为四个大小相等的小矩形荷载，其长宽比为 $l/b = 3/2 = 1.5$，可查表得 $\overline{\alpha}_i$，计算结果见表 5-13。

表 5-13 沉降量计算

自基底深度 z/m	平均附加应力系数			$4z\bar{\alpha}$	$4(z_i\bar{\alpha}_i - z_{i-1}\bar{\alpha}_{i-1})$	E_{si}/MPa	$\Delta s_i'$/mm	$\sum \Delta s$/mm
	l/b	z/b	$4\bar{\alpha}$					
0	1.5	0	1.0000	0	—	—	—	—
1	1.5	0.5	0.9856	0.9856	0.9856	2.83	18.8	18.8
3	1.5	1.5	0.8432	2.5296	1.5440	4.27	19.5	38.3
5	1.5	2.5	0.6800	3.4000	0.8704	4.06	11.6	49.9
5.4	1.5	2.7	0.6522	3.5219	0.1219	4.63	(2.4)	(51.3)
6	1.5	3	0.6132	3.6792	0.2792	4.63	3.3	54.6

计算分层沉降量 $\Delta s_i'$ 时，计算公式为 $\Delta s_i' = \dfrac{p_0}{E_{si}}(z_i\bar{\alpha}_i - z_{i-1}\bar{\alpha}_{i-1})$。

4）确定地基沉降计算深度 z_n。

在深度 $z = 6m$ 范围内的计算沉降量为 $\sum\limits_{i=1}^{n} \Delta s_i' - 54.6mm$。

在 $\Delta z = 0.6m$ 范围内的计算沉降量为 $\Delta s_n' = 0.9mm < 0.025 \times 54.6mm = 1.4mm$。

故确定地基沉降计算深度为 $z_n = 6m$。

5）确定经验系数 ψ_s。计算深度范围内的压缩模量当量值为

$$\bar{E}_s = \frac{\sum \Delta A_i}{\sum \dfrac{\Delta A_i}{E_{si}}} = \frac{p_0 z_n \bar{\alpha}_n}{s'} = \frac{54kPa \times 6 \times 0.6132}{54.6mm} = 3.64MPa$$

当 $p_0 = 0.75 f_{ak}$ 时，查表得 $\psi_s = 1.024$。

6）地基的最终沉降量为

$$s = \psi_s \sum_{i=1}^{n} \Delta s_i' = 1.024 \times 54.6mm = 55.9mm$$

5.2.3 考虑不同变形阶段的地基沉降计算方法

在外荷载作用下，地基变形是随着时间而发展的。根据对黏性土地基在局部（基础）荷载作用下的实际变形特征的观察和分析，黏性土地基的沉降 s 可以认为是由机理不同的三部分沉降组成（图 5-16），即

$$s = s_d + s_c + s_s \qquad (5\text{-}23)$$

式中　s_d——瞬时沉降量（也称为初始沉降，m）；

　　　s_c——固结沉降量（也称为主固结沉降，m）；

　　　s_s——次固结沉降量（也称为蠕变沉降，m）。

按照三分量之和计算总沉降量的方法是由斯

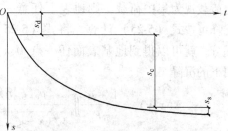

图 5-16 地基沉降类型

肯普顿（Skempton）和比伦（Bjerrum）提出的，这里称之为三分量法，或称为斯肯普顿法。

1. 瞬时沉降

瞬时沉降是在荷载作用瞬间由于土骨架的畸曲变形和土中水、气体的压缩所引起的地基沉降，又称为畸变沉降或不排水沉降。由于基础加载面积有限，加载后地基中会有剪应变产生，特别是在靠近基础边缘应力集中部位。对于饱和或接近饱和的黏性土，加载瞬间土中水来不及排出，在不排水和恒体积状况下，剪应变引起侧向变形而造成瞬时沉降。瞬时沉降可认为是弹性的、可恢复的。一般地，对较厚的软土层，当基底尺寸较大时，瞬时沉降所占比例较大。

地基土瞬时沉降的计算公式可近似按弹性理论公式来进行计算。

（1）基本原理 弹性力学方法假定地基为均质的线性变形空间，根据布辛奈斯克（Boussinesq，1885年）解答，在弹性半空间表面作用一个竖向集中力时，地基内任意一点的竖向位移为

$$s = \frac{P(1+\mu)}{2\pi E_0}\left[\frac{z^2}{R^3} + 2(1-\mu)\frac{1}{R}\right] \tag{5-24}$$

式中 s——竖向集中力作用下地基土中任意点的沉降（m）；

　　　P——竖向集中力（kN）；

　　　R——地基土中沉降计算点到集中荷载作用点的距离（m）；

　　　z——地基土中沉降计算点到地表的距离（m）；

　　　E_0——土的变形模量（kPa）；

　　　μ——土的泊松比。

（2）计算公式

1）集中力作用下地表的最终沉降量。对于式（5-24），取 $z=0$，则可得到地表上某点到距离集中荷载 P 作用点的距离为 r（$R=r$）的沉降为

$$s = \frac{P(1-\mu^2)}{\pi E_0 r} \tag{5-25}$$

式中 r——地表沉降计算点到集中荷载作用点 P 的水平距离（m）。

2）局部分布荷载作用下的地基沉降。当地基表面局部面积 A 上作用着分布荷载 p_0（ξ, η），如图5-17所示，则地基的沉降量可由式（5-25）积分得到。

在分布荷载 p_0（ξ, η）中取一微小荷载单元，面积为 $dA = d\xi d\eta$，当面积 dA 足够小时可视为一个集中力，大小为 $P = p_0$（ξ, η）dA。将微单元内荷载视为集中荷载，则地表上任意一点由荷载 P 引起的沉降可按式（5-25）计算。将式（5-25）对整个荷载面积积分，就可以得到地基表面任一点 M（x, y）在总荷载作用下的沉降

$$s(x,y) = \frac{1-\mu^2}{\pi E_0}\iint_A \frac{p_0(\xi,\eta)d\xi d\eta}{\sqrt{(x-\xi)^2(y-\eta)^2}} \tag{5-26}$$

上式的求解与基础的刚度、形状、尺寸的大小和计算点的位置等诸多因素有关。一般求解后的沉降计算统一表

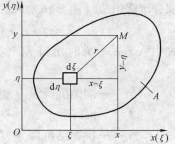

图5-17　局部荷载作用下的地基沉降

达式如下

$$s = \frac{wp_0 b(1 - \mu^2)}{E_0} \tag{5-27}$$

式中　p_0——基底附加压力（kPa）；

　　　b——矩形基础的宽度或圆形基础的直径（m）；

　　　w——沉降影响系数，根据基础刚度、荷载分布形状和沉降计算点来查表 5-14 确定，表中 w_c、w_0 和 w_m 分别为完全柔性基础（均布荷载）的角点、中点和平均沉降量的沉降影响系数，w_r 为刚性基础在中心荷载作用下的沉降影响系数。

表 5-14　沉降影响系数

计算点位置	荷载形状	圆形	方形	矩形（l/b）										
				1.5	2.0	3.0	4.0	5.0	6.0	7.0	8.0	9.0	10.0	100.0
柔性基础	w_c	0.64	0.56	0.68	0.77	0.89	0.98	1.05	1.11	1.16	1.20	1.24	1.27	2.00
	w_0	1.00	1.12	1.36	1.53	1.78	1.96	2.10	2.22	2.32	2.40	2.48	2.54	4.01
	w_m	0.85	0.95	1.15	1.30	1.52	1.70	1.83	1.96	2.04	2.12	2.19	2.55	3.70
刚性基础	w_r	0.79	0.88	1.08	1.22	1.44	1.61	1.72					2.12	3.40

通过计算可知，对于完全柔性基础，在均布荷载作用下，荷载中心点下的地基沉降最大，向外逐渐减小，地面沉降呈一碟形。实际上，基础是有一定抗弯刚度的，基础下地基沉降要受到基础抗弯刚度的约束。对于刚性基础，由于它具有无穷大的抗弯刚度，在中心荷载作用下，基础不发生挠曲，基础底部沉降量处处相等。

弹性方法计算地基沉降量的准确性往往取决于 E_0 的选取。计算中一般假定 E_0 在整个地基土层中不变，这只有在地基土层比较均匀时才是近似的，而实际上地基土的 E_0 是随深度变化的。此外，弹性理论公式计算的是均质地基中无限深度土的变形引起的沉降，这与实际不符。但是由于该方法计算简单，所以一般常用作沉降的估算及瞬时沉降量的计算。瞬时沉降量的计算公式如下

$$s_d = \frac{wbp_0(1 - \mu^2)}{E} \tag{5-28}$$

因瞬时沉降是在不排水条件下没有体积变形所产生的沉降，所以泊松比 μ 取 0.5，E 为土的弹性模量，可通过室内三轴不排水试验求得。也可近似采用 $E = (500 \sim 1000)c_u$ 估算，c_u 是土的不排水抗剪强度。

2. 固结沉降

固结沉降是指瞬时沉降后，孔隙水的缓慢排出，孔隙体积相应减小，地基土因为固结压密而产生的沉降。

固结沉降通常采用分层总和法计算，它是黏性土地基沉降的最主要的组成部分。

（1）基本假设

1）基底附加应力 p_0 是作用在地表的局部柔性荷载，对非均质地基，由其引起的附加应

力可按均质地基计算。

2）只考虑竖向附加应力使土层压缩变形产生的地基沉降，而剪应力忽略不计。

3）土层压缩时地基土不发生侧向变形，即完全侧限条件。

4）计算基底中点的沉降量，以基底中心点的沉降量代表整个基础的平均沉降量。

（2）基本原理　本方法只考虑地基土的竖向变形，不考虑侧向变形，将地基沿着竖向分成若干薄层，参照薄压缩层的地基沉降计算情况，某一层的压缩为

$$\Delta s = \frac{e_1 - e_2}{1 + e_1} h \tag{5-29}$$

或

$$\Delta s = \frac{a}{1 + e_1} \sigma_z h = \frac{\sigma_z}{E_s} h \tag{5-30}$$

式中　Δs——地基中某一薄层的最终固结压缩量（m）；

　　　e_1——地基受荷前（自重应力作用下）的孔隙比；

　　　e_2——地基受荷（自重与附加应力作用下）沉降稳定后的孔隙比；

　　　h——薄土层的厚度（m）。

计算沉降量时，在地基可能受荷变形的压缩层范围内，根据土的特性，应力状态及地下水位分 n 个薄层，然后按式（5-29）或式（5-30）计算各分层的竖向压缩量 Δs_i，最后将各个分层的压缩量加起来即为地基的最终固结沉降量，即

$$s = \sum_{i=1}^{n} \Delta s_i \tag{5-31}$$

（3）计算步骤

1）按比例绘制地基土层和基础的剖面图，了解基础类型、基础埋深、相关尺寸、荷载情况、土层分布、土性参数和地下水位等资料。

2）地基土分层，分层既要考虑土层的性质，又要考虑土中应力的变化，还要考虑地下水位。因为在分层计算地基变形量时，每一分层的自重应力与附加应力用的是平均值，因此为了使自重应力与附加应力在分层内变化不大，分层厚度不宜过大。一般要求分层厚度不大于基础宽度的 0.4 倍或 1~2m。另外，不同性质的土层，其重度 γ、压缩系数与孔隙比都不一样，因而土层的分界面应为分层面。在同一土层中，平均地下水位应为分层面，因为地下水面以上和以下土的重度不同。

3）计算基础中心轴线上各分层面上的自重应力与附加应力，并按同一比例绘出自重应力与附加应力分布图。

4）计算基础底面的基底压力与附加压力。

5）确定地基沉降计算深度。当下卧层离基底较近时，取岩层顶面作为可压缩层的下限。反之，由图 5-13a 可知，附加应力随深度递减，自重应力随深度增加，达到了一定深度后，附加应力相对于该处原有的自重应力很小，引起的压缩变形可以忽略不计，因此沉降计算深度算到此便可。实践经验表明，当基础中心轴线上某点的附加应力与自重应力满足 $\sigma_z = 0.2\sigma_c$ 的深度时作为沉降计算深度的界限。在受压层范围内，若某一深度以下都是压缩性很小的岩土层，如密实的碎石土或粗砂、砾砂或基岩等，则受压层只计算到这些地层的顶面即可。当计算深度以下存在着软弱土层时，则计算深度应满足 $\sigma_z = 0.1\sigma_c$。

6）按算术平均值算出第 i 层的平均自重应力 $\bar{\sigma}_{ci}$ 和平均附加应力 $\bar{\sigma}_{zi}$，计算公式分为

$$\bar{\sigma}_{ci} = \frac{\sigma_{ci} + \sigma_{c(i-1)}}{2} \tag{5-32}$$

$$\bar{\sigma}_{zi} = \frac{\sigma_{zi} + \sigma_{z(i-1)}}{2} \tag{5-33}$$

7）根据第 i 层土的初始应力 $p_{1i} = \bar{\sigma}_{ci}$ 和初始应力与附加应力之和 $p_{2i} = \bar{\sigma}_{ci} + \bar{\sigma}_{zi}$，由压缩曲线查出相应的初始孔隙比 e_{1i} 和压缩稳定后的孔隙比 e_{2i}。

8）按式（5-29）求出第 i 层的压缩量，即

$$\Delta s_i = \frac{e_{1i} - e_{2i}}{1 + e_{1i}} h_i \tag{5-34}$$

9）把各土层的沉降量相加，得到基础的总沉降量为

$$s_c = \sum_{i=1}^{n} \Delta s_i = \sum_{i=1}^{n} \frac{e_{1i} - e_{2i}}{1 + e_{1i}} h_i \tag{5-35}$$

若勘探单位提供的不是压缩曲线，而是其他压缩指标，则可利用指标间的关系来估算。

$$s_c = \sum_{i=1}^{n} \Delta s_i = \sum_{i=1}^{n} \frac{e_{1i} - e_{2i}}{1 + e_{1i}} h_i = \sum_{i=1}^{n} \frac{\bar{\sigma}_{zi}}{E_{si}} h_i \tag{5-36}$$

式中　s_i——第 i 层土的压缩量（m）；

$\quad\quad h_i$——第 i 层土的厚度（m）；

$\quad\quad e_{1i}$——根据第 i 层土的自重应力平均值从土的压缩曲线上查得的相应孔隙比；

$\quad\quad e_{2i}$——根据第 i 层土的自重应力平均值与附加应力平均值之和从土的压缩曲线上查得的相应孔隙比；

$\quad\quad \bar{\sigma}_{zi}$——第 i 层土的竖向附加应力平均值（kPa）；

a_i、E_{si}——第 i 层土的压缩系数和压缩模量，取土的自重应力至土的自重应力与附加应力之和的压力段进行计算。

此法的优点主要是适用于各种成层土和各种荷载作用下的沉降量计算，并且压缩指标 a、E_s 等较易确定。主要缺点是作了许多假设，与实际情况不符；侧限条件，基底压力计算有一定误差；室内试验指标也有一定误差；计算工作量大；利用该法计算结果，对坚实地基，其结果偏大，对软弱地基，其结果偏小。

3. 次固结沉降

当超净孔隙水压力消散、地基土固结完成后，地基土因土颗粒骨架在不变的有效应力作用下发生蠕变而产生沉降，这部分沉降量称为次固结沉降。

许多室内试验和现场量测的结果都表明，一定荷载作用下的土，在主固结完成后发生的次固结过程中，其孔隙比与时间的关系在半对数图上接近一条直线。因而次固结引起的孔隙比变化可近似地表示为

$$\Delta e = C_a \lg \frac{t}{t_1} \tag{5-37}$$

式中　C_a——半对数图上直线的斜率，称为次固结系数；

$\quad\quad t$——所求次固结沉降的时间，由施荷瞬间算起；

t_1——相当于主固结为 100% 的时间，由 $e\text{-}\lg t$ 曲线主固结段和次固结段切线外推得到。

根据分层总和法的基本原理，地基次固结沉降计算的分层总和法的计算公式如下

$$s = \sum_{i=1}^{n} \frac{h_i}{1+e_{1i}} C_{ai} \lg \frac{t}{t_{1i}} \tag{5-38}$$

根据许多室内和现场试验结果可知，C_a 值取决于土的天然含水量 w，近似计算时取 $C_a = 0.018w$。

次固结沉降一般只在黏性土中才发生，且占总沉降量的比例较小，计算中一般不予考虑。

上述考虑不同变形阶段的沉降计算方法，对黏性土的沉降计算是合适的。对主要由砂土等无黏性土组成的地基，由于地基土透水性强，荷载施加后孔隙水能很快排出，地基沉降很快完成，因而很难区分瞬时沉降和固结沉降，故不适用此法计算沉降。

【例 5-6】 某矩形刚性基础底面尺寸为 $l \times b = 4\text{m} \times 2\text{m}$，基底附加压力为 120kPa，地基为均质黏土，取样进行三轴固结不排水试验，测得不排水抗剪强度为 $c_u = 30$kPa，试估算瞬时沉降量 s_d。

解： 由 $l/b = 4/2 = 2$ 查表 5-14 可得 $w = 1.22$。

因为瞬时沉降是在不排水的条件下没有体积变形时所产生的沉降，则取泊松比为 0.5，在选用土的弹性模量 E 时，由室内三轴固结不排水试验选用

$$E = 800c_u = 800 \times 30\text{kPa} = 24000\text{kPa} = 24\text{MPa}$$

则地基土的瞬时沉降为

$$s_d = \frac{wbp_0(1-\mu^2)}{E} = \frac{1.22 \times 2 \times 120 \times (1 - 0.5^2)}{24000}\text{m} = 9.15\text{mm}$$

5.3 应力历史与土压缩性的关系

应力历史是指土在形成的地质年代中经受应力变化的情况。黏性土在形成及存在过程中所经受的地质作用和应力变化不同，所产生的压密过程及固结状态也不同。就地基土层而言，使土体产生固结或压缩的应力主要有两种：一种是土的自重应力；另一种是外荷载在地基内部引起的附加应力。对于新近沉积的土或人工吹填土，起初土粒尚处于悬浮状态，土的自重应力由孔隙水承担，有效应力为零。随着时间的推移，土在自重作用下逐渐固结，最终自重应力全部转化成有效应力，故这类土的自重应力就是固结应力。对大多数天然土，由于经历了漫长的地质年代，在自重作用下已经固结，能够进一步使土层产生固结的只有外荷载引起的附加应力，故此时的固结应力仅指附加应力。如果将时间推移到土层刚沉积时算起，那么固结应力也应包括自重应力。

由于天然土层应力历史不同，就可能出现不同的固结状态，而固结状态又影响到土的压缩性和地基沉降量的大小。本节主要介绍先期固结压力的确定方法、固结状态的判定以及考虑应力历史影响的地基沉降计算方法。

5.3.1　先期固结压力与卡萨格兰德法

土的先期固结压力是指土层在历史上经受过的最大有效固结压力。它是判断天然土层所处固结状态的一个重要指标，也是考虑应力历史对土层变形量影响的一个重要计算参数。通常用 p_c 表示。

确定先期固结压力 p_c 最常用的方法是卡萨格兰德（A. Casagrande，1936 年）提出的根据 e-$\lg p$ 曲线的经验作图法。作图步骤如下（图 5-18）：

1）在 e-$\lg p$ 曲线上找出曲率半径最小的点 A，过 A 点作水平直线 $A1$ 及切线 $A2$。

2）作 $\angle 2A1$ 的角平分线 $A3$。

3）作 e-$\lg p$ 曲线中直线段的延长线，与 $A3$ 交于 B 点，则 B 点对应的应力即为先期固结压力 p_c。

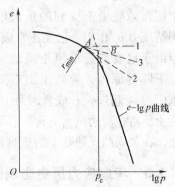

图 5-18　先期固结压力的确定方法

这种作图确定先期固结压力的方法属于经验方法，也是国际上通用的方法。其优点是简便、明确、易于操作。但是也存在着一定的缺点：

1）原状土取样过程中的扰动程度对试验结果的可靠性和准确性影响较大。

2）曲率半径最小的点是人为判断的，对于不同的人判断有一定差异。

3）绘制 e-$\lg p$ 曲线时纵横坐标比例的选择直接影响曲线的形状和 p_c 的确定。

4）为获得 e-$\lg p$ 曲线直线段的部分，需要进行大于 1000kPa 的较大压力下土的压缩试验。这是一种半经验的方法，理论依据尚不成熟。

虽然存在以上缺点，但国内外目前还没有找到完全替代上述方法的方法。斯肯普顿（Skempton）在大量统计资料的基础上提出了用塑性指数 I_p 确定 p_c 的经验公式

$$p_c = \frac{c_u}{0.11 + 0.037 I_P} \tag{5-39}$$

式中　c_u——饱和土的不排水抗剪强度（kPa）；

I_P——塑性指数。

5.3.2　超固结比及固结状态

对于地表下一定深度 h 处的土层，其上覆土重产生的有效自重应力为 $p_1 = \gamma h$（γ 为天然土层的重度），通常把土体的先期固结压力 p_c 与现有土层的上覆有效自重应力 p_1 之比称为超固结比 OCR，表达式为 OCR $= p_c/p_1$。则当 OCR >1 时，为超固结土；OCR $=1$ 时，为正常固结土；OCR <1 时，为欠固结土。

（1）正常固结土（OCR $=1$）　当土沉积年代较长，地表以下土层在地质历史上受到的最大竖向固结压力 p_c 作用下的沉降已经稳定，后来地表未发生变化，并且也没有其他因素使土中的有效自重应力发生变化时，土体的先期固结压力 p_c 等于现地表以下土中有效自重应力 p_1，如图 5-19a 所示，这种土称为正常固结土。

（2）超固结土（OCR > 1）　由于古冰川融化、地表剥蚀或地下水位上升等原因，天然土层 h 深度处在地质历史上受到的最大竖向固结压力 p_c 大于现地表以下任意深度 h 处的有效自重应力 p_1，如图 5-19b 所示，这种土称为超固结土。

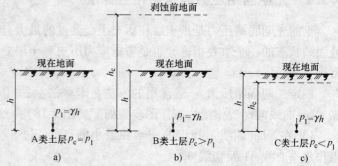

（3）欠固结土（OCR < 1）土层在地质史上受到的最大竖向固结压力 p_c 作用下已经正常固结，但由于地表新近堆填土或地下水位下降等原因，导致土中有效自

图 5-19　天然土层的三种固结状态
a）正常固结土　b）超固结土　c）欠固结土

重应力 p_1 超过 p_c；或者因为土层沉积时间较短，土在自重应力作用下的固结变形还未完成，则土层将在应力（$p_1 - p_c$）作用下进一步产生压缩，如图 5-19c 所示，这种土称为欠固结土。在欠固结土地基上的建筑物必须考虑土将在应力（$p_1 - p_c$）作用下产生的附加沉降。

5.3.3　考虑应力历史影响的地基沉降计算方法

1. 现场压缩曲线

地基沉降通常是根据土的压缩曲线计算的，也就是说是由室内单向固结试验得到的，由于目前钻探取样的技术条件不够理想、土样取出后的应力释放、制样时的人工扰动等因素的影响，通过室内试验得到的压缩曲线与原始压缩曲线是有区别的，已经不能代表地基中现场压缩曲线（即原位土层承受建筑物荷载后的 e-p 或 e-lg$p$ 关系曲线），因而确定土的原始压缩曲线是土的沉降分析和计算的基础。

土的压缩曲线分为正常固结曲线和超固结曲线（再压缩曲线）两种，正常固结意味着现在的土的有效自重应力等于历史上最大的有效压力（先期固结压力），在继续增加压力时，它将沿原压缩曲线的斜率变化；超固结意味着现在的土的有效自重应力小于历史上的最大有效压力，即它处于卸载后的再压缩曲线上，将沿再压缩曲线（或回弹曲线）的斜率而变化。

（1）正常固结土的现场原始压缩曲线　由图 5-20 所示，已知室内压缩曲线，由作图法得到先期固结压力 p_c，根据 p_c 与土样现存的实际上覆土有效自重应力 p_1 的比较，可以判定该土样为正常固结土，即 $p_c = p_1$。此时可根据施默特曼（H. J. Schmertmann，1955 年）提出的方法对室内压缩曲线进行修正，从而得到土层的原始压缩曲线，具体步骤如下：

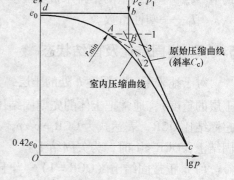

1）作点 b，其坐标为（p_c, e_0），e_0 为土样的初始孔隙比。

2）在 e-lg$p$ 曲线上取点 c，其纵坐标为 $0.42 e_0$。

图 5-20　正常固结土和
欠固结土的原始压缩曲线

3）连接 b、c，并认为 bc 即为土层的原始压缩曲线，其斜率为土层原始压缩曲线的压缩

指数 C_c，c 点是根据许多室内压缩试验发现的。室内试验所用的压缩土样都是扰动的，但是通过试验发现，不同扰动程度的土样的压缩曲线均大致相交于一点，该点的纵坐标为 0.42 e_0（有些学者认为该点的纵坐标为 0.40 e_0），因此未扰动土样压缩曲线也应该交于该点。

4）过 b 点作水平线 bd，认为 bd 段代表取土时的卸载过程，即假定卸载不引起土样孔隙比的变化。

（2）超固结土的现场原始压缩曲线 如图 5-21 所示，超固结土压缩曲线的修正需要室内回弹曲线与室内再压缩曲线。因此，在试验时要通过加荷—卸荷—再加荷的过程来得到所需的回弹曲线与再压缩曲线，而且根据压缩试验已知再压缩曲线会趋向于与压缩曲线重合。

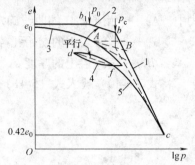

图 5-21 超固结土
的原始压缩曲线
1—原始压缩曲线（斜率 C_c）
2—原始再压缩曲线（斜率 C_e）
3—室内压缩曲线 4—室内回
弹曲线 5—室内再压缩曲线

超固结土的原始压缩曲线可按下列步骤来确定：

1）作 b_1 点，其坐标为（p_0，e_0），其中 p_0 为现场实际上覆土层有效自重应力，e_0 为土样的初始孔隙比。

2）根据室内压缩曲线求作先期固结压力 p_c，并作直线 $p = p_c$，这就要求卸荷时的压力要大于 p_c，所以一般要先通过压缩试验得到 p_c 值，再用另一个试样进行回弹与再压缩试验。

3）确定室内回弹曲线与再压缩曲线的平均斜率，因回弹曲线与再压缩曲线一般并不重合，可以采用如图 5-21 中所示的方法，取 df 的连线斜率作为平均斜率。

4）过 b_1 点作 b_1b 平行于 df，交直线 $p = p_c$ 于点 b。

5）在室内再压缩曲线上取点 c，其纵坐标为 0.42 e_0（或 0.40 e_0）。

6）连接 bc。b_1bc 即为超固结土的原始压缩曲线，因为 b_1bc 为分段直线，所以在计算变形量时应根据附加压力的大小分段计算。

（3）欠固结土的现场原始压缩曲线 欠固结土的现场原始压缩曲线的确定方法与正常固结土相同，如图 5-20 所示。但是，由于欠固结土在自重应力作用下还没有完全达到固结稳定，土层现有的上覆土层有效自重应力已超过土层的先期固结压力，即使没有外荷载作用，该土层仍会产生沉降量。因此欠固结土的沉降量不仅包括地基受附加应力所产生的沉降，还包括地基土在自重作用下尚未固结的那部分沉降。

2. 考虑应力历史影响的地基沉降计算

考虑应力历史影响的地基沉降的计算方法仍为分层总和法，只是将土的压缩性指标改为从原始压缩曲线（e-$\lg p$）来确定即可。对三种状态的土分别进行计算。

（1）正常固结土（$OCR = 1$）的沉降计算方法 图 5-22 为正常固结土的沉降计算曲线，设作用于土层中某点的自重应力为 p_{0i}，相应的初始孔隙比为 e_{0i}，该点所受的附加应力为 Δp_i，则实际所受的应力为（$p_{0i} + \Delta p_i$），相应的孔隙比为 e_{1i}，则由附加应力引起的孔隙比变化值为

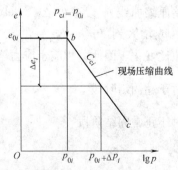

图 5-22 正常固结土的
沉降计算曲线

$$\Delta e_i = e_{0i} - e_{1i} = C_{ci} \lg \frac{p_{0i} + \Delta p_i}{p_{0i}} \tag{5-40}$$

由于

$$\Delta s_i = \frac{\Delta e_i}{1 + e_{0i}} H_i \tag{5-41}$$

式中　Δe_i——由原始压缩曲线确定的第 i 层土的孔隙比变化；

　　　e_{0i}——第 i 层土的初始孔隙比；

　　　H_i——第 i 层土的厚度。

将式（5-40）代入式（5-41），得

$$\Delta s_i = \frac{C_{ci}}{1 + e_{0i}} H_i \lg \left(\frac{p_{0i} + \Delta p_i}{p_{0i}} \right) \tag{5-42}$$

$$s_i = \sum_{i=1}^{n} \Delta s_i \tag{5-43}$$

将式（5-42）代入式（5-43），得

$$s_c = \sum_{i=1}^{n} \Delta s_i = \sum_{i=1}^{n} \frac{C_{ci}}{1 + e_{0i}} H_i \lg \left(\frac{p_{0i} + \Delta p_i}{p_{0i}} \right) \tag{5-44}$$

式中　Δp_i——第 i 层土的附加应力平均值（有效应力增量）；

　　　p_{0i}——第 i 层土的有效自重应力平均值；

　　　C_{ci}——第 i 层土的压缩指数，由土的现场原始压缩曲线确定。

（2）超固结土（OCR > 1）的沉降计算方法　在计算超固结土沉降时，应在原始压缩曲线和原始再压缩曲线上分别确定土的压缩指数 C_c 和回弹指数 C_e。其沉降计算应考虑以下两种情况。

1）$(p_{0i} + \Delta p_i)$ 大于先期固结压力 p_{ci}。如图 5-23a 所示，该分层土的孔隙比将先沿着现场原始再压缩曲线 $b'b$ 段减少 $\Delta e_i'$，即由现有的土自重应力 p_{0i} 增大到先期固结压力 p_{ci} 的孔隙比变化，然后沿着原始压缩曲线 bc 段减少 $\Delta e_i''$，即由 p_{ci} 增大到 $(p_{0i} + \Delta p_i)$ 的孔

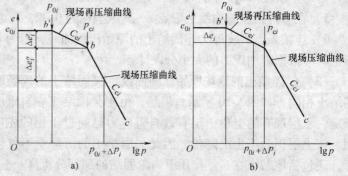

图 5-23　超固结土沉降计算图

隙比变化。因此，相应于应力增量 Δp_i 的孔隙比变化为 $\Delta e_i = \Delta e_i' + \Delta e_i''$，则有如下公式：

对于超固结阶段

$$\Delta e_i' = C_{ei} \lg \left(\frac{p_{ci}}{p_{0i}} \right) \tag{5-45}$$

对于正常固结阶段

$$\Delta e_i'' = C_{ci} \lg \left(\frac{p_{0i} + \Delta p_i}{p_{ci}} \right) \tag{5-46}$$

式中　C_{ei}——回弹指数，其值等于原始再压缩曲线 $b'b$ 的斜率；

　　　C_{ci}——压缩指数，其值等于原始压缩曲线 bc 的斜率。

总的孔隙比变化 Δe_i 为

$$\Delta e_i = \Delta e_i' + \Delta e_i'' = C_{ei}\lg\left(\frac{p_{ci}}{p_{0i}}\right) + C_{ci}\lg\left(\frac{p_{0i} + \Delta p_i}{p_{ci}}\right) \tag{5-47}$$

各分层土的总固结沉降为

$$s_n = \sum_{i=1}^{n} \frac{H_i}{1 + e_{0i}}\left(C_{ei}\lg\frac{p_{ci}}{p_{0i}} + C_{ci}\lg\frac{p_{0i} + \Delta p_i}{p_{ci}}\right) \tag{5-48}$$

式中　n——分层计算沉降时，压缩土层中具有 $(p_{0i} + \Delta p_i) > p_{ci}$ 的分层数；

　　　p_{ci}——第 i 层土的先期固结压力。

2）$(p_{0i} + \Delta p_i)$ 小于先期固结压力 p_{ci}。如图 5-23b 所示，分层土的孔隙变化只会沿着现场原始再压缩曲线 $b'b$ 段减小，其大小为

$$\Delta e_i = C_{ei}\lg\left(\frac{p_{0i} + \Delta p_i}{p_{0i}}\right) \tag{5-49}$$

各分层土的总固结沉降为

$$s_m = \sum_{i=1}^{m} \frac{H_i}{1 + e_{0i}}\left[C_{ei}\lg\left(\frac{p_{0i} + \Delta p_i}{p_{0i}}\right)\right] \tag{5-50}$$

式中　m——分层计算沉降时，压缩土层中具有 $(p_{0i} + \Delta p_i) < p_{ci}$ 的分层数。

超固结土的总固结沉降为上述两部分之和，即 $s_c = s_n + s_m$。

（3）欠固结土（OCR < 1）的沉降计算方法　海底淤积土、近代冲填的陆地一般为欠固结土。地面填土、地下水位降低也会使原来已经正常固结的土成为欠固结土。

对于欠固结土，由于土在自重作用下还没有达到完全稳定，土层的先期固结压力 p_c 小于现有的有效自重应力 p_0，因而，在这样的土层上施加荷载，其沉降包括两部分：

1）由于地基附加应力所引起的沉降。

2）尚未完成的自重固结沉降。如图 5-24 所示，自重固

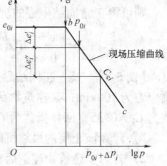

图 5-24　欠固结土沉降计算图

结引起的孔隙比变化为 $\Delta e_i'$，附加应力引起的孔隙比变化为 $\Delta e_i''$，则由下式可计算总的沉降量为

$$\Delta e_i' = C_{ci}\lg\frac{p_{0i}}{p_{ci}} \tag{5-51}$$

$$\Delta e_i'' = C_{ci}\lg\left(\frac{p_{0i} + \Delta p_i}{p_{0i}}\right) \tag{5-52}$$

$$s_i = \frac{\Delta e_i'}{1 + e_{0i}}H_i + \frac{\Delta e_i''}{1 + e_{0i}}H_i = \frac{H_i}{1 + e_{0i}}\left[C_{ci}\lg\frac{p_{0i}}{p_{ci}} + C_{ci}\lg\left(\frac{p_{0i} + \Delta p_i}{p_{0i}}\right)\right] \tag{5-53}$$

$$s_c = \sum_{i=1}^{n} s_i = \sum_{i=1}^{n} \frac{H_i}{1 + e_{0i}}\left[C_{ci}\lg\frac{p_{0i}}{p_{ci}} + C_{ci}\lg\left(\frac{p_{0i} + \Delta p_i}{p_{0i}}\right)\right] \tag{5-54}$$

或者欠固结土的孔隙比变化可近似地按与正常固结土相同的方法求得的原始压缩曲线来

确定，沉降计算公式为

$$s = \sum_{i=1}^{n} \frac{H_i}{1 + e_{0i}} \left[C_{ci} \lg \left(\frac{p_{0i} + \Delta p_i}{p_{ci}} \right) \right] \tag{5-55}$$

由此可知，如果按正常固结土层计算欠固结土的沉降，则计算结果可能远小于实际观测的沉降量。

需要强调的是，上述考虑应力历史的沉降计算方法都是根据土压缩过程中孔隙比的变化来计算地基的，因此，其计算结果为地基土的固结沉降。

【例5-7】 某正常固结黏土层，层厚中点 A 的埋深为10m，地质资料如图5-25所示。由压缩试验求得该土层的压缩指数为 $C_c = 0.60$，初始孔隙比 $e_0 = 0.88$，试求该土层在平均压缩应力 $\Delta p = 100\text{kPa}$ 作用下的最终沉降量。

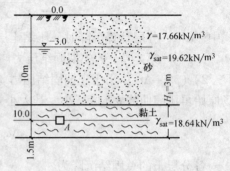

图 5-25　例 5-7 图

解： A 点的自重应力

$$p_0 = 3\text{m} \times 17.66\text{kN/m}^3 + 5.5\text{m} \times (19.62 - 9.81)\text{kN/m}^3 + 1.5\text{m} \times (18.64 - 9.81)\text{kN/m}^3$$
$$= 120.18\text{kPa}$$

对于正常固结黏土层，土的先期固结压力等于有效自重应力，即 $p_c = p_0 = 120.18\text{kPa}$。则可得正常固结土层的沉降量为

$$\Delta s = \frac{C_c}{1 + e_0} H \lg \left(\frac{p_0 + \Delta p}{p_0} \right) = \frac{0.6 \times 300}{1 + 0.88} \lg \frac{120.18 + 100}{120.18} \text{cm} = 25.18\text{cm}$$

【例5-8】 某一超固结黏土层，厚3m，先期固结压力 $p_c = 200\text{kPa}$，现上覆土层有效自重应力为100kPa，某建筑物荷载引起该土层的平均附加应力为 $\Delta p = 300\text{kPa}$，黏土的压缩指数为 $C_c = 0.35$，回弹指数为 $C_e = 0.15$，初始孔隙比为 $e_0 = 0.65$。

1）计算该土层的最终沉降量。

2）若另一建筑物建造后将引起该土层的平均附加应力为 $\Delta p = 100\text{kPa}$，计算该土层的最终沉降量。

解： 由已知条件可知：$e_0 = 0.65$，$p_0 = 100\text{kPa}$，$p_c - p_0 = (200 - 100)\text{kPa} = 100\text{kPa}$。

1）当 $\Delta p = 300\text{kPa}$ 时，$\Delta p = 300\text{kPa} > p_c - p_0 = (200 - 100)\text{kPa} = 100\text{kPa}$，则说明该土层在附加应力作用下，其最终荷载超过先期固结压力，达到正常固结状态，计算沉降量时，可得

$$s = \frac{H_i}{1 + e_{0i}} \left[C_{ei} \lg \frac{p_{ci}}{p_{0i}} + C_{ci} \lg \left(\frac{p_{0i} + \Delta p_i}{p_{ci}} \right) \right]$$
$$= \frac{300}{1 + 0.65} \left[0.15 \times \lg \frac{200}{100} + 0.35 \times \lg \left(\frac{100 + 300}{200} \right) \right] \text{cm} = 27.37\text{cm}$$

2）当 $\Delta p = 100\text{kPa}$ 时，$\Delta p = 100\text{kPa} = p_c - p_0 = (200 - 100)\text{kPa} = 100\text{kPa}$，则说明该土层在附加应力作用下，其最终荷载仍未超过先期固结压力，因此处于超固结状态，计算沉降量时，只需采用回弹指数 C_e 即可，由式（5-50）可知

$$s = \frac{H_i}{1 + e_{0i}} C_e \lg \frac{p_{0i} + \Delta p_i}{p_{0i}} = \frac{300}{1 + 0.65} \times 0.15 \times \lg \frac{100 + 100}{100} \text{cm} = 8.21\text{cm}$$

5.4　地基沉降与时间的关系

前面已指出，土体在建筑物荷重作用下，总要经过一定的时间后才能完成其压缩过程，达到最终沉降量。基础的沉降一般也都要经过一段时间后才能稳定。因此，必须了解沉降达到最终稳定所需要的时间及在建筑物修建和使用过程中沉降与时间的关系。

在工程实践中，常因土层的非均质，建筑物荷重分布不均及相邻荷载的影响等产生建筑物各点不同沉降速率的不均匀沉降。因此，除了计算基础最终沉降量外，还必须了解建筑物各点的沉降速率以及沉降稳定时间，以便预估建筑物在施工和使用过程中可能产生的沉降量和沉降差的大小，从而采取适当措施。如控制建筑物不同部分的施工速度，合理地设置沉降缝及预留建筑物超高等，使沉降差值限制在建筑物的允许范围之内。对于需要采取预压加固的软黏土地基，必须知道预压达到预期效果所需的时间，以便确定预压加荷荷载的大小、分布和施加速率等，因此也要了解沉降随时间的变化关系。

由于影响土体变形与时间关系的因素相当复杂，它不仅取决于土层的类别和性质，而且随土层的边界条件、排水情况及受荷方式等因素而异。如地基土在局部荷载作用下，其固结过程除了竖向排水压缩的单向固结外，还有不同程度的侧向排水固结，即所谓二向及三向固结问题；同时饱和土与非饱和土的固结过程存在差异，非均质及各向异性也影响固结过程等。因此，目前解决沉降量与时间关系的理论和方法还不能准确反映实际，只能用于近似估计。

碎石土和砂土的透水性好，其变形所经历的时间很短，可以认为在外荷载施加完毕时，其变形已稳定；对于黏性土，完成固结所需要时间就比较长，在深厚饱和软黏土中，其固结变形需要经过几年甚至几十年时间才能完成。因此，本章将重点介绍工程实践中广泛采用的单向渗透固结理论，讨论饱和土沉降与时间关系的估算方法及实际应用。

5.4.1　饱和土的渗流固结

饱和黏土在压力作用下，孔隙水将随时间的推移而逐渐被排出，同时孔隙体积也随之缩小，这一过程称为饱和土的渗透固结。饱和土的固结实质上包括了土内孔隙水的逐渐排出、孔隙体积的逐渐减小以及土骨架和孔隙水所受压力的逐渐转移和调整，三者同时进行。因此，饱和土的固结作用是一个同时包含排水、压缩和压力转移的过程。

饱和土渗透固结所需时间的长短与土体的渗透性、土层厚度等因素有关，土的渗透性越小、土层越厚，孔隙水被挤出所需的时间就越长。

饱和土的渗透固结，可借助图 5-26 所示的弹簧-活塞模型来说明。在一个盛满水的圆筒中，装一个带有弹簧和许多小孔的活塞。用这个模型装置来模拟饱和土层，设想以弹簧表示土的颗粒骨架，圆筒内的水表示土中的孔隙水，带孔的活塞则表示土的透水性。由于模型中只有固、液两相介质，则对于外力 σ_z 的作用只能是水与弹簧两者来共同承担。设弹簧承担的压力为有效应力 σ'，圆筒中的水承担的压力为孔隙水压力 u，按照静力平衡条件，应有

$$\sigma_z = \sigma' + u \tag{5-56}$$

对饱和土体，在附加应力 σ_z 作用的瞬间，土中水来不及排出，附加应力全部由孔隙水

承担，此时的孔隙水压力$u = \sigma_z$；随着土孔隙中自由水的挤出，孔隙水压力u逐渐减小，附加应力逐渐转嫁给土骨架承担，即有效应力σ'逐渐增大；直到孔隙水压力u减小至零，土中水不再排出，则附加应力全部由土颗粒承担，此时有效应力$\sigma' = \sigma_z$。

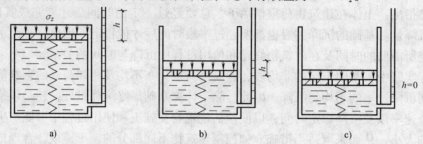

图 5-26　饱和土的渗透固结模型
a）活塞受压瞬间　b）活塞下降过程中　c）活塞不再下降时

对于饱和黏性土来说，固结作用有重要的实际意义，因为固结过程往往要经历较长的时间，如几年到几十年，甚至更久，沉降才达到稳定。经验表明，建筑物在施工期间所完成的沉降，对于砂土可认为其最终沉降量已经完成80%以上；对于低压缩性黏性土可认为已经完成最终沉降量的50%～80%；中等压缩性黏性土为20%～50%；高压缩性黏性土为5%～20%。

5.4.2　太沙基一维固结理论

饱和土的渗透固结速度是由土孔隙中自由水的排出速度所决定的。为了计算沉降随时间的变化关系，需要在掌握土体固结特性的基础上建立固结理论。通常可采用饱和土体的单向渗透固结理论进行计算。该理论是由太沙基于1925年首先提出的，其基本思路是：通过一定的假设，利用渗流连续条件，建立饱和土的单向固结微分方程，再利用饱和土单向渗透时的初始条件和边界条件，求出微分方程的特解，从而得到饱和土的渗透固结与时间的关系。在此基础上进而发展为二向及三向固结理论。由于二向和三向问题的指标测定及求解比较复杂，因而单向固结理论仍被广泛应用。

1. 一维渗流固结理论

图 5-27 所示是一维固结的情况，其中厚度为H的饱和黏性土层的顶面透水，底面则是不透水的。假设该土层在自重作用下的固结已经完成，只是由于透水面上一次施加的连续均布荷载才引起土层的固结。一维固结理论的基本假设如下：

1）压缩土层是均质、各向同性的饱和土体。
2）饱和土体的土粒和水均认为是不可压缩的。
3）土中附加应力沿水平面是无限均匀分布的，因此土层的压缩和渗流都是竖向的。
4）在渗透固结过程中，土的渗透系数k和压缩系数a均视为常数。
5）水和土粒只能在铅直方向上发生渗流和移动。
6）土中水的渗流规律符合达西定律。
7）外荷载是一次骤然施加于土体的，在固结过程中保持不变。
8）不考虑次固结的影响。

以上假设中将实际情况理想化，近似地反映了实际情况。如当地面上的加荷面积比压缩土层的厚度大很多，或压缩层埋藏比较深时，侧向变形和渗流量就较小；土骨架的结构黏滞性小时，主固结压缩占主要成分；施工期短且土的渗透系数较小时，可认为是瞬时加荷等。

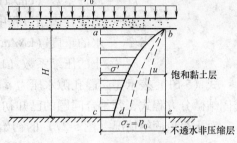

单向渗透固结微分方程式是考虑图 5-27 所示的情况建立的。地基中的附加应力 $\sigma_z = p_0$ 沿深度为均匀分布，且因下面为不透水层，孔隙水只能垂直向上渗流排出。根据前面总结出的饱和土单向渗透固结的特性规律，加之上述的简化假定，可得出地基在固结过程中 $u = f(z, t)$ 的关系式。其公式推导如下。

图 5-27　饱和土的一维固结

在饱和黏土层中任一深度 z 处取一微分土体，其体积为 $1 \times 1 \times \mathrm{d}z$。在此微分体中，孔隙体积 V_v 和颗粒体积 V_s 分别为

$$V_v = \frac{e}{1+e}\mathrm{d}z$$

$$V_s = \frac{1}{1+e}\mathrm{d}z$$

在 $\mathrm{d}t$ 时间内，由微分土体中排出的水量应等于微分土体中孔隙体积的减小，即

$$\frac{\partial q}{\partial z}\mathrm{d}z\mathrm{d}t = \frac{\partial V_v}{\partial t}\mathrm{d}t \tag{5-57}$$

式中　q——单位时间内通过单位断面积的水量。

由于 $V_v = \dfrac{e}{1+e}\mathrm{d}z$，且颗粒体积在固结过程中不变，因而

$$\frac{\partial V_v}{\partial t}\mathrm{d}t = \frac{1}{1+e} \cdot \frac{\partial e}{\partial t}\mathrm{d}z\mathrm{d}t$$

则式（5-57）变为

$$\frac{\partial q}{\partial z} = \frac{1}{1+e} \cdot \frac{\partial e}{\partial t} \tag{5-58}$$

根据达西定律

$$q = ki = k\frac{\partial h}{\partial z} = \frac{k}{\gamma_w} \cdot \frac{\partial u}{\partial z} \tag{5-59}$$

再根据压密定律

$$a = -\frac{\mathrm{d}e}{\mathrm{d}\sigma'}$$

$$\mathrm{d}e = -a\mathrm{d}\sigma' = a\mathrm{d}u \tag{5-60}$$

将式（5-59）及式（5-60）代入式（5-58），得

$$\frac{k}{\gamma_w} \cdot \frac{\partial^2 u}{\partial z^2} = \frac{a}{1+e} \cdot \frac{\partial u}{\partial t}$$

或

$$C_v \frac{\partial^2 u}{\partial z^2} = \frac{\partial u}{\partial t} \tag{5-61}$$

式中 $C_{v} = \dfrac{k(1 + e)}{\gamma_{w}a}$——固结系数（$cm^2/a$）；

$\qquad\qquad k$——渗透系数（cm/a）；

$\qquad\qquad e$——土层在固结过程中的平均孔隙比；

$\qquad\qquad \gamma_{w}$——水的重度（kN/m^3）；

$\qquad\qquad a$——土的压缩系数（$1/kPa$）。

式（5-61）表示了超静孔隙水压力 u 与位置 z 及时间 t 的函数关系，为饱和土的单向渗透固结微分方程式，若结合问题的已知初始条件和边界条件，即可求得其解答。

对于简单固结情况（图 5-27）的初始和边界条件：

当 $t = 0$，$0 \le z \le H$ 时，$u = \sigma_z$；当 $0 < t \le \infty$，$z = H$ 时，$\dfrac{\partial u}{\partial z} = 0$；当 $t = \infty$，$0 \le z \le H$ 时，$u = 0$。

按上述初始和边界条件，应用傅里叶级数可求得式（5-61）的解答，即

$$u = \frac{4}{\pi}\sigma_z \sum_{m=1}^{\infty}\frac{1}{m}\sin\frac{m\pi z}{2H}e^{-m^2\frac{\pi^2}{4}T_v} \tag{5-62}$$

$$T_v = \frac{C_v t}{H^2} \tag{5-63}$$

式中 m——奇数正整数（1、3、5、…）；

$\qquad$ e——自然对数的底；

$\qquad T_v$——时间因数（无因次）；

$\qquad H$——固结土层中水渗流的最长途径（单面排水时为土层的厚度；双面排水时为土层厚度的一半，cm）；

$\qquad t$——时间（a，年）。

式（5-62）是图 5-27 简单情况的 $u = f(z, t)$ 关系式。对其他固结情况，可用相应情况的初始条件和边界条件代入式（5-61）中，即可求得各种固结情况的 $u = f(z, t)$ 关系式。

太沙基单向渗透固结理论及其公式的适用条件为：荷载面积远大于压缩土层的厚度，地基中孔隙水主要沿竖向渗流。而对于堤坝及其地基，孔隙水主要沿两个方向渗流，属于二维固结问题；对于高层房屋地基，则应考虑三维固结问题。这些都需要将太沙基单向固结理论予以推广。

2. 固结度及其应用

理论上可以根据式（5-62）求出土层中任意时刻孔隙水压力及相应的有效应力的大小和分布，再利用压缩量基本公式算出任意时刻的地基沉降量。但是这样求解感觉不便，下面将引入固结度的概念，使上述问题得到简化解决。

所谓固结度，就是指在某一固结应力作用下，经过某一时间 t 后，土体发生固结或孔隙水压力消散的程度。对于任一深度 z 处土层经时间 t 后的固结度 U_z，可按下式表示

$$U_z = \frac{u_0 - u}{u_0} = 1 - \frac{u}{u_0} \tag{5-64}$$

式中 u_0——初始孔隙水压力，其大小即等于该点的固结应力；

$\qquad u$——t 时刻的孔隙水压力。

某一点的固结度对于解决工程实际问题来说并不重要，为此，又常常引入土层平均固结度的概念。土层的平均固结度定义为 t 时刻土骨架承担的全部有效应力与全部附加应力之比值。因此，t 时刻土层的平均固结度 U_t，可表示为

$$U_t = 1 - \frac{\int_0^H u\,\mathrm{d}z}{\int_0^H u_0\,\mathrm{d}z} \tag{5-65}$$

将式（5-64）代入式（5-65），积分后，即可得到土层平均固结度的表达式为

$$U_t = 1 - \frac{8}{\pi^2} \sum_{m=1}^{\infty} \frac{1}{m^2} \exp\left(-\frac{m^2\pi^2}{4} T_v \right) \tag{5-66}$$

式中　m——正奇数（1，3，5，…）。

从式（5-66）可以看出，土层的平均固结度是时间因数 T_v 的单值函数，它与所加固结应力的大小无关，但与土层中固结应力的分布有关。式（5-66）为一收敛很快的级数，当 $U_t > 30\%$ 时可近似地取其中第一项，即

$$U_t = 1 - \frac{8}{\pi^2} \exp\left(-\frac{\pi^2}{4} T_v \right) \tag{5-67}$$

显然，固结度 U_t 是时间因数 T_v 的函数，它与所加固结应力的大小无关，但与土层中固结应力的分布有关。式（5-67）适用于附加应力上下均布的情况，也适用于双面排水附加应力直线分布的情况。对于地基为单面排水且上下面附加应力又不相等的情况，可查图 5-28 中给出的 U_t 与 T_v 的关系曲线，得出平均固结度 u_t。

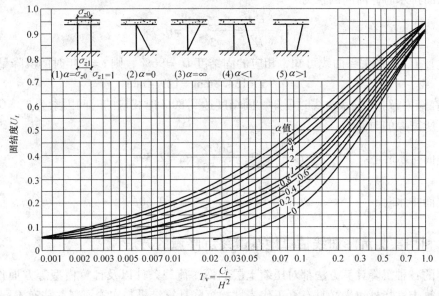

图 5-28　时间因数 T_v 与固结度 u 的关系图

为了求时间 t 时的沉降量 s_t，可计算时间因子 T_v，再由式（5-67）求得 u_t，再按下式计算

$$s_t = u_t s \tag{5-68}$$

由不同时间的沉降量可绘制 s-t 关系曲线，可得任何时间 t_i 的沉降量 s_i。

【例 5-9】 某饱和黏土层的厚度为 6m，其表面作用有大面积的均布荷载 $p = 120\text{kPa}$，已知该黏土层的初始孔隙比 $e = 0.87$，压缩系数 $\alpha = 0.35\text{MPa}^{-1}$，渗透系数为 $k = 16\text{mm/a}$，求黏性土在单面排水和双面排水条件下：

1）黏土层的最终沉降量。

2）加荷一年时的沉降量。

3）固结度达到 80% 所需要的时间。

解：1）因为是大面积加载，所以黏土层的附加应力沿深度方向均匀分布，即

$$\sigma_z = p_0 = 120\text{kPa}$$

则黏土层的最终沉降量为

$$s = \frac{\alpha}{1 + e}\sigma_z h = \frac{0.35\text{MPa}^{-1}}{1 + 0.87} \times 0.12\text{MPa} \times 6\text{m} \times 1000 = 134.8\text{mm}$$

2）土层的竖向固结系数为

$$C_v = \frac{k(1 + e)}{\alpha\gamma_w} = \frac{16 \times 10^{-3}\text{m} \times (1 + 0.87)}{0.35 \times 10^{-6}\text{Pa}^{-1} \times 10 \times 10^4\text{N/m}^3} = 8.55\text{m}^2/\text{a}$$

当单面排水时，时间因素为

$$T_v = \frac{C_v t}{H^2} = \frac{8.55 \times 1}{6^2} = 0.24$$

通过查 U_t-T_v 的关系曲线可知，相应的固结度 $U_t = 55\%$，则 $t = 1$ 年时的沉降量为

$$s_t = 0.55 \times 134.8\text{mm} = 74.1\text{mm}$$

当双面排水时，时间因素为

$$T_v = \frac{C_v t}{H^2} = \frac{8.55 \times 1}{3^2} = 0.95$$

通过查 U_t-T_v 的关系曲线可知，相应的固结度 $U_t = 96\%$，则 $t = 1$ 年时的沉降量为

$$s_t = 0.96 \times 134.8\text{mm} = 129.4\text{mm}$$

3）在查 U_t-T_v 的关系曲线时可知，固结度达到 80% 时相应的时间因素为 $T_v = 0.567$，则发生沉降所需要的时间为：

当单面排水时

$$t = \frac{T_v H^2}{C_v} = \frac{0.567 \times 6^2}{8.55}\text{a} = 2.39\text{a}$$

当双面排水时

$$t = \frac{T_v H^2}{C_v} = \frac{0.567 \times 3^2}{8.55}\text{a} = 0.60\text{a}$$

5.4.3 利用实测沉降曲线估算地基最终沉降量的方法

目前的各种沉降计算方法都对压缩土层剖面、荷载条件以及计算模型等方面作了简化，所用的计算土性指标也未必具有真正代表性，沉降计算结果与实测资料往往有不同程度的差异，尤其是对于沉降过程的预估。因此，要仔细地分析研究已经获得的沉降观测资料，找出具有一定实用价值的变形规律，即根据地基沉降前期观测资料推算沉降过程和最终沉降的经验方法。通过大量的沉降观测资料的积累，可以找出地基沉降过程的具有一定实际应用价值的变形规律，用经验公式来估算地基沉降与时间的关系，以便更准确地估算地基最终沉降量的大小及达到该值的相应时间，这是工程中最为常用的方法，具有十分重要的意义。

通常利用实测沉降曲线估算地基最终沉降量的方法有以下几种：

1. 双曲线法

众多实测沉降曲线表明，沉降过程曲线（沉降量 s_t 与相应的时间 t 的关系）接近于双曲线。可假设该曲线的数学表达式为

$$s_t = \frac{t}{a+t}s \tag{5-69}$$

式中　s_t——时间 t 时的沉降量；

　　　s——地基最终沉降量（$t=\infty$）；

　　　a——待定系数。

假设在地基沉降过程中的时刻 t_1 与 t_2 分别测得沉降为 s_1 和 s_2，代入式（5-69），联立求解，即可解得式中的两个未知量 s 和 a 如下

$$\left. \begin{array}{l} s = \dfrac{t_2 - t_1}{\dfrac{t_2}{s_2} - \dfrac{t_1}{s_1}} \\[4mm] a = s\dfrac{t_1}{s_1} - t_1 = s\dfrac{t_2}{s_2} - t_2 \end{array} \right\} \tag{5-70}$$

将算得的 s 和 a 代回式（5-69），即得到估算沉降过程的表达式。显然，实测资料的历时越长，测点越多，估算的最终沉降 s 将能越接近实际。

双曲线法是假定下沉平均速率以双曲线形式减小的经验推导法，要求恒载开始后的实测沉降时间至少在半年以上。

2. 固结度对数配合法（三点法）

由于固结度的理论解普遍表达式为

$$U = 1 - \alpha e^{-\beta t} \tag{5-71}$$

不论竖向排水、向外或向内径向排水，或竖向和径向联合排水等情况均可使用，所不同的只是 α、β 值。

根据固结度定义

$$U_t = \frac{s_t - s_d}{s_\infty - s_d} \tag{5-72}$$

式中　s_d——瞬时沉降量；

　　　s_∞——最终沉降量。

由式（5-71）和式（5-72）联立可得

$$s_t = s_d \alpha e^{-\beta t} + s(1 - \alpha e^{-\beta t}) \tag{5-73}$$

式（5-73）右边有四个未知数，即 s、s_d、α、β。在实测初期沉降-时间曲线（s-t）上任意选取三点：(t_1, s_1)、(t_2, s_2)、(t_3, s_3) 并使 $t_3 - t_2 = t_2 - t_1$，将上述三点分别代入上式中，联立求解得参数和最终沉降量 s 以及 s_d 的表达式，其中 s_d 的表达式中还含有 α 这个变量。一般在求 s_d 时，α 可采用理论值或根据实测资料计算，将所求得的 β、s、s_d 分别代入式（5-73）中便可得出任意时刻的沉降。

以下是具体求解过程

$$s_1 = s_\infty \left(1 - \alpha e^{-\beta t_1} \right) + s_d \alpha e^{-\beta t_1}$$

$$s_2 = s_\infty \left(1 - \alpha e^{-\beta t_2} \right) + s_d \alpha e^{-\beta t_2}$$

$$s_3 = s_\infty \left(1 - \alpha e^{-\beta t_3} \right) + s_d \alpha e^{-\beta t_3}$$

由此解得

$$e^{\beta(t_1 - t_2)} = \frac{s_2 - s_1}{s_3 - s_2}$$

$$\beta = \frac{1}{t_2 - t_1} \ln \frac{s_2 - s_1}{s_3 - s_2}$$

$$s_\infty = \frac{s_3(s_2 - s_1) - s_2(s_3 - s_2)}{(s_2 - s_1) - (s_3 - s_2)}$$

$$s_d = \frac{s_t - s_\infty(1 - \alpha e^{-\beta})}{\alpha e^{-\beta}}$$

用固结度对数配合法根据实测曲线计算最终沉降量时应该注意以下几点：

1）连接 s-t 曲线时，应对 s-t 曲线进行光滑处理，即尽量使曲线光滑使之成为规律性较好的曲线，然后再在曲线上选点。

2）为了减少推算误差提高预测精度，要求三点时间间隔尽可能大，即选取的 $(t_2 - t_1)$ 尽可能大，因此要求预压时间长。

3）本法要求实测曲线基本处于收敛阶段才可进行。

3. 抛物线法

对于有些情况，沉降曲线在初期并不表现为双曲线或指数曲线的形式，而在沉降-时间对数坐标系（s-$\lg t$）中沉降曲线可由两部分组成，第一部分可由抛物线来拟合，第二部分即次固结部分可由直线拟合，实践证明，除有机质含量很高的土外，沉降量主要集中在第一部分，沉降曲线的一般表达式为

$$s = a(\lg t)^2 + b\lg t + c \tag{5-74}$$

式中参数 a、b、c 可用优化方法求得。

4. 指数曲线法

指数法方程为

$$s_t = (1 - A e^{-Bt}) s_\infty \tag{5-75}$$

式中 s_∞——最终沉降；

A、B——系数。

指数曲线法和双曲线法简单实用，但前提是假定荷载是一次施加或者突然施加的，这与实际情况不符，因此其方法尚待改进，下面的修正指数曲线法将荷载分为若干个加载阶段，将各级荷载增量所引起的沉降叠加。

5. 修正指数曲线法与修正双曲线法

对于多级加荷的、沉降曲线"台阶状"发展的情况，可把常规的指数曲线或双曲线模型拓展为

$$s_t = \sum_{k=1}^{m} (1 - A e^{-Bt}) s_k \tag{5-76}$$

$$s_t = \sum_{t=1}^{m} \left(s_{0k} + \frac{t}{\alpha + t} \right) s_k \tag{5-77}$$

式中　m——加荷的总级数;

　　　t——沉降预测时刻 t_i 到第 k 级荷载施加时刻 t_k 的时间间隔(图 5-29);

　　s_{0k}——第 k 级荷载的初始沉降量;

　　　α——拟合参数;

　　s_k——第 k 级荷载增量所引起的最终沉降量。

当加荷速率与土层状况不变时,不考虑地基土的非线性特性,s_k 与荷载大小成正比,则有 $s_k = C\Delta P_k$,ΔP_k 为第 k 级荷载增量;A、B、C 均为反应土体固结性质的参数,设其与荷载的施加无关,视为常量。式(5-76)就变为

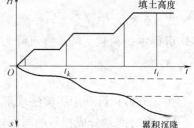

$$s_t = \sum_{k=1}^{m} (1 - Ae^{-Bt}) C\Delta P_k \tag{5-78}$$

$$s_t = \sum_{t=1}^{m} \left(d + \frac{t}{\alpha + t} \right) C\Delta P_k \tag{5-79}$$

式中　$d = \dfrac{s_{0k}}{C\Delta P_k}$。

图 5-29　加荷与沉降发展曲线

根据沉降实测值,采用试算法确定式(5-78)中的参数 A、B、C;将已确定出的参数代回上述经验公式模型中,分别计算各级荷载在 t_i 时刻所引起的沉降量,然后将其叠加即得 t_i 时刻总沉降量。

对路堤,填土荷载宽度随路堤的升高而变小。荷载增量在地基中应力扩散影响的深度也变小。考虑这些因素,参照分层总和法计算沉降的原理,认为与沉降直接相关的是地基中的附加应力。沉降与附加应力沿深度分布图的面积成正比,而不是与作用在地面的荷载强度成正比,因此对不同荷载宽度,按在地基中相应的附加应力沿深度分布图的面积比,将上部填土荷载打折来计算沉降。

6. Asaoka 法

Asaoka 采用 Mikasa(1963 年)提出的一维固结方程代替太沙基一维固结方程,即

$$\frac{\partial \varepsilon(t, z)}{\partial t} = c_v \frac{\partial^2 \varepsilon(t, z)}{\partial z^2} \tag{5-80}$$

式(5-80)可近似用一个以级数形式的微分方程来表示

$$s + a_1 \frac{ds}{dt} + a_2 \frac{d^2 s}{dt^2} + \cdots + a_n \frac{d^n s}{dt^n} = b \tag{5-81}$$

式中　s——总固结沉降量(包括瞬时沉降、主固结沉降及次固结沉降);

　a_1, a_2, $\cdots$, a_n, b——取决于固结系数和土层边界条件的常数。

沉降-时间关系曲线可分离为:$t_j = j\Delta t$($j = 1$, 2, 3, $\cdots$,且 Δt 为常数;$s_j = s(t_j)$),则式(5-81)可用递推形式表示为

$$s_i = \beta_0 + \sum_{j=1}^{n} \beta_j s_{i-j} \tag{5-82}$$

式中　β_0——沉降值;

β_j——无维数的常量。

对于大多数情况，通常第 1 阶（$n=1$）近似就够了，则式（5-81）、式（5-82）可简化为

$$s + a_1 \frac{\mathrm{d}s}{\mathrm{d}t} = b \tag{5-83}$$

$$s_i = \beta_0 + \beta_1 s_{i-1} \tag{5-84}$$

式（5-83）是典型的一阶线性非齐次微分方程，假设地基的初始沉降、最终沉降分别为 s_0 和 s_∞，则该方程的解为

$$s(t) = s_\infty - (s_\infty - s_0)\mathrm{e}^{-a_1 t} \tag{5-85}$$

式（5-85）中，令 $t = t_i$，当时间 t_i 趋于无穷大时，$s(t_i) = s_\infty$，且 $s_i = s_{i-1}$，代入式（5-84）可得本级荷载下的最终沉降为

$$s_\infty = \frac{\beta_0}{1 - \beta_1} \tag{5-86}$$

式（5-86）可利用图解法求解出某级荷载作用下地基的最终沉降量，推算步骤如下

1）将时间划分成相等的时间段 Δt，在实测的沉降曲线上读出 t_1，t_2，…所对应的沉降值 s_1，s_2，…，并制成表格。

2）在以 s_{i-1} 和 s_i 坐标轴的平面上将沉降值 s_1，s_2，…以点（s_i，s_{i-1}）画出，同时作出 $s_i = s_{i-1}$ 的 45°直线。

3）过一系列点（s_i，s_{i-1}）作拟合直线与 45°直线相交，交点对应的沉降为最终沉降值。

在 Asaoka 法推算的过程中，Δt 的取值对最终沉降量的推算结果有直接的影响。Δt 过小会造成拟合点的波动性较大，拟合直线的相关系数较小；Δt 过大，s_i 点过少，易产生较大的偏差。一般取 Δt 在 30～100d 之间。在实际的推算过程中，宜同时多计算几个不同的 Δt 得出相应的最终沉降值，而后在其中选取相关系数较好的沉降值作为最终沉降值。

7. 星野法

星野根据现场实测值证明了总沉降（包括剪切应变的沉降在内）与时间平方根成正比。沉降计算公式为

$$s = s_0 + s_t = s_0 + \frac{AK\sqrt{t - t_0}}{\sqrt{1 + k^2(t - t_0)}} \tag{5-87}$$

式中　s_0——假定的瞬时沉降；

　　　s_t——随时间变化的沉降量；

　　　t_0——假定瞬时沉降时的时间；

　　　$\dfrac{1}{A^2 K^2}$——直线截距；

　　　$\dfrac{1}{A^2}$——直线斜率。

将上式改变为直线方程形式

$$\frac{t - t_0}{(s - s_0)^2} = \frac{1}{A^2 K^2} + \frac{1}{A^2}(t - t_0) \tag{5-88}$$

式（5-88）适合于荷载瞬时施加情况下的沉降曲线，但在实际施工中，荷载是逐级增加

的，因此必须加以修正，在加载方法规则的情况下，以加载期间的中点作为瞬时起点t_0，在加载方法不规则的情况下，应根据实测沉降曲线的趋势在加载的初期适当假定一个瞬时加载的起点 t_0 和相应的沉降 s_0。

星野法推求最终沉降量的步骤如下：

1）假定几组 t_0 和 s_0，根据实测值点绘$(t-t_0)/(s-s_0) \sim (t-t_0)$的关系曲线。

2）取最符合线性关系的直线，求出相应的系数 A，K。

3）将 A，K 值代入式（5-81）计算。

本方法要求恒载开始后的实测沉降时间至少在半年以上。

复习思考题

5-1　什么是土的压缩性，它是由什么引起的？

5-2　表征土的压缩性的参数有哪些？简述这些参数的基本概念、计算公式及适用条件。

5-3　何谓土层前期固结压力？如何确定？

5-4　变形模量和压缩模量有何关系和区别？

5-5　什么是正常固结土、超固结土和欠固结土？土的应力历史对土的压缩性有何影响？

5-6　饱和黏性土地基的总沉降一般包括哪几个部分？按照分层总和法计算地基的最终沉降量有哪些基本假设？

5-7　试述计算地基最终沉降量的分层总和法步骤。

5-8　计算地基沉降量的分层总和法中，哪些做法导致计算值偏小？哪些做法导致计算值偏大？

5-9　计算地基最终沉降量的分层总和法和规范法有何异同？试从基本假设、分层厚度、采用的计算指标、计算深度和结果修正等方面加以说明。

5-10　在一维固结中，土层达到同一固结度所需的时间与土层厚度的平方成正比。该结论的前提条件是什么？

5-11　简述利用实测沉降曲线估算地基最终沉降量的方法。其适用条件是什么？

习　题

5-1　已知原状土样高 2cm，截面积 $A=30\text{cm}^2$，重度为 19.1kN/m³，颗粒相对密度为 2.72，含水量为 25%，进行压缩试验，试验结果见表 5-15，试绘制压缩曲线，并求土的压缩系数 a_{1-2} 值。

表 5-15　试 验 结 果

压力 p/kPa	0	50	100	200	400
稳定时的压缩量/mm	0	0.480	0.808	1.232	1.735

[答案：0.38MPa⁻¹]

5-2　某薄压缩层天然地基，其压缩层土厚度为 2m，土的天然孔隙比为 0.9，在建筑物荷载作用下压缩稳定后的孔隙比为 0.8，求该薄土层的最终沉降量。

[答案：105.26mm]

5-3　在一正常固结饱和黏土层内取样，测得相对密度为 2.69，密度为 1.72g/cm³，液限为 43%，塑限为 22%，先期固结压力 $p_c=0.03\text{MPa}$，压缩指数 $C_c=0.650$。

1）试确定试样的液性指数，并判断其稠度状态。

2）在 $e\text{-}\lg p$ 坐标上绘出现场压缩曲线。

3）如在该土层表面施加大面积均布荷载 $p=100\text{kPa}$ 并固结稳定，问该点土的液性指数变为多少？并判断其稠度状态。

［答案：1）1.338，流动状态；2）0.605，可塑状态］

5-4　某矩形基础长 3.6m，宽 2m，埋深 1m。地面以上荷载为 900kN。地基土为粉质黏土，天然重度为 16kN/m³，$e_1 = 1.0$，$a = 0.4\text{MPa}^{-1}$。用规范法计算基础中心点的最终沉降量。

［答案：68.4mm］

5-5　某场地地表以下为 4m 厚的均质黏性土，该土层下卧坚硬岩层。已知黏性土的重度 $\gamma = 18\text{kN/m}^3$，天然孔隙比为 0.85，回弹再压缩指数为 0.05，压缩指数为 0.3，前期固结压力 p_c 比自重应力大 50kPa。在该场地大面积均匀堆载，载荷大小为 100kPa，求因堆载引起地表的最终沉降量。

［答案：184mm］

5-6　厚度为 6m 的饱和黏性土层，其下为不可压缩的不透水层。已知黏土层的竖向固结系数 $C_v = 4.5 \times 10^{-3}\text{cm}^2/\text{s}$，$\gamma = 16.8\text{kN/m}^3$。黏土层上为薄透水砂层，地表瞬时施加无穷均布荷载 $p = 120\text{kPa}$，分别计算下列几种情况：

1）若黏土层已经在自重作用下完成固结，然后施加 p，求达到 50% 固结度所需的时间。

2）若黏土层尚未在自重作用下固结，则施加 p，求达到 50% 固结度所需的时间。

［答案：1）185d；2）213d］

第6章　土的抗剪强度

6.1　概述

土的抗剪强度是指土体抵抗剪切破坏的极限能力。抗剪强度是土的重要力学性质之一。当土体受到外荷载作用时，土中各点将产生剪应力和剪切变形。如果土中某点的剪应力达到其抗剪强度，那么就会发生土体中的一部分相对于另一部分的移动，即该点产生了剪切破坏。随着荷载的增加，剪切破坏的范围逐渐扩大，最终在土体中形成连续的滑动面，地基即发生整体剪切破坏而丧失稳定性。

大量的工程实践和室内试验都表明：土的破坏大多数是剪切破坏。这是因为土颗粒自身的强度远大于颗粒间的联结强度，在外力作用下，土中的颗粒沿接触处互相错动而发生剪切破坏。剪切破坏是强度破坏的重要特点，所以强度问题是土力学中最重要的基本内容之一。

目前，与强度有关的土木工程问题主要有下列三方面，如图 6-1 所示：①土作为建筑材料构成的土工构筑物的稳定问题，如土坝、路堤等填方边坡以及天然土坡（包括挖方边坡）等的稳定性问题（图 6-1a）；②土作为工程构筑物的环境的问题，即土压力问题，如挡土墙、地下结构等周围的土体，它的破坏将造成对墙体的过大侧向土压力，以至于可能导致这些工程建筑物发生滑动、倾覆等破坏事故（图 6-1b）；③土作为建筑物地基的承载力问题，如果基础下地基土体产生整体滑动或者其局部剪切破坏区发展导致过大的甚至不均匀的地基变形，就会造成上部结构的破坏或出现影响正常使用的事故（图 6-1c）。所以土的强度问题及其原理将为上述土木工程的设计和验算提供理论依据和计算指标。

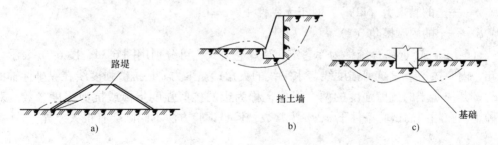

图 6-1　土木工程中的强度问题

土是否达到剪切破坏，首先取决于土本身的基本性质，其次还与土所受的应力组合密切相关。这种破坏时的应力组合关系称为破坏准则。土的破坏准则是一个十分复杂的问题，可以说目前还没有一个被认为完全适用于土的破坏准则。因此，本章主要介绍目前被认为比较能拟合试验结果的、并为生产实践所广泛应用的破坏准则，即莫尔—库仑破坏准则。

土的抗剪强度主要依靠室内的剪切试验和现场原位试验测试确定。试验仪器的种类和试验方法对确定强度值有很大的影响。

需要指出的是，通常对土的抗剪强度的分析研究与应用，绝大部分是孤立进行的，即讨论土的强度时，只考虑给定一种破坏准则而不进一步分析或计算所产生的变形大小。但是，随着理论与计算技术的发展及其在土木工程中的应用，强度与变形的关系已经有了确定的可能性。

6.2　库仑定律和莫尔—库仑强度理论

6.2.1　库仑定律

为了测定土的抗剪强度，可采用图 6-2 所示的直剪仪进行剪切试验。试验时，将土样装在有开缝的上、下剪切盒中。先在土样上施加一法向力 P，然后固定上盒，施加水平力 T，推动下盒，让土样在两剪切盒的接触面处受剪，直到破坏。破坏时，剪切面上的剪应力就是土的抗剪强度 τ_f。

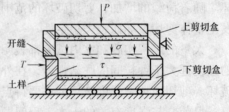

图 6-2　剪切试验示意图

取 n 个相同的土样进行试验，对每一试样施加不同的垂直荷载 P，得到相应的抗剪强度 τ_f。试验结果表明，土的抗剪强度不是常量，而是随作用在剪切面上的法向应力 σ 的增加而增加。

18 世纪 70 年代，法国科学家库仑（C. A Coulomb）总结土的破坏现象和影响因素，提出了土的抗剪强度公式为：

无黏性土　　　　　　　　　　　　$\tau_f = \sigma \tan\varphi$　　　　　　　　　　　　（6-1）

黏性土　　　　　　　　　　　　　$\tau_f = c + \sigma \tan\varphi$　　　　　　　　　　（6-2）

式中　τ_f——剪切破坏面上的剪应力，即土样的抗剪强度（kPa）；

　　　σ——破坏面上的法向应力（kPa）；

　　　c——土的黏聚力（kPa），对于无黏性土，$c = 0$；

　　　φ——土的内摩擦角（°）。

式（6-1）、式（6-2）统称为库仑定律或库仑公式，可分别用图 6-3a、图 6-3b 表示。由图可知，内摩擦角 φ 是抗剪强度线与水平线的夹角；黏聚力 c 是抗剪强度线在纵坐标轴的截距。c、φ 是决定土的抗剪强度的两个指标，称为土的抗剪强度指标或抗剪强度参数。对于同一种土，在相同的试验条件下 c、φ 为常数，但是试验方法不同则会有很大差异。

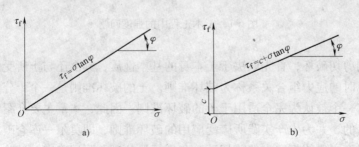

图 6-3　抗剪强度曲线

a）无黏性土　b）黏性土

由库仑定律可以看出，无黏性土的黏聚力 $c=0$，其抗剪强度与作用在剪切面上的法向应力成正比，其本质是由于土粒之间的滑动摩擦以及凹凸面间的镶嵌作用所产生的摩阻力，其大小取决于土颗粒的大小、颗粒级配、土粒表面的粗糙度以及密实度等因素。对于黏性土，抗剪强度由黏聚力和摩阻力两部分组成。黏聚力是由于黏土颗粒之间的胶结作用和静电引力效应等因素引起的；而摩阻力与法向应力成正比。

与一般固体材料不同，土的抗剪强度不是常数，它与剪切面上的法向应力相关，随着法向应力的增大而提高。同时，许多土类的抗剪强度线并非都呈直线，而是随着应力水平有所变化。应力水平较高时，抗剪强度线往往呈非线性性质的曲线形状。但是，实践证明，在一般压力范围内，抗剪强度采用这种直线关系是能够满足工程精度要求的。对于高压力作用的情况，抗剪强度则不能采用简单的直线关系。

6.2.2　莫尔—库仑强度理论

1. 莫尔强度理论

1910 年莫尔（Mohr）提出材料的破坏是剪切破坏的理论，认为当任一平面上的剪应力等于材料的抗剪强度时该点就发生剪切破坏，并且在破裂面上，法向应力 σ 与抗剪强度 τ_f 之间存在着函数关系，即

$$\tau_f = f(\sigma) \tag{6-3}$$

这个函数所定义的曲线，如图 6-4 所示，称为莫尔包线（或抗剪强度包线）。莫尔包线反映了材料受到不同应力作用达到极限状态时，滑动面上的法向应力 σ 与剪应力 τ_f 的关系。

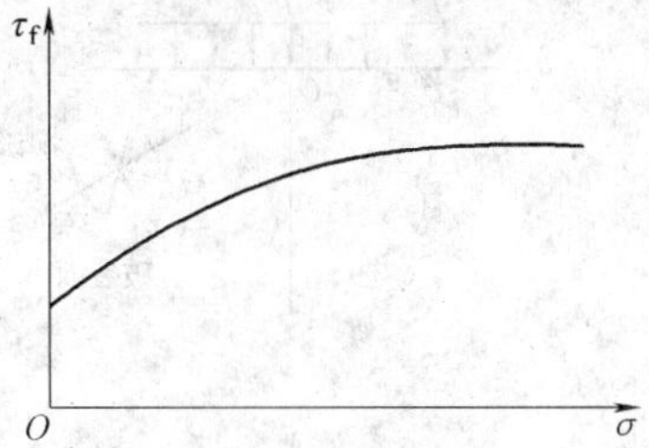

图 6-4　莫尔破坏包线

2. 莫尔—库仑强度理论

理论分析和实验都证明，莫尔理论对土比较合适。一般的土，在应力变化不大的情况下，莫尔包线可以近似地用库仑公式来表示，即土的抗剪强度与法向应力呈线性函数的关系。这种以库仑公式表示莫尔包线的强度理论称为莫尔—库仑抗剪强度理论。

如果已知在某一个平面上作用的法向应力 σ 以及剪应力 τ，则根据 τ 与抗剪强度 τ_f 的对比关系，可能有以下两种情况：

$$\tau < \tau_f \text{（在破坏包线以下）}\quad \text{平衡状态（安全状态）}$$
$$\tau = \tau_f \text{（在破坏包线上）}\quad \text{极限平衡状态（临界状态）}$$

即当土单元体中有一个面的剪应力等于抗剪强度时，该单元体就进入趋于破坏的临界状态，称为极限平衡状态。

3. 土的极限平衡条件（莫尔—库仑强度准则）

如果可能发生剪切破坏面的位置已经预先确定，那么只要计算出作用于该面上的正应力和剪应力，就可判别剪切破坏是否发生。但是，在实际问题中，可能发生剪切破坏的平面一般不能预先确定，而土体中的应力分析只能计算各点垂直于坐标轴平面上的应力（正应力和剪应力）或各点的主应力，故尚无法直接判定土单元体是否剪切破坏。因此，需要进一步研究莫尔—库仑抗剪强度理论如何直接用主应力表示，这就是莫尔—库仑强度准则，也称土的极限平衡条件。

（1）土中一点的应力状态　为简单起见，以平面应变问题为例。根据材料力学的结论，土中一点 M 的应力状态可用它的三个应力分量 σ_x、σ_z 和 τ_{xz} 表示，也可由这一点的主应力分量 σ_1、σ_3 表示。若 σ_x、σ_z 和 τ_{xz} 已知时，则大、小主应力分别为

$$\left.\begin{array}{c}\sigma_1\\\sigma_3\end{array}\right\} = \frac{\sigma_z + \sigma_x}{2} \pm \sqrt{\left(\frac{\sigma_z - \sigma_x}{2}\right)^2 + \tau_{xz}^2} \tag{6-4}$$

如图 6-5 所示，在土中取一微单元体，设该点土单元体两个相互垂直的面上分别作用着最大主应力 σ_1 和最小主应力 σ_3。若忽略单元体自身的重量，根据静力平衡条件，可求得微单元体内与大主应力 σ_1 作用平面成任意角 α 的 m-n 平面上的正应力 σ 和剪应力 τ 为

$$\sigma = \frac{\sigma_1 + \sigma_3}{2} + \frac{\sigma_1 - \sigma_3}{2}\cos 2\alpha \tag{6-5}$$

$$\tau = \frac{\sigma_1 - \sigma_3}{2}\sin 2\alpha \tag{6-6}$$

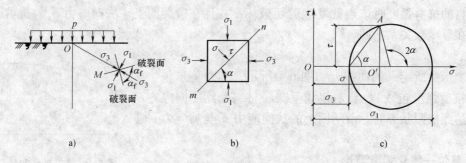

图 6-5　土体中任意一点 M 的应力

a）M 点的应力　b）微单元体上的应力　c）莫尔圆

由材料力学结论可知，σ_1、σ_3 和 σ、τ 与这一点的应力状态也可用莫尔应力圆表示，如图 6-5c 所示。应力圆上的任一点的横坐标和纵坐标就表示与最大主应力 σ_1 作用面成 α 角的斜面上的法向应力 σ 和剪应力 τ。因此，莫尔圆就可以表示土中任意一点的应力状态。

如果给定了土的抗剪强度参数 c 和 φ 以及土中某点的应力状态，则可将抗剪强度包线与莫尔应力圆绘制在同一坐标图上，如图 6-6 所示。抗剪强度包线与莫尔应力圆之间的关系有以下三种情况：

1）不相交（圆 a）：说明该点在任意平面上的剪应力都小于土所能发挥的抗剪强度，因此不会发生剪切破坏。

2）相切（圆 b）：切点 A 所代表平面上的剪应力正好等于抗剪强度，即该点处于极限平衡状态，该莫尔应力圆也称为极限应力圆。

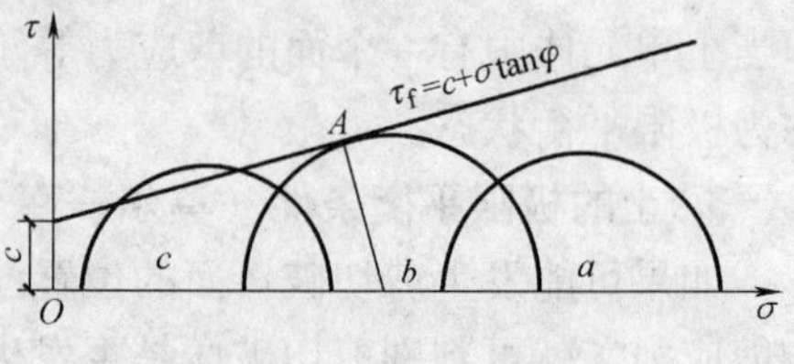

图 6-6　莫尔圆与抗剪强度包线的关系

3）相割（圆 c）：说明该点已经剪切破坏，实际上该应力圆所代表的应力状态是不存在的，因为剪应力 τ 增加到 τ_f 时，就不可能再继续增长了。

（2）土中一点的极限平衡条件　如图 6-7 所示，根据抗剪强度包线与极限应力圆的几何关系，可推出黏性土中一点应力状态达到极限平衡状态时，主应力与抗剪强度指标间所应满足的条件，即黏性土的极限平衡条件

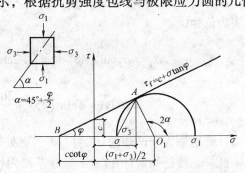

$$\sin\varphi = \frac{AO_1}{BO_1} = \frac{\frac{1}{2}(\sigma_1 - \sigma_3)}{\frac{1}{2}(\sigma_1 + \sigma_3) + c\cot\varphi} \quad (6\text{-}7)$$

将式（6-7）经三角函数关系变换后，得到

图 6-7　土体中一点处于极限平衡状态时的莫尔圆

$$\sigma_1 = \sigma_3 \tan^2\left(45° + \frac{\varphi}{2}\right) + 2c\tan\left(45° + \frac{\varphi}{2}\right) \quad (6\text{-}8)$$

或

$$\sigma_3 = \sigma_1 \tan^2\left(45° - \frac{\varphi}{2}\right) - 2c\tan\left(45° - \frac{\varphi}{2}\right) \quad (6\text{-}9)$$

对于无黏性土，$c = 0$，由式（6-7）、式（6-8）可知，其极限平衡条件为

$$\sigma_1 = \sigma_3 \tan^2\left(45° + \frac{\varphi}{2}\right) \quad (6\text{-}10)$$

或

$$\sigma_3 = \sigma_1 \tan^2\left(45° - \frac{\varphi}{2}\right) \quad (6\text{-}11)$$

式（6-7）~式（6-11）都是表示土体单元达到破坏时主应力与强度指标间的关系，这就是莫尔—库仑抗剪强度理论的破坏准则，即土的极限平衡条件。显然，必须知道一对主应力 σ_1、σ_3，才能确定土体是否处于极限平衡状态。实际上，是否达到极限平衡状态，取决于 σ_1 与 σ_3 的比值。当 σ_1 确定时，σ_3 越小，土越接近于破坏；反之，当 σ_3 确定时，σ_1 越大，土越接近于破坏。

由图 6-7 的几何关系，可知土体剪切破坏面与大主应力作用面的夹角 α_f 为

$$2\alpha_f = 90° + \varphi$$

即破裂角

$$\alpha_f = 45° + \frac{\varphi}{2} \quad (6\text{-}12)$$

如图 6-5a 所示，土体处于极限平衡状态时，通过 M 点将产生一对破坏面，破坏面与大主应力 σ_1 作用面的夹角都是 α_f。相应的莫尔应力圆在横坐标上下与抗剪强度线相切的点也有两个，这一对破坏面之间在大主应力作用方向的夹角为 $90° - \varphi$。它表明在受力微分体中存在着两组剪切极限平衡面（剪切破坏面）。在这两组平面上，$\tau = \tau_f$，且每一组破坏面都包括无限多个互相平行的平面。这就从理论上解释了为什么在剪切破坏的土样中会出现多个滑动面的现象。

需要说明的是，按照莫尔—库仑强度理论，抗剪强度包线只取决于大主应力 σ_1 和小主应力 σ_3，与中主应力 σ_2 无关。但试验结果表明，σ_2 对抗剪强度参数是有影响的。

【例 6-1】　某土样中某点的大主应力 σ_1 为 400kPa，小主应力 σ_3 为 150kPa，该土样的内摩擦角 $\varphi = 26°$，黏聚力 $c = 10$kPa。问该点处于什么状态？

解：将已知 $\sigma_3 = 150 \text{kPa}$，$\varphi = 26°$，$c = 10 \text{kPa}$ 代入式（6-8），得到极限平衡状态时的大主应力值为

$$\sigma_1 = \sigma_3 \tan^2\left(45° + \frac{\varphi}{2}\right) + 2c\tan\left(45° + \frac{\varphi}{2}\right)$$

$$= 150 \text{kPa} \times \tan^2\left(45° + \frac{26°}{2}\right) + 2 \times 10 \text{kPa} \times \tan\left(45° + \frac{26°}{2}\right) = 416 \text{kPa}$$

计算结果大于已知的 σ_1，所以 该点处于稳定状态。

此外，按已知条件在 $\tau - \sigma$ 坐标平面内作抗剪强度线和莫尔应力圆，通过两者的位置关系也可确定该点所处的状态。

6.3　抗剪强度指标的试验方法及应用

土的抗剪强度指标是计算地基承载力、评价地基稳定性以及计算挡土墙土压力所需要的重要参数，因此，正确测定土的抗剪强度指标对工程实践具有重要意义。

测定土的抗剪强度指标的试验称为剪切试验。土的剪切试验方法有多种，室内常进行直接剪切试验、三轴压缩试验和无侧限抗压强度试验。现场进行原位测试的试验有十字板剪切试验等。室内试验的特点是边界条件比较明确，且容易控制。但室内试验必须从现场采取试样，在取样的过程中不可避免地引起应力释放和土的结构扰动。原位测试试验的优点是试验直接在现场原位进行，不需取试样，因而能够更好地反映土的结构和构造特性；对无法进行或很难进行室内试验的土，如粗颗粒土、极软黏土及岩土接触面等，可以取得必要的力学指标。

6.3.1　直剪试验

直剪试验是发展较早的一种测定土的抗剪强度指标的室内试验方法之一，它可直接测出给定剪切面上的抗剪强度。由于其试验设备简单，易于操作，在我国曾广泛应用。

1. 试验设备和试验方法

试验用的应变式直剪仪的构造如图 6-8 所示。其主要部分是剪切盒。剪切盒由两个可互相错动的上、下剪切盒组成。上盒通过量力环固定于仪器架上，下盒放在能沿滚珠槽滑动的底盘上。试样通常是用环刀切出的一块厚 20mm 的扁圆柱形土饼。

试验时，将土饼推入剪切盒内。首先通过加荷架对试样施加竖向压力 P，然后以规定的速率对下盒施加水平剪力 T，并逐渐加大，直至试样沿上、下盒的交界面被剪坏为止。在剪应力施加过程中，记录下盒的位移及所加水平剪力的大小。绘制该竖向应力 σ 作用下的剪应力与剪切位移关系

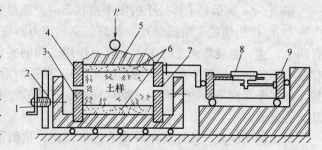

图 6-8　应变控制式直剪仪

1—手轮　2—螺杆　3—下剪切盒　4—上剪切盒　5—传压板
6—透水石　7—开缝　8—测微计　9—弹性量力环

曲线，如图 6-9a 所示。一般以曲线的峰值应力作为试样在该竖向应力作用下的抗剪强度，必要时也可取终值作为抗剪强度。

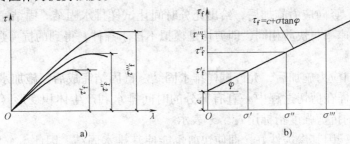

图 6-9 直剪试验曲线

a）剪应力与剪切位移的关系 b）抗剪强度与法向应力的关系

为了确定土的抗剪强度指标，至少取 4 组相同的试样，对各个试样施加不同的竖向应力，然后进行剪切，得到相应的抗剪强度。一般可取 100kPa、200kPa、300kPa、400kPa，将试验结果绘制在以竖向应力 σ 为横轴，以抗剪强度 τ_f 为纵轴的平面图上，通过各试验点绘制一条直线，即为抗剪强度包线，如图 6-9b 所示。抗剪强度包线与水平线的夹角为试样的内摩擦角 φ，在纵轴的截距为试样的黏聚力 c。

2. 优缺点

直剪试验已有百年以上的历史，由于仪器设备简单，操作方便，在工程实践中一直应用较为广泛。这种试验的试件厚度薄，固结快，试验的历时短。对于需要很长时间固结的黏性细粒土，用直剪试验有着突出的优点。另外，试验所用的仪器盒刚度大，试件没有侧向膨胀，根据试件的竖向变形量就能直接算出试验过程中试件体积的变化，也是这种仪器的优点之一。但是这种仪器有不少缺点，主要有如下三方面：

1）剪切过程中试样内的剪应变和剪应力分布不均匀。试样剪破时，靠近剪力盒边缘的应变最大，而试样中间部位的应变相对小得多。同时，剪切面附近的应变又大于试样顶部和底部的应变。因此，试样内的应力状态复杂，应变分布不均匀。

2）试验不能严格控制试件的排水条件，不能量测试样中的孔隙水应力。因此，只能根据剪切速率大致模拟实际工程中土体的工作情况。

3）直剪试验的剪切面不是试样最薄弱的剪切面，而是人为地限制在上、下盒的接触面上，而该平面在剪切过程中逐渐减小，且垂直荷载发生偏心，但计算抗剪强度时却按受剪面积不变和剪应力均匀分布计算。

为了保持直剪仪使用上简单易行的优点并克服上述缺点，人们曾作了一些改进。如单剪仪，其试件均装于橡胶膜内，所以能控制排水条件和测定试件在试验中产生的孔隙水应力。

3. 不同加荷速率的直剪试验分类

如前所述，直剪仪的构造无法满足任意控制土样是否排水的要求。为了在直剪试验中能考虑这类实际需要，很早以来人们便通过采用不同加荷速率来达到排水控制的要求。

直剪试验按试验时加荷速率的不同，分为快剪、固结快剪和慢剪三种，具体做法是：

1）快剪。竖向应力施加后，立即施加水平剪力进行剪切，同时剪切速率也很快。如 SL 237—1999《土工试验规程》规定，要使试样在 3～5min 内剪坏。由于剪切速率大，可以认为土样在此过程中没有排水固结，即模拟了"不排水"剪切的情况，得到的抗剪强度指标用c_q、φ_q表示。

2）固结快剪。竖向应力施加后，给出充分时间让试样排水固结。固结完成后，再进行快速剪切，其剪切速率与快剪相同，即剪切是模拟不排水条件，得到的抗剪强度指标用c_{cq}、φ_{cq}表示。

3）慢剪。竖向应力施加后，允许试样排水固结。待固结完成后，施加水平剪应力，剪切速率减小，使试样在剪切过程中一直有充分的时间排水和产生体积变形（对剪胀性土为吸水）。慢剪得到的抗剪强度指标用c_s、φ_s表示。

对于无黏性土，因其渗透性好，即使快剪也能使其排水固结。因此，《土工试验规程》规定：对无黏性土，一律采用一种加荷速率进行试验。

对正常固结的黏性土（通常为软土），上述三种试验方法是有意义的。因为在竖向应力和剪应力作用下，黏性土土样都被压缩，所以通常在一定应力范围内，快剪的抗剪强度τ_q最小，固结快剪的抗剪强度τ_{cq}有所增大，而慢剪抗剪强度τ_s最大，即正常固结土$\tau_q < \tau_{cq} < \tau_s$。

如图6-10所示是正常固结黏性土直剪试验三种方法得到的抗剪强度线。

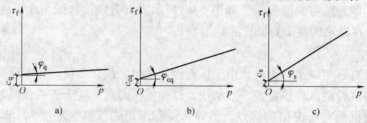

图6-10　直剪试验三种试验方法的抗剪强度线

饱和软黏土的渗透性较差，所以快剪试验得到的内摩擦角φ_q很小。我国沿海地区饱和软黏土的φ_q一般为$0° \sim 5°$。

6.3.2　三轴剪切试验

1. 试验设备和试验原理

三轴剪切试验常用的试验设备是应变控制式三轴仪，它是目前测定土体抗剪强度指标较为完善的仪器。三轴仪的构造如图6-11所示。它是由三轴压力室、周围压力系统、轴向加载系统、孔隙水压力量测系统等组成。其核心部分是三轴压力室，周围压力系统通过水对试样施加周围压力，轴压系统用来对试样施加轴向压力，并可控制轴向应变的速率。

试验的土样为长圆柱形，两端按试验的排水要求放置透水石或不透水板，然后放置在压力室的底座上，并用乳胶膜将试样包裹起来，避免压力室的水进入试样。试样的排水条件可用排水阀控制。试样底部与孔隙水应力量测系统相连，可根据需要测定试验过程中试样的孔隙水应力值。

试验时，首先通过周围压力系统在试样的四周施加一个周围压力σ_3，如图6-12a所示。然后通过压力室顶部的活塞杆，在试样上施加一个轴向附加压力$\Delta\sigma$（$\Delta\sigma = \sigma_1 - \sigma_3$，称为偏应力），逐渐加大（$\sigma_1 - \sigma_3$）的值而$\sigma_3$维持不变，直至土样破坏，如图6-12b所示。根据作用于试样上的周围压力 σ_3 和破坏时的轴向力 $(\sigma_1 - \sigma_3)_f$ 绘制极限应力圆，如图 6-12c 中实线圆。对 3~4 个同一层土的土样分别施加不同的周围压力进行试验，即可得到几个不同的极限应力圆。作出这几个极限应力圆的公共切线就得到莫尔破坏包线。该公切线一般近似呈直线状，其与横坐标夹角为内摩擦角 φ，与纵坐标的截距为黏聚力 c。

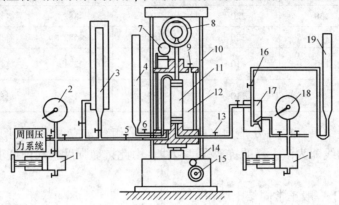

图 6-11　三轴剪力仪

1—调压筒　2—周围压力表　3—体变管　4—排水管　5—周围压力阀　6—排水阀　7—变形量表
8—量力环　9—排气孔　10—轴向加压设备　11—试样　12—压力室　13—孔隙压力阀
14—离合器　15—手轮　16—量管阀　17—零位指示器　18—孔隙水应力表　19—量管

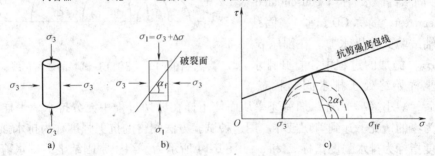

图 6-12　三轴剪切试验原理
a）试样受周围压力　b）破坏时试样上的主应力　c）试样破坏时的莫尔圆

2. 试验方法分类

按照土样在试验过程中的固结排水情况，常规三轴试验分为三种方法。

（1）不固结不排水剪（unconsolidated-undrained shear test，简称 UU 试验）　不固结不排水剪试验又称不排水剪。试验时，先向土样施加周围压力 σ_3，然后立即施加轴向力 $(\sigma_1 - \sigma_3)$ 直至土样剪切破坏。在整个试验的过程中，排水阀始终关闭，不允许土中水排出，因此土样的含水量保持不变，体积不变，改变周围压力增量只能引起孔隙水应力的变化。UU 试验得到的抗剪强度指标用 c_u、φ_u 表示。UU 试验方法所对应的实际工程条件相当于饱和软黏土中快速加荷时的应力状况。

（2）固结不排水剪（consolidated-undrained shear test，简称 CU 试验）　试验时先对土样施加周围压力 σ_3，并打开排水阀，使土样在 σ_3 作用下充分排水固结。土样排水终止、固结完成时，关闭排水阀，然后施加 $(\sigma_1 - \sigma_3)$，使土样在不能向外排水的条件下受剪直至破坏。

下面是同一种黏性土的四个土样进行三轴 CU 试验的结果，见表 6-1。

表 6-1 三轴 CU 试验结果

土样编号	1	2	3	4	说　明
σ_3/kPa	50	100	150	200	周围压力
$(\sigma_1-\sigma_3)_f$/kPa	130	220	310	382	剪切破坏时的偏应力
σ_1/kPa	180	320	460	582	剪切破坏时的大主应力
$\dfrac{\sigma_1+\sigma_2}{2}$/kPa	115	210	305	391	莫尔圆圆心坐标
$\dfrac{\sigma_1-\sigma_3}{2}$/kPa	65	110	155	191	莫尔圆的半径

根据上述试验结果，在 $\tau-\sigma$ 应力坐标图中作出一组莫尔应力圆，如图 6-13 所示，则各极限莫尔圆的公切线即为该土样的抗剪强度包线。由此抗剪强度包线即可求出土的抗剪强度指标 c_{cu} 和 φ_{cu}。

CU 试验适用于一般正常固结土层在工程竣工时或以后受到大量、快速的活荷载或新增加的荷载的作用时所对应的受力情况。

（3）固结排水剪（consolidated-drained shear test，简称 CD 试验）固结排水剪三轴试验又称排水剪。在围压 σ_3 和 $(\sigma_1-\sigma_3)$ 施加的过程中，打开排水阀门，让土样始终处于排水固结状态。

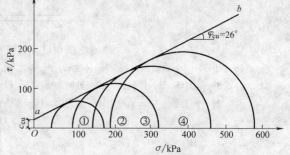

图 6-13 三轴 CU 试验的强度包线

固结稳定后，减小 $(\sigma_1-\sigma_3)$ 加荷速率从而使土样在剪切过程中充分排水，土样在孔隙水应力始终为零的情况下达到剪切破坏。用这种试验方法测得的抗剪强度称为排水强度，相应的抗剪强度指标为排水强度指标 c_d 和 φ_d。图 6-14 所示为一组正常固结土的排水剪三轴试验结果。

试验证明，同一种土采用上述三种不同的三轴试验方法所得强度包线性状及其相应的强度指标不相同，其大致形态与关系如图 6-15 所示。

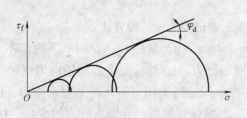

图 6-14 固结排水剪抗剪强度包线

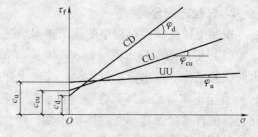

图 6-15 不同排水条件下的抗剪强度
包线与强度指标

6.3.3 无侧限抗压强度试验

无侧限抗压强度试验（unconfined compression strength）实际上是三轴试验中 $\sigma_3=0$ 的一

种特殊情况。试验所用土样仍为圆柱状。试验时，对试样不施加周围应力 σ_3，仅仅施加轴向力 σ_1，因此土样在侧向不受限制，可以任意变形。由于无黏性土在无侧限条件下难以成形，故该试验主要适用于黏性土。

因为该试验不能改变周围压力，所以只能测得一个通过原点的极限应力圆，得不到抗剪强度包线。试验中土样的受力状况如图 6-16a 所示，试验所得的极限应力圆如图 6-16b 所示。

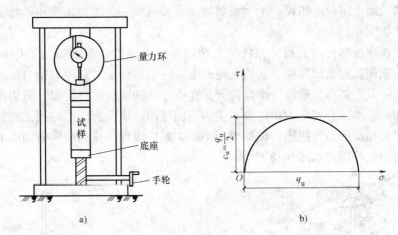

图 6-16　无侧限抗压强度试验
a）试验装置示意图　b）极限应力圆

土样剪切破坏时的轴向力以 q_u 表示，即 $\sigma_3 = 0$，$\sigma_1 = q_u$，q_u 称为无侧限抗压强度。由式（6-8）可知

$$q_u = 2c\tan\left(45° + \frac{\varphi}{2}\right) \tag{6-13}$$

对饱和软黏土，由于其在不固结不排水剪切试验中破坏包线就是一条直线（见第 6.5 节），即 $\varphi = 0$。所以由无侧限抗压强度 q_u 即可推算出饱和黏性土的不排水抗剪强度。

$$\tau_f = c_u = q_u/2 \tag{6-14}$$

需要强调的是，采用该试验方法的土样在取土过程中受到扰动，原位应力被释放，因此该试验测得的不排水强度并不能完全代表土样的原位不排水强度。一般而言，它低于原位不排水强度。

无侧限抗压强度试验还用来测定黏性土的灵敏度。其方法是将已做完无侧限抗压强度试验的原状土样彻底破坏结构，并迅速重塑成与原状土样同体积的重塑试样并再次进行无侧限抗压强度试验。这样，可以保证重塑土样含水量与原状土样相同，并且土的强度没有因为触变性部分恢复。如果土样扰动前后的无侧限抗压强度分别为 q_u、q_u'，则该土样的灵敏度 S_t 为

$$S_t = \frac{q_u}{q_u'} \tag{6-15}$$

式中　q_u——原状土样的无侧限抗压强度（kPa）；

q_u'——重塑土样的无侧限抗压强度（kPa）。

6.3.4 十字板剪切试验

十字板剪切试验是比较常用的一种现场原位测试试验。由于该试验无需钻孔取得原状土样而使土少受扰动，因此试验时土的排水条件、受力状况等与实际条件十分接近，故该试验通常用于测定难于取样和高灵敏度的饱和软黏土的原位不排水抗剪强度。

试验仪器采用十字板剪切仪，十字板剪切仪主要由板头、加力装置和量测设备三部分组成。试验装置如图 6-17 所示。

试验通常在现场钻孔内进行，先将钻孔钻进至要求测试的深度以上 750mm，清理孔底后，将十字板插到预定测试深度。然后在地面上以一定的转速对它施加扭力矩，使板内的土体与其周围土体发生剪切，形成一个高为 H、直径为 D 的圆柱形剪切面。剪切面上的剪应力随扭矩的增加而增加，直到最大扭矩时，土体沿圆柱面破坏，剪应力达到土的抗剪强度。因此，只要测出其相应的最大扭矩，根据力矩平衡关系，即可推算圆柱形剪切面上土的抗剪强度。十字板剪切试验原理如图 6-18 所示。

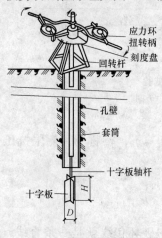

图 6-17　十字板剪切仪

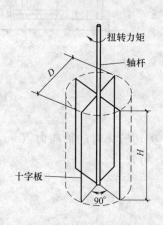

图 6-18　十字板剪切试验原理

分析土的抗剪强度与扭矩的关系，实际上最大扭矩 M_{max} 由两部分组成。M_1 是柱体上下面的抗剪强度对圆心所产生的抗扭力矩，M_2 是圆柱面上的剪应力对圆心所产生的抗扭力矩，则

$$M_{max} = M_1 + M_2 = 2\left(\frac{\pi D^2}{4} \cdot l \cdot \tau_{fh}\right) + \pi DH \cdot \frac{D}{2} \cdot \tau_{fv} \tag{6-16}$$

式中　l——上、下面剪应力对圆心的平均力臂，取 $l = \frac{2}{3} \cdot \left(\frac{D}{2}\right) = \frac{D}{3}$；

　　　τ_{fh}——水平面上的抗剪强度；

　　　τ_{fv}——竖直面上的抗剪强度；

　　D、H——十字板板头的直径与高。

假定土为各向同性体，即 $\tau_{fh} = \tau_{fv}$，则抗剪强度 τ_f 与扭矩 M 的关系为

$$M_{max} = \pi \tau_f \left(\frac{D^2 H}{2} + \frac{D^3}{6}\right) \tag{6-17}$$

即
$$\tau_f = \frac{2M_{max}}{\pi D^2 \left(H + \dfrac{D}{3} \right)} \qquad (6\text{-}18)$$

由十字板剪切试验在现场测得的土的抗剪强度，相当于不排水抗剪强度，因此其结果应与无侧限抗压强度试验的结果接近，即

$$\tau_f = \frac{q_u}{2} \qquad (6\text{-}19)$$

6.3.5　抗剪强度的有效应力原理

在抗剪强度的各种试验方法中，土的抗剪强度指标是用试验时施加的总应力求得的，即在绘制抗剪强度包线时，横坐标取为施加在试样上的总应力，因此求得的抗剪强度指标 c、φ 是总应力指标。这种以总应力表示抗剪强度的方法称为总应力法。

从前述直剪试验与三轴剪切试验的结果可以发现，对于同一种土，施加相同的总应力而排水条件不同时，土样的抗剪强度指标并不相同。所以，可以得到结论：抗剪强度与总应力 σ 之间没有唯一的对应关系。

由饱和土体的固结过程可知，只有有效应力才能引起土骨架的变形，即有效应力是对变形有效的力。有效应力能增加土的密度，增大土粒间的摩擦力，因此可以使土的抗剪强度增大。理论和试验都说明：抗剪强度与有效应力存在唯一的对应关系。

因此，根据饱和土的有效应力原理，只要在抗剪强度试验中量测土样破坏时的孔隙水应力，算出此时的有效应力，就可以用有效应力与抗剪强度的关系表达试验成果，即

$$\tau_f = c' + \sigma' \tan\varphi' = c' + (\sigma - u) \tan\varphi' \qquad (6\text{-}20)$$

式中　φ'、c'——土的有效内摩擦角和有效黏聚力，统称为土的有效抗剪强度指标。

以有效应力表示抗剪强度的方法称为有效应力法。有效应力法考虑了孔隙水应力的影响，因此对同一种土，无论采用哪一种试验方法，所得到的有效抗剪强度指标应该是相同的。

抗剪强度的有效应力原理可通过室内三轴试验证实。表 6-2 是一组不排水剪试验结果。试验结果表明，虽然施加的 σ_3 不同，但剪切破坏时的主应力差 $(\sigma_1 - \sigma_3)_f$ 却基本相同，由实测孔隙水压力求得的 σ_3' 也基本相同，这充分说明有效应力与抗剪强度存在唯一的对应关系。

表 6-2　饱和黏土不排水剪切试验结果

σ_3/kPa	100	150	200
u/kPa	68.9	118.7	168.4
σ_3'/kPa	31.1	31.3	31.6
$(\sigma_1 - \sigma_3)_f$/kPa	51.8	52.1	52.5

6.3.6　土的抗剪强度指标的选择

由前面对有效应力的分析可知，有效应力与抗剪强度之间存在唯一的对应关系，所以从理论上说，用有效应力法才能确切表示土的抗剪强度的实质。因此，在工程设计的计算分析中，应尽可能采用有效抗剪强度指标。有效应力法概念明确，指标稳定，是一种比较合理的方法。有效强度指标可用三轴排水剪和固结不排水剪（监测孔隙水应力）等方法测定。

但是，由于目前土中有效应力还不能直接计算，而是通过确定孔隙水应力间接确定，因

此，只有当孔隙水应力能够比较准确确定时，才能采用有效强度法计算。对于工程中许多孔隙水应力难以估算的情况，有效应力法就难以替代总应力法得以普遍使用。

因为土的总应力抗剪强度指标在不同固结排水条件下的试验结果各不相同，因此，一般工程问题采用总应力法进行分析计算时，应根据实际工程情况采用不同的抗剪强度指标。不同抗剪强度指标的大致适用范围如下：

1）结构物施工速度较快，而地基土的透水性和排水条件不良的情况（如饱和软黏土地基），宜采用 UU 试验强度指标。采用 UU 试验成果计算，一般比较安全，常用于施工期的强度与稳定性验算。进行 UU 试验时，宜在土的有效自重压力下预固结，更符合实际。

2）结构物竣工后较长时间，突遇荷载增大时，如房屋加层、天然土坡上堆载等，可采用 CU 试验强度指标。经过预压固结的地基应采用 CU 试验强度指标。

3）结构物加荷速率较小，地基土的透水性较好，排水条件又良好时（如砂性土），可以采用 CD 试验强度指标。

由于实际工程中加荷情况和地基土的性质是复杂的，且结构物在施工和使用过程中要经历不同的固结状态，用试验室的试验条件去模拟现场条件毕竟会有差别。因此，选定抗剪强度指标时，还应与实际工程经验结合起来。

6.4 孔隙压力系数及土的剪胀性

为了用有效应力法分析实际工程中的变形和稳定问题，常常需要知道土体受外荷载作用后在土中所引起的孔隙水压力值。一种较为简便的方法是利用孔隙压力系数来进行孔压计算。

所谓孔隙压力系数是指土体在不排水和不排气的条件下，由外荷载引起的孔隙应力增量与应力增量（以总应力表示）的比值，用以表征孔隙水压力对总应力变化的反映。

三维应力中，最简单的应力状态是轴对称应力状态。因为轴对称，单元立方体各个面（水平面和竖直面）都是主应力平面。这时，在直角坐标上，作用于立方体土样上的应力如图 6-19 所示，其中 $\sigma_1 > \sigma_2 = \sigma_3$。将该应力状态写成应力矩阵，则表示为

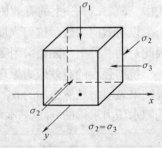

图 6-19 轴对称三维应力状态

$$\begin{pmatrix} \sigma_1 & & 0 \\ & \sigma_2 & \\ 0 & & \sigma_3 \end{pmatrix} = \begin{pmatrix} \sigma_3 & & 0 \\ & \sigma_3 & \\ 0 & & \sigma_3 \end{pmatrix} + \begin{pmatrix} \sigma_1 - \sigma_3 & & \\ & 0 & \\ & & 0 \end{pmatrix} \tag{6-21}$$

等式右侧的第一项表示土样上三个方向受相同的主应力压缩，称为等向压缩应力状态，或球应力状态；第二项称为偏差应力状态。

当求解外加荷载在土体中所引起的超静水应力时，土体中的应力是在自重应力的基础上增加一个附加应力，因此常用增量的形式表示，如图 6-20 所示。图中将轴对称三维应力增量 $\Delta\sigma_1$ 和 $\Delta\sigma_3$ 分解成等向压力增量 $\Delta\sigma_3$ 和偏差应力增量（$\Delta\sigma_1 - \Delta\sigma_3$）。这两种应力增量在加荷的瞬间在土样内所引起的初始孔隙水应力增量，可以分别按下述方法计算。

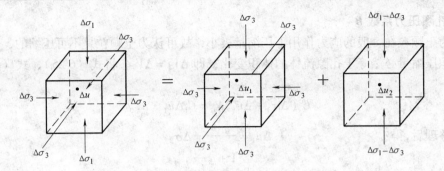

图 6-20　轴对称应力状态下的孔隙水应力

6.4.1　等向压缩应力状态——孔隙压力系数 B

假设土体为各向同性的理想弹性体，单元立方体的体积为 V_0，孔隙率为 n。如图 6-21 所示，将等向压力增量 $\Delta\sigma_3$ 作用下产生的孔隙应力增量记为 Δu_1。

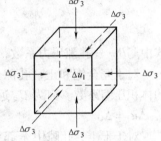

图 6-21　等向压缩应力状态

1. 土骨架的体积变化

根据有效应力原理，周围压力增量 $\Delta\sigma_3$ 在土体中引起的有效应力增量为 $\Delta\sigma_3' = \Delta\sigma_3 - \Delta u_1$。该有效应力增量作用于土骨架上，使得土骨架体积压缩 ΔV_s。设土骨架的体积应变为 ε_V，则 $\Delta V_s = \varepsilon_V V_0$。因为假设土骨架为弹性体，其应力-应变关系服从广义胡克定律，因此根据弹性理论可知

$$\varepsilon_V = \varepsilon_1 + \varepsilon_2 + \varepsilon_3 \tag{6-22}$$

式中 ε_1、ε_2、ε_3 分别为三个方向的土骨架线应变，且 $\varepsilon_1 = \varepsilon_2 = \varepsilon_3$，现以 ε_3 为代表，则

$$\varepsilon_3 = \frac{\Delta\sigma_3 - \Delta u_1}{E} - 2\mu \frac{\Delta\sigma_3 - \Delta u_1}{E} = \frac{1-2\mu}{E}(\Delta\sigma_3 - \Delta u_1) \tag{6-23}$$

将式（6-23）代入式（6-22），可得单位土体的体积压缩量为

$$\varepsilon_V = \frac{\Delta V_s}{V_0} = \varepsilon_1 + \varepsilon_2 + \varepsilon_3 = \frac{3(1-2\mu)}{E}(\Delta\sigma_3 - \Delta u_1) = C_s(\Delta\sigma_3 - \Delta u_1) \tag{6-24}$$

则

$$\Delta V_s = C_s(\Delta\sigma_3 - \Delta u_1)V_0 \tag{6-25}$$

式中　C_s——土骨架的体积压缩系数，表示单位有效周围压力作用下土骨架的体积应变，C_s

$= \dfrac{3(1-2\mu)}{E}$；

E——土的变形模量；

μ——土的泊松比。

2. 孔隙流体的体积变化

因为孔隙流体充满于土骨架孔隙之中，故孔隙流体的体积就是土的孔隙体积 V_v，$V_v = nV_0$（n 为土的孔隙率）。由孔隙应力增量 Δu_1 引起的土体中孔隙流体体积变化 ΔV_v 应该为

$$\Delta V_v = C_f \Delta u_1 \cdot nV_0 \tag{6-26}$$

式中　C_f——孔隙流体的体积压缩系数，代表单位孔隙应力作用下，单位体积的孔隙流体的体积变化。

3. 孔隙压力系数 B

因为土颗粒在一般的应力作用下压缩量极小，故可认为土颗粒是不可压缩的，则单位土体的体积压缩量必然等于孔隙流体的体积变化，即 $\Delta V_s = \Delta V_v$。将式（6-25）、式（6-26）代入得

$$C_s(\Delta\sigma_3 - \Delta u_1)V_0 = C_f \Delta u_1 \cdot nV_0$$

上式经整理后，得：

$$\Delta u_1 = \cfrac{1}{1 + n\cfrac{C_f}{C_s}}\Delta\sigma_3 \qquad (6\text{-}27)$$

令

$$B = \cfrac{1}{1 + n\cfrac{C_f}{C_s}} \qquad (6\text{-}28)$$

则

$$\Delta u_1 = B\Delta\sigma_3 \qquad (6\text{-}29)$$

$$B = \frac{\Delta u_1}{\Delta\sigma_3} \qquad (6\text{-}30)$$

式中　B——孔隙压力系数，它表示单位周围压力增量所引起的孔隙应力增量。

对于完全饱和土，孔隙全部被水充满，则 $C_f = C_w$，C_w 为水的体积压缩系数。因为 C_w 远小于 C_s，所以 $C_w/C_s \approx 0$，因而 $B = 1$，$\Delta u_1 = \Delta\sigma_3$。

对于干土，孔隙中全部为空气，空气的压缩性很大，$C_w/C_s \to \infty$，因而 $B = 0$。

对于部分饱和土，$0 < B < 1$。所以 B 值可用作反映土体饱和程度的指标。对于具有不同饱和度的土，可通过室内三轴试验进行 B 值的测定。图 6-22 所示为一典型的孔隙压力系数 B 值与饱和度 s_r 之间的关系曲线。

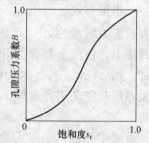

图 6-22　孔隙压力系数 B 值与饱和度 s_r 的关系曲线

6.4.2　偏差应力状态——孔隙压力系数 A

当单元立方体土样在不排水、不排气的条件下受到轴向偏压应力（$\Delta\sigma_1 - \Delta\sigma_3$）作用后，土中将相应产生孔隙应力 Δu_2，如图 6-23 所示，则轴向和径向有效应力增量分别为

$$\Delta\sigma_1' = (\Delta\sigma_1 - \Delta\sigma_3) - \Delta u_2 \qquad (6\text{-}31)$$

$$\Delta\sigma_3' = 0 - \Delta u_2 = -\Delta u_2 \qquad (6\text{-}32)$$

在有效应力作用下，根据广义虎克定律，轴向土骨架线应变 ε_1 和径向线应变 ε_2、ε_3 应分别为：

$$\varepsilon_1 = \frac{(\Delta\sigma_1 - \Delta\sigma_3) - \Delta u_2}{E} - 2\mu\frac{-\Delta u_2}{E} \qquad (6\text{-}33)$$

$$\varepsilon_2 = \varepsilon_3 = \frac{-\Delta u_2}{E} - \mu\frac{(\Delta\sigma_1 - \Delta\sigma_3) - \Delta u_2}{E} - \mu\frac{-\Delta u_2}{E} \qquad (6\text{-}34)$$

将式（6-33）、式（6-34）代入式（6-22），经过整理得到土骨架的体积应变 ε_v 为

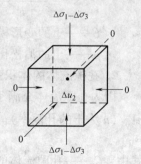

图 6-23　三轴偏差应力状态

$$\varepsilon_V = \frac{\Delta V_s}{V_0} = \frac{1-2\mu}{E}\big[(\Delta\sigma_1 - \Delta\sigma_3) - 3\Delta u_2\big]$$

$$= \frac{C_s}{3}\big[(\Delta\sigma_1 - \Delta\sigma_3) - 3\Delta u_2\big]$$

$$= C_s\Big[\frac{1}{3}(\Delta\sigma_1 - \Delta\sigma_3) - \Delta u_2\Big] \tag{6-35}$$

则对于体积为 V_0 的土体，土骨架的体积压缩量 ΔV_s 为

$$\Delta V_s = C_s\Big[\frac{1}{3}(\Delta\sigma_1 - \Delta\sigma_3) - \Delta u_2\Big]V_0 \tag{6-36}$$

同理，孔隙应力增量 Δu_2 将引起孔隙流体体积减小，其体积变化量 ΔV_v 为

$$\Delta V_v = C_f \Delta u_2 \cdot n V_0$$

根据 $\Delta V_s = \Delta V_v$，即：

$$C_s\Big[\frac{1}{3}(\Delta\sigma_1 - \Delta\sigma_3) - \Delta u_2\Big]V_0 = C_f \Delta u_2 \cdot n V_0$$

$$\Delta u_2 = \frac{1}{1 + n\dfrac{C_f}{C_s}}\Big[\frac{1}{3}(\Delta\sigma_1 - \Delta\sigma_3)\Big] = B \cdot \frac{1}{3}(\Delta\sigma_1 - \Delta\sigma_3) \tag{6-37}$$

若试样同时受到上述等向压缩应力增量 $\Delta\sigma_3$ 和轴向偏应力增量 $(\Delta\sigma_1 - \Delta\sigma_3)$ 的作用时，由此产生的孔隙应力增量 Δu 为

$$\Delta u = \Delta u_1 + \Delta u_2 = B\Big[\Delta\sigma_3 + \frac{1}{3}(\Delta\sigma_1 - \Delta\sigma_3)\Big] \tag{6-38}$$

需要说明的是，式（6-38）是在假设土体为弹性体的情况下得到的。弹性体的一个重要特点是剪应力只引起受力体的形状变化而不引起体积变化。而土并非理想弹性体，所以式（6-38）中的系数 1/3 只适用于弹性体而不符合实际土体的情况。

经过研究，英国学者司开普敦（A. W. Skempton）首先引入了一个经验系数 A 来代替 1/3。因此，式（6-38）改写为如下形式

$$\Delta u = B\big[\Delta\sigma_3 + A(\Delta\sigma_1 - \Delta\sigma_3)\big] = B\Delta\sigma_3 + AB(\Delta\sigma_1 - \Delta\sigma_3) \tag{6-39}$$

式中　A——偏应力条件下的孔隙压力系数，由试验测定，对于弹性材料 $A = 1/3$。

对于饱和土，因为 $B = 1$，故

$$\Delta u = \Delta\sigma_3 + A(\Delta\sigma_1 - \Delta\sigma_3) \tag{6-40}$$

$$A = \frac{\Delta u_2}{\Delta\sigma_1 - \Delta\sigma_3} \tag{6-41}$$

所以孔隙压力系数 A 是饱和土体在单位偏应力增量 $(\Delta\sigma_1 - \Delta\sigma_3)$ 作用下产生的孔隙水应力增量。

对于非完全饱和土，$B < 1$，且随应力水平而变化。因此，在偏应力阶段 B 值的变化不同于施加周围压力时的 B 值，这样不宜把乘积 AB 分离开来，而以 AB 用于计算较为合适，即

$$AB = \frac{\Delta u_2}{\Delta \sigma_1 - \Delta \sigma_3} \qquad (6\text{-}42)$$

在实际工程问题中，更为关注的经常是土体在剪切破坏时的孔隙压力系数 A_f，因此常在试验中监测土样剪切破坏时的孔隙应力 u_f，相应的强度值为 $(\sigma_1 - \sigma_3)_f$，所以对于饱和土，由式（6-41）可得

$$A_f = \frac{u_f}{(\sigma_1 - \sigma_3)_f} \qquad (6\text{-}43)$$

孔隙压力系数 A、B 均可在室内常规三轴试验中通过量测土样中的孔隙应力确定。试验时，使试样处于不排水状态，首先在试样上施加四周均等的应力 $\Delta \sigma_3$，量测试验中的超静水应力 Δu_1。然后，在试样上施加偏应力 $(\Delta \sigma_1 - \Delta \sigma_3)$，同时观测土样中的轴向应变 ε_1 和超静水应力 Δu_2。根据式（6-30）、式（6-42）即可计算出 A、B 的值。

需要说明的是，在不同固结和排水条件的三轴试验中，孔隙应力增量是不同的。以饱和土为例：在 UU 试验中，孔隙应力增量即为式（6-40）所示；在 CU 试验中，因为试样在 $\Delta \sigma_3$ 作用下排水固结，所以 $\Delta u_1 = 0$，故孔隙应力增量 $\Delta u = \Delta u_2 = A(\Delta \sigma_1 - \Delta \sigma_3)$；在 CD 试验中，因为不产生孔隙应力，故 $\Delta u = 0$。

6.4.3 土的剪胀性

利用三轴试验的实测结果可绘制 $(\Delta \sigma_1 - \Delta \sigma_3)$ 与 ε_1、Δu_2 与 ε_1 的关系曲线，由 $A = \Delta u_2/(\Delta \sigma_1 - \Delta \sigma_3)$，还可绘出 A 与 ε_1 的关系曲线，如图 6-24 所示。

试验结果表明，A 不是一个常数，而是随轴应变 ε_1 与土的固结状态变化的。图 6-24 中阴影部分为实测 A 值与 1/3 的差值。此差值反映了土在剪应力作用下体积发生变化的性质。

由于作用在试样上的偏应力 $(\Delta \sigma_1 - \Delta \sigma_3)$ 的大小反映了试样中剪应力的大小，所以从图 6-24a 中看到，对于正常固结的土，Δu_2 随着剪应力的增大而增大。此时，如将排水阀打开，允许试样排水，由于试样内的超静水应力大于边界上的超静水应力，试样将向外排水，体积压缩。

对于超固结的土，如图 6-24c 所示，Δu_2 随着剪应力的增大而逐渐减小，此时，如打开排水阀，因试样内部的超静水应力为负值，小于边界上的超静水应力，试样将从外部向内吸水，体积发生膨胀。

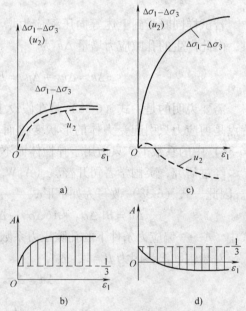

图 6-24 三轴试验的应力-应变关系
以及孔隙水压力系数 A 的变化
a)、b) 正常固结土 c)、d) 超固结土

土体具有的这种在剪应力作用下体积发生变化的现象，是土体的一个重要变形性质——剪胀性。体积膨胀为剪胀，体积收缩为剪缩或称为负剪胀，因此，孔隙压力系数 A 是一个反映了土体剪胀性的重要指标。

对正常固结土，$A > 1/3$，属于剪缩土；对超固结土，$A < 1/3$，属于剪胀土，在剪应力作用下将产生负的孔隙应力。不同土类的 A 值可参考表 6-3。

表 6-3 孔隙压力系数 A 的参考值

土 类	A（用于计算沉降）	土 类	A（用于计算土体破坏）
很松的细砂	2 ~ 3	高灵敏度软黏土	>1
灵敏性黏土	1.5 ~ 2.5	正常固结黏土	0.5 ~ 1.0
正常固结黏土	0.7 ~ 1.3	超固结黏土	0.25 ~ 0.5
轻度超固结黏土	0.3 ~ 0.7	严重超固结黏土	0 ~ 0.25
严重超固结黏土	-0.5 ~ 0		

上述分析说明土体在等向应力作用下，表现出类似于弹性体的性质。在偏应力作用下，土体是一个具有剪胀性的物体。对于黏土来说，剪胀性与土的固结状态有关。

剪胀性不仅在黏土中存在，在砂土中也存在剪胀性，图 6-25 表示具有不同初始孔隙比的同一种砂土在相同围压 σ_3 作用下受剪时的应力应变关系。由图可见，密砂初始孔隙比较小，在受剪时体积膨胀，孔隙比变大，呈现剪胀性。松砂受剪切时体积减小，孔隙比变小，呈现剪缩性（负剪胀）。

试验证明，对一定侧限压力下的同种砂土来说，松砂和密砂的强度最终趋于同一数值，而最终孔隙比也大致趋向于某一稳定值 e_{cr}，称为临界孔隙比，如图 6-26 所示。临界孔隙比表示土处于这种密实状态时，受剪切作用只产生剪应变而不产生体应变。当土样的初始孔隙比 e_0 大于 e_{cr} 时，在剪切过程中就会出现剪缩现象；当初始孔隙比 e_0 小于 e_{cr} 时，在剪切过程中体积就会发生剪胀。

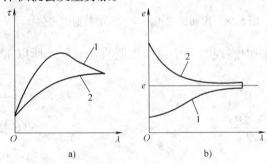

图 6-25 松砂、密砂的剪切变形曲线
a）τ-λ 曲线 b）e-λ 曲线
1—密砂 2—松砂

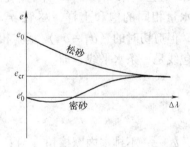

图 6-26 砂土的临界孔隙比

砂土在剪切过程中发生的体积变化可用其结构来说明，如图 6-27 所示。其中，图 6-27a、b 是密砂的剪胀示意图。由于砂土颗粒排列紧密，剪切时砂粒 1 将要向上移动到颗粒 1' 的位置，否则砂粒 1 将被卡住，不能发生剪切位移（砂粒 1 被卡住的现象，就是密砂颗粒间的联锁作用）。松砂与密砂不同，它剪切时发生剪缩，如图 6-27c、d 所示。砂粒 2、3、4 将向下移动，达到更为稳定的 2'、3'、4' 的位置。上述的示意图表明，土的受剪切过程实质上是土体颗粒结构重新排列或调整的过程。

密砂，剪胀   松砂，剪缩

a)   b)   c)   d)

图 6-27　砂土剪胀性示意图

6.5　土的抗剪强度特性的若干问题

6.5.1　饱和黏性土抗剪强度的一般规律

1. 不固结不排水剪（UU 试验）

如前所述，不固结不排水剪试验在施加周围压力和轴向压力直至土样剪切破坏的整个试验过程中都不允许土样排水。

对于饱和黏性土试样，由于在不排水条件下，试样在试验过程中含水量不变，故体积不变。试样在受剪前，周围压力 σ_3 会在土内引起初始孔隙水应力 $\Delta u_1 \approx \sigma_3$，其孔隙压力系数 $B = 1$；施加轴向附加压力后，便会产生一个附加孔隙水应力 Δu_2。至剪破时，试样的孔隙水应力 $u_f = \Delta u_1 + \Delta u_2$。

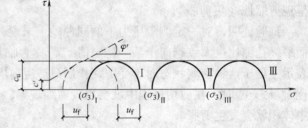

图 6-28　饱和黏性土不排水剪的抗剪强度包线

UU 试验结果如图 6-28 所示，它表明含水量相同的饱和土样，尽管 σ_3 不相同，但剪切时的 $(\sigma_1 - \sigma_3)_f$ 基本相同，在图中表现为三个总应力圆直径相同，所以抗剪强度包线是一条水平线，即

$$\varphi_u = 0 \tag{6-44}$$

$$c_u = \frac{\sigma_1 - \sigma_3}{2} \tag{6-45}$$

式中　φ_u——不排水内摩擦角（°）；

　　　c_u——不排水抗剪强度（kPa）。

此外，在试验中若分别量测试样破坏时的孔隙水压力 u_f，试验结果可以按有效应力整理，所有的总应力圆集中为唯一的一个有效应力圆，并且有效应力圆的直径与三个总应力圆的直径相等，如图 6-28 中的虚线圆。这是因为在不排水条件下，改变周围压力增量只能引起孔隙水应力的变化，并不会改变试样中的有效应力，各试样在剪切前的有效应力相同，因此抗剪强度不变。因为只能得到一个有效应力圆，无法绘制有效应力强度包线，不能得到有效应力强度指标 φ'、c'，所以 UU 试验一般只用于测定饱和土的不排水强度。

需要说明的是，不固结不排水剪切试验中的"不固结"是指在三轴压力室内不再固结，而试样仍保持着原有的现场有效固结压力不变。如果饱和黏性土从未固结过，其将是一种泥浆状的土，抗剪强度必然为零。一般从天然土层中钻取的试样，相当于在某一压力下已经固结，具有一定的天然强度。从以上分析可知，c_u 值反映的正是试样原始有效固结压力作用所产生的强度。天然土层的有效固结压力是随埋藏深度变化的，所以其不排水抗剪强度 c_u 值也随所处的深度增加而增大。均质的正常固结天然黏土层的 c_u 值大致随有效固结压力增大呈线性增加。超固结土因其先期固结压力大于现场有效固结压力，它的 c_u 值比正常固结土大，但其不固结不排水抗剪强度包线也是一条水平线。

2. 固结不排水剪（CU 试验）

饱和黏性土在剪切过程中的性状和抗剪强度在一定程度上受到应力历史的影响。因此，在研究黏性土的固结不排水强度时，要区别试样是正常固结土还是超固结土。

在三轴试验中，常用各向等压的周围压力 σ_c 来代替和模拟历史上曾对试样所施加的先期固结压力。因此，当试样所受到的周围压力 $\sigma_3 < \sigma_c$ 时，试样就处于超固结状态；反之，当 $\sigma_3 > \sigma_c$ 时，则试样就处于正常固结状态。试验结果表明，两种不同固结状态的试样在剪切试验中的孔隙水压力和体积变化规律完全不同，其抗剪强度特性也各不一样。

用三轴仪进行饱和黏性土 CU 试验时，试样在围压 σ_3 作用下充分排水固结，试样的含水量将发生变化，至固结稳定时，$\Delta u_1 = 0$。然后，关闭排水阀，在不排水条件下施加偏应力时，试样中的孔隙水应力随偏应力的增加而不断变化，$\Delta u_2 = A(\Delta \sigma_1 - \Delta \sigma_3)$。剪切过程中，试样的含水量保持不变。剪切破坏时，试样的孔隙水压力 $u_f = \Delta u_2$，破坏时的孔隙水压力完全由试样受剪引起。

如图 6-29 所示，正常固结土剪切时体积有减小的趋势（剪缩），但由于不允许排水，因此产生正的孔隙水应力，由试验得到的 A 值始终大于零，且在试样剪破时 A_f 最大。而超固结土试样在剪切时体积有增加的趋势（剪胀），在开始剪切时只出现微小的孔隙水应力正值（A 为正值），随后孔隙水应力下降，趋于负值（A 亦为负值），至试样剪破时 A_f 负值最小。

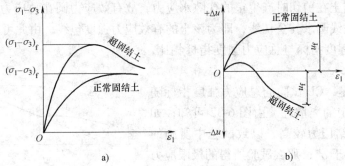

图 6-29 CU 试验的应力-应变关系及孔隙水应力的变化
a) 应力-应变关系 b) 孔隙水应力-应变关系

图 6-30 所示为正常固结饱和黏性土的 CU 试验结果。图中实线表示总应力圆和总应力破坏包线，虚线为有效应力圆和有效应力破坏包线，u_f 为剪切破坏时的孔隙水应力。由于 $\sigma_1' = \sigma_1 - u_f$，$\sigma_3' = \sigma_3 - u_f$，所以 $\sigma_1' - \sigma_3' = \sigma_1 - \sigma_3$，即有效应力圆直径与总应力圆直径相等，但位置不同，两者之间相差 u_f。如前所述，正常固结土在剪切破坏时孔压为正，故有效应力圆在总应力圆左侧。总应力破坏包线和有效应力破坏包线都通过坐标圆点，说明未受任何固结压力的土（试验室正常固结土通常是由液限制成的膏状扰动饱和土，未受任何固结压力）不具有抗剪强度。一般正常固结土 φ' 约比 φ_{cu} 大一倍。

超固结饱和黏性土的 CU 试验结果如图 6-31 所示。实际上，从天然土层取出的试样总具有一定的先期固结压力（反映在图 6-31 中点 B 对应的横坐标 σ_c 处）。因此，若室内剪切前固结围压 $\sigma_3 < \sigma_c$，即为超固结土的不排水剪切，其强度要比正常固结土的强度大，强度包线为一条略平缓的曲线，由图 6-31 中 AB 线表示，其与正常固结土破坏包线 BC 相交，BC 线的延长线仍通过圆点。

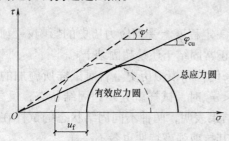

图 6-30 正常固结饱和粘性土 CU 试验
总应力和有效应力强度包线

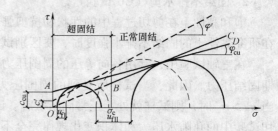

图 6-31 超固结饱和粘性土的
CU 试验结果

由此可见，饱和黏性土试样的 CU 试验所得到的是一条曲折状的抗剪强度包线，由图 6-31 中 ABC 线表示。前段为超固结状态，后段为正常固结状态。实用上，一般不作如此复杂的分析，只要按第 6.3 节中介绍的作多个极限应力圆的公切直线（图 6-31 中的 AD 线），即可获得固结不排水剪的总应力强度包线及强度指标 c_{cu} 和 φ_{cu}。

超固结土 CU 试验的有效应力圆和有效应力破坏包线如图 6-31 中虚直线所示。由于超固结土在剪切破坏时产生负的孔隙水应力，故其有效应力圆在总应力圆的右侧（图 6-31 中小圆），而正常固结土在剪切时产生正的孔隙水应力，故有效应力圆在总应力圆左侧（图 6-31 中大圆）。按各虚线圆求其公切线，即为该土的有效应力强度包线，由此可确定 c' 和 φ'。CU 试验的有效应力强度指标与总应力强度指标相比，通常 $c' < c_{cu}$ 和 $\varphi' > \varphi_{cu}$。

需要指出的是，CU 试验的总应力强度指标随试验方法具有一定的离散性。由图 6-32 可知，如果试样的先期固结压力较高，以致试验中所施的周围压力 σ_3 都小于 σ_c，那么试验所得的极限应力圆切点都落在超固结段（图 6-32 中 $A''B''$），由它

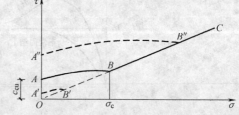

图 6-32 固结不排水试验结果

推算的 c_{cu} 就较大，而 φ_{cu} 并不一定大；反之，若试样原来所受的先期固结压力较低，各试样试验时所施加的 σ_3 大多超过 σ_c，则试验点都落在正常固结段上，由此推算的 c_{cu} 就会很小（图 6-32 中 $A'B'$ 线），甚至接近于零，土呈现正常固结性质，而得到的 φ_{cu} 则较大。因此，实际操作中，往往需对原状试样先进行室内固结试验，求得其先期固结压力，选择适当的周围压力 σ_3 后，再进行 CU 试验。

3. 固结排水剪（CD 试验）

CD 试验的整个试验过程中，土样始终处于排水固结状态，土样在孔隙水应力始终为零的情况下达到剪切破坏。因此，总应力全部转化为有效应力，总应力圆就是有效应力圆，总应力包线就是有效应力包线。所以 c_d 和 φ_d 也可视为有效应力抗剪强度指标 c' 和 φ'。

图 6-33 所示为固结排水试验的应力-应变关系和体积变化。在剪切过程中，试样体积随偏应力的增加而不断变化。正常固结黏土的体积在剪切过程中不断减小（剪缩），而超固结黏土的体积在剪切过程中则是先减小，继而转向不断增大（剪胀）。

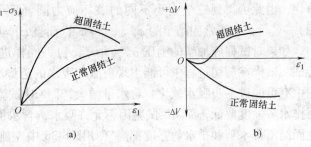

图 6-33 CD 试验的应力-应变关系和体积变化

因为正常固结土在排水剪中有剪缩趋势，所以当它进行不排水剪时，由于孔隙水无法排出，剪缩趋势就转化为试样中的孔隙水应力不断增长；反之，超固结土在排水剪中不但不排出水分，反而因剪胀而有吸水的趋势，但它在不排水剪过程中却无法吸水，于是就产生负的孔隙水压力。

正常固结土的 CD 试验结果如图 6-34 所示，其破坏包线通过圆点。黏聚强度 $c_d = 0$，但并不意味着这种土不具有黏聚强度，而是因为正常固结状态的土，其黏聚强度也如摩擦强度一样，与压应力成正比，两者无法区分，黏聚强度实际上隐含于摩擦强度内。超固结土的 CD 试验结果如图 6-35 所示，其破坏包线略弯曲，实用上近似取一条直线代替，内摩擦角 φ_d 比正常固结土要小。

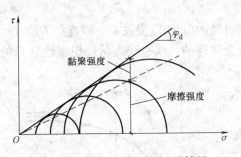

图 6-34 正常固结土 CD 试验结果

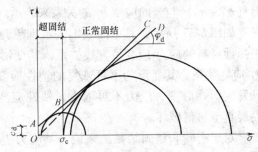

图 6-35 超固结土 CD 试验结果

试验证明，c_d 和 φ_d 与固结不排水试验得到的 c' 和 φ' 很接近。由于固结排水试验所需的时间太长，因此实用上用 c' 和 φ' 代替 c_d 和 φ_d，但是两者的试验条件是不同的。CU 试验在剪切过程中试样的体积保持不变，而 CD 试验在剪切过程中试样的体积一般要发生变化，c_d、φ_d 略大于 c' 和 φ'。

如果将饱和软黏土试样所作的 UU、CU、CD 三组试验结果综合表示在一张 $\sigma - \tau$ 坐标图上，可以看出三种不同的三轴试验方法所得强度包线性状及其相应的强度指标是不相同的，如图 6-36 所示。

假设试样先在先期固结压力 σ_c

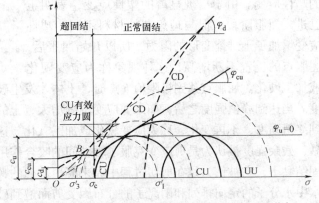

图 6-36 不同排水条件下的抗剪强度包线与强度指标

下排水固结，然后对试样施加新的围压 σ_3（大于 σ_c），并在不同的固结和排水条件下进行剪切，由此可得到三个大小不同的破坏应力圆（图 6-36 右侧的 CD、CU 和 UU 三个应力圆）。显然，该正常固结土的 $\varphi_d > \varphi_{cu} > \varphi_u$，而且 $\varphi_u = 0$。

如果对试样施加新的围压 σ_3（小于 σ_c），同样进行上述三种试验，此时土具有超固结特征。试样在剪切过程中可能出现剪胀和吸水的趋势。由于 CD 试验中的试样在排水剪切过程中有可能进一步吸水软化，含水量增大，而 CU 试验无此可能。因此，排水剪强度比固结不排水剪强度要低，而 UU 试验因不允许吸水，含水量保持不变，故其不固结不排水剪强度比固结不排水剪和排水剪强度都高（如图 6-36 中左侧超固结状态所处位置的各强度包线所示），其情形与正常固结状态正好相反。

上述试验也证明，同一种黏性土在 UU、CU 和 CD 试验中的总应力强度包线和强度指标各不相同，但都可得到近乎同一条有效应力强度包线。由此可见，抗剪强度与有效应力有唯一的对应关系。

6.5.2　土的峰值强度与残余强度

土的抗剪强度不是土的单一的性质，它同许多因素有关系。这表明土体单元在剪应力作用下或在受剪过程中，土的性状会发生各种复杂变化。这种变化除了强度指标不同外，抗剪强度试验中所得到的应力-应变关系曲线也有所不同，通常，在常规三轴剪切试验中用偏应力（$\sigma_1 - \sigma_3$）与竖向应变 ε_1 的关系来表示。

如图 6-37 所示，其中曲线 1 表示理想弹塑性材料的应力-应变关系。斜直线 OC 表示理想弹性材料的应力-应变呈直线关系，其变形是完全弹性的。水平线表示理想塑性材料的应力-应变关系，其变形为不可恢复的塑性应变，一旦发生塑性应变，应力不再增大，塑性应变持续发展直至材料破坏。

对于密砂和超固结黏土来说，其应力-应变曲线为应变软化型曲线，如图 6-37 中曲线 2 所示。在（$\sigma_1 - \sigma_3$）-ε_1 关系曲线的起始段 Oa，可认为土处于弹性变形阶段。此后，随着应力的增大，应变既包括可恢复的弹性应变，又包括不可恢复的塑性应变。由于出现显著的塑性应变，表明土已进入屈服阶段；但与理想塑性材料不同，塑性应变增加了土继续变形的阻力，所以开始屈服后，屈服点的位置不断增高，这种现象称为应变硬化或加工硬化。屈服点达到极限值 b 点时，土体才发生破坏。相对于峰值点的强度称为峰值强

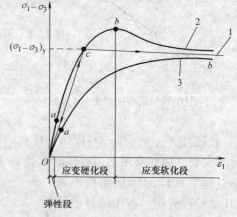

图 6-37　土的应力-应变关系曲线

度。当达到峰值强度之后，如果剪应变继续增大，土的强度将随应变的增大而下降，最后达到终值强度，不再变化，称为应变软化或加工软化。这一终值强度被称为残余强度。对于密砂，残余强度被认为是剪应变克服了颗粒间的咬合作用之后，土粒抬高变松的结果。对于超固结黏土，它被认为是在剪切过程中原来凝聚排列的颗粒在剪切面附近形成片堆排列，结合水中水分子的定向排列和阳离子的分布因受剪而遭到破坏造成的。

然而，对于松砂和正常固结土，其应力-应变关系曲线为硬化型曲线，如图 6-37 曲线 3

所示，其应力-应变曲线无明显的强度峰值，随着剪切变形的增大，强度会不断增长，最终稳定在某一终值，其强度的峰值与终值将同时出现。

一般情况下，土的抗剪强度是抵抗剪切破坏的最大能力，因此常取峰值强度作为土的强度破坏值。但对于无明显峰值强度的土样，确定强度破坏值就有些困难。目前在工程实践中，常用的确定强度破坏值或峰值剪应力的方法，除了由应力-应变曲线上取峰值外，还可以采取以下两种方法：

1）取一定应变量（或变形量）时的强度值作为试样的破坏强度值。对于三轴试验，常取竖向应变 $\varepsilon_1 = 15\% \sim 20\%$ 时的强度值。对于直剪试验，常取剪切位移达 $4 \sim 6mm$ 时的强度值，也有的按习惯只取剪切位移达 $2mm$ 时的强度值。

2）根据三轴试验结果，绘制有效主应力比 $\Delta\sigma_1'/\Delta\sigma_3'$ 与竖向应变 ε_1 的关系曲线，取其峰值应力比所对应的应变值和强度值作为破坏标准。

残余强度对土体稳定验算有现实意义。若挡土墙填土中已发生了剪裂面，则宜采用残余强度进行核算；土坡沿着历史上已经滑动过的面重新出现可能滑动时的稳定分析，应当采用残余强度指标而不能用峰值强度指标；当认为土坡中有可能存在局部剪应力超过峰值强度时，即使土坡尚未出现滑裂面，也应考虑用残余强度进行核算。

6.5.3　软土在荷载作用下的强度增长规律

在外荷载作用下，软土地基由于孔隙水应力的消散以及土层的固结，地基中有效应力增大，土的抗剪强度就会增长。软土地基中任意点土体在任意时刻 t 的抗剪强度 τ_{ft} 可采用下式表达

$$\tau_{ft} = \tau_{f0} + \Delta\tau_{fc} \tag{6-46}$$

式中　τ_{f0}——土体天然强度；

$\Delta\tau_{fc}$——由于土体固结而引起的抗剪强度增量；

如前所述，土的抗剪强度与土体中的有效应力大小有关。土的抗剪强度可表示为

$$\tau_f = c' + \sigma'\tan\varphi'$$

对于正常固结土，$c' = 0$；超固结黏土，$c' \neq 0$。固结过程中，土的有效应力增大，抗剪强度提高。由固结引起的土的强度增量可表示为

$$\Delta\tau_{fc} = \Delta\sigma'\tan\varphi' \tag{6-47}$$

式中　$\Delta\sigma'$——剪切面上有效应力增量。

$\Delta\tau_{fc}$ 也可以表示为 $\Delta\sigma_1$ 或 $\Delta\sigma_1'$ 的函数。以图 6-38 中的 O_1 圆表示天然状态下可能的莫尔圆，则强度 τ_{f0} 与圆半径 R_1 及大主应力 σ_1' 的关系为

$$\tau_{f0} = R_1\cos\varphi'$$

$$\overline{OO_1} = \frac{R_1}{\sin\varphi'} = \frac{\tau_{f0}}{\sin\varphi'\cos\varphi'}$$

$$\sigma_1' = R_1 + \overline{OO_1} = \frac{\tau_{f0}}{\cos\varphi'}\left(1 + \frac{1}{\sin\varphi'}\right)$$

由此可得

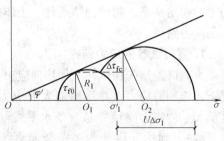

图 6-38　强度增长与固结度的关系

$$\tau_{f0} = \sigma_1' \frac{\sin\varphi'\cos\varphi'}{1+\sin\varphi'} \tag{6-48}$$

若总应力增量为 $\Delta\sigma_1$，某一时刻达到的固结度为 U，则有效应力圆为图 6-38 中的圆 O_2，从图中可得

$$\tau_{f0} + \Delta\tau_{fc} = (\sigma_1' + U\Delta\sigma_1)\frac{\sin\varphi'\cos\varphi'}{1+\sin\varphi'} \tag{6-49}$$

抗剪强度的增长值

$$\Delta\tau_{fc} = U\Delta\sigma_1 \frac{\sin\varphi'\cos\varphi'}{1+\sin\varphi'} \tag{6-50}$$

因此，只要已知地基的固结系数、有效应力的强度指标，由弹性理论计算土中的竖向应力增量，由固结理论计算平均固结度，或根据实测的孔隙应力，就可以估计地基土由于固结引起的土的抗剪强度的增长。

由于软黏土的抗剪强度较低，而且排水固结比较缓慢，所以施加荷载时需要控制地基中各点剪应力的增加值小于土的强度增长。当需要施加比较大的荷载时，为了使地基强度足够，就要求合理地确定施工期的强度增长。为此，就可采用分级加荷并在每级加荷后允许地基土排水固结的方法。这一原理在许多工程问题中都得到应用。如软土地基上大型油罐工程，可利用在油罐中充水对地基进行预压，并控制充水速度以满足强度增长要求。有一些工程则采用排水砂井以改善地基排水条件，加速强度增长以满足工程要求。

实际工程中要检查和控制强度增长情况，还需要进行现场试验或监测，最常用的是十字板剪切试验，即在不同的施工阶段进行现场十字板试验，以了解强度随时间的增长，用以估计地基稳定性并指导施工。实践证明，这一方法较准确，但只能在施工过程中使用。

6.5.4 应力路径在土的强度问题中的应用

应力路径是指加荷过程中土中某一点的应力状态变化在应力坐标中的轨迹。对某种土样采用不同的试验手段和不同的加荷方法使之破坏，试样中的应力状态变化各不相同，因此，必将对土的力学性质产生一定的影响。

由于土中应力有总应力和有效应力之分，应力路径也包括总应力路径（Total Stress Path，简写为 TSP）和有效应力路径（Effective Stress Path，简写为 ESP）两类，分别表示试样在剪切过程中某特定平面上的总应力变化和有效应力变化。其中总应力路径是指受荷后土中某点的总应力变化的轨迹，它与加荷条件有关，与土质和土的排水条件无关；有效应力路径则指在已知的总应力条件下土中某点有效应力变化的轨迹，它不仅与加荷条件有关，而且与土的初始状态、初始固结条件、土体排水条件及土类等因素有关。下面简要介绍典型条件下的应力路径。

1. 直剪试验的应力路径

直剪试验是先在试样上加法向应力 p，然后在 p 不变的情况下，施加剪应力，并逐渐加大剪应力直至试样破坏，所以受剪面上的应力路径先是一条水平线（$\tau=0$，与横轴重合的水平线），到达 p 后变为一条竖向直线，至抗剪强度线而终止，如图 6-39 所示。

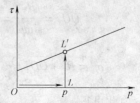

图 6-39　直剪试验的应力路径

2. 三轴试验的应力路径

常规三轴试验是先施加周围应力 σ_3，然后施加轴向应力 $(\sigma_1 - \sigma_3)$ 直至试样破坏。在周围应力 σ_3 作用下，试样中任一斜面上的法向应力都等于 σ_3，在应力坐标中为一点 O，如图 6-40 所示。随着轴应力 $(\sigma_1 - \sigma_3)$ 的增大至试样破坏时，在应力坐标中可得到与抗剪强度线相切的极限应力圆，切点 a、b、c、d、e 即为破坏面，连接起始点 O 与切点的直线就是剪切破坏面的总应力路径，其与横轴夹角为 $(45° + \varphi/2)$。图 6-40 中同时画出了最大剪应力面上的应力路径线 Oe'，其与主应力面成 45°。在土力学中，通常选择最大剪应力面作为代表面，表示该斜面应力变化轨迹的 a'、b'、c'、d'、e' 点就代表试样或单元土体的应力路径。

三轴压缩试验的加荷方法不同，其应力路径也不相同。以正常固结黏土三轴固结不排水剪试验为例，根据试验结果可绘制两组应力图——总应力圆和有效应力圆，如图 6-41 所示。总应力圆的应力路径是一条直线，即图中的 ac 线。对于有效应力路径，因为随着轴向压力 $(\sigma_1 - \sigma_3)$ 的增加，试样中的超静水压力 u 呈非线性逐渐增大，故有效应力 $(\sigma_3' = \sigma_3 - u)$ 逐渐减小，因而造成应力圆的起点逐渐左移，有效应力路径是一条曲线，即图中的 ab 线。如果是强超固结土样，在试验中由于土具有剪胀性，孔隙水应力出现负值，则 ESP 会出现在 TSP 的右侧。

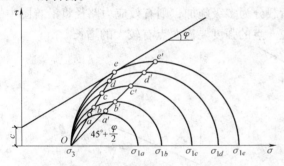

图 6-40　剪切破坏面上的应力路径

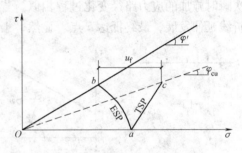

图 6-41　三轴试验 CU 中的 ESP 与 TSP

对于三轴固结排水剪，整个试验过程中，超静水压力等于零，应力均为有效应力，所以总应力路径与有效应力路径都是直线而且重合。

不排水剪试验试样中的含水量在整个试验过程中是不变的，所以其应力路径也是等含水量线。

若取 n 个试样，分别施加不同的 σ_3，然后施加 $(\sigma_1 - \sigma_3)$ 直至试样破坏，可得到图 6-42 所示的应力路径族。

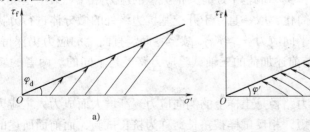

图 6-42　应力路径族
a) CD 试验的应力路径族　b) CU 试验的有效应力路径

3. 土木工程中的应力路径问题

土木工程中常见的应力路径类似于三轴试验中保持围压 σ_3 不变而增大 σ_1 的应力路径。

如图 6-43 所示，地基中深度为 z 处的微分体在自重应力状态下，原有应力为 $\sigma_1 = \sigma_z = \gamma z$，$\sigma_3 = \sigma_x = K_0 \gamma z$，将此应力状态绘在图 6-43b 的应力坐标中，该莫尔圆称为 K_0 圆。K_0 圆上的某一点 L 就表示某剪切面上的应力。

当在这一地基土上修建结构物时，该微分体上增加了竖向应力 $\Delta \sigma_z$。如果建筑物的荷载是缓慢施加的，则土中不出现超静水压力，此时应力路径类似于三轴排水试验，应力路径沿直线 Ln' 发展。

如果外荷载是一次施加的，在荷载施加的瞬间，由于土样来不及排水，因而产生了超静水压力 $\Delta u = A (\Delta \sigma_z - \Delta \sigma_x)$，应力路径类似三轴固结不排水剪，如图 6-43b 上的曲线 LL'（剪切段）。在加载间歇期，随着土的固结，土中有效应力逐渐增大，但剪应力不发生变化，所以此时的应力路径是一条水平线（固结段）。当固结完成时，应力变化达到 n' 点，在整个超静水压力 Δu 消散的固结过程中，该微分体上的有效应力路径为 $LL'n'$，其中 $L'n'$ 的大小为初始超静水压力 Δu。

如果外荷载是分级施加的，第一级荷载施加后，有效应力路径为图 6-44 中的 abc，与一次瞬时施加的应力路径变化过程相似。若荷载分为多级施加，则有效应力路径将沿着图中的折线延伸发展，最终抵达 h 点。显然，土在 h 点的强度要比 b' 点有较大的增长。

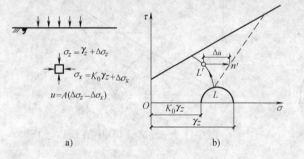

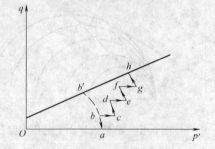

图 6-43　土木工程中的应力路径

a）地基中某点的应力变化　b）应力路径 $LL'n'$

图 6-44　地基分级加荷应力路径

根据这一原理，在土木工程实际施工中，如果对天然软黏土地基缓慢施加荷载，或采用间歇式分级加荷，就有可能使地基土充分排水固结，提高其抗剪强度，从而增大地基的承载力。

除了上述应力路径以外，实际地基中还有其他类型的应力路径。其中基坑开挖就是一种有代表性的应力路径。为了简化，取一直立于开挖基坑边缘处的微分体进行分析，如图 6-45所示。基坑开挖的过程使水平向应力 $\sigma_x = K_0 \gamma z$ 减至零而竖直面上的应力仍保持 γz 不变，即 σ_1 保持不变而减小 σ_3。这与前述加荷的三轴试验应力路径是不同的。两者的应力路径如图 6-46 所示。

此外，另一种典型的应力路径是土样上的侧向应力逐渐增大而成为大主应力，此时试样垂直方向不是因为受压而缩短，相反试样被挤长，称为挤长试验，而前面所述的两种情况都是垂直方向缩短，因而也统称压缩试验。挤长也是一种实际的应力路径。如挡土墙上的被动土压力情况以及地基稳定破坏区域中都有这种应力路径。

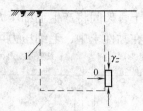

图 6-45 基坑开挖时土中某点的应力变化图
1—开挖线

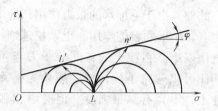

图 6-46 两种三轴试验的应力路径

实际地基中可能有各种应力路径。不同应力路径的加荷情况，是否可以采用同样的 c、φ 值，这是进行土木工程设计时首先要解决的一个问题。通过室内对比试验，可以得到如下的一些认识：①排水与不排水的应力路径对 c、φ 值基本上没有影响；②对于均匀的非各向异性的正常固结的黏土和均质砂土，压缩试验和挤长试验得到的摩擦角净值也是基本相同的；③对各向异性的土，不同应力路径的试验得到的抗剪强度值可能差别很大。

上述情况说明对于比较均匀的、非各向异性的土常规三轴试验得到的 c、φ 值可以适用于各种不同的应力路径的加荷情况。但是，试验证明不同应力路径对土的应力应变关系有较大的影响，此问题尚需通过进一步的试验研究逐步明确。

6.5.5　土的抗剪强度的影响因素

由库仑定律可知，土的抗剪强度由两部分组成，即黏聚力 c 和摩擦强度 $\sigma\tan\varphi$。通常认为，粗粒土颗粒间没有黏聚力，即 $c=0$。因此，土的抗剪强度的影响因素可从这两个方面分析。

1. 黏聚力的影响因素

细粒土的黏聚力 c 取决于土粒间的各种物理化学作用力，包括库仑力（静电力）、范德华力、胶结作用力等。对黏聚力的微观研究是一个很复杂的问题，目前还存在着各种不同的见解。前苏联学者把黏聚力区分成两部分，即原始黏聚力和固化黏聚力。原始黏聚力来源于颗粒间的静电力和范德华力。颗粒间的距离越近，单位面积上土粒的接触点越多，则原始黏聚力越大。因此，同一种土的密度越大，原始黏聚力就越大。当颗粒间相互离开一定距离以后，原始黏聚力才完全丧失。固化黏聚力取决于颗粒之间胶结物质的胶结作用，如土中的游离氯化物、铁盐、碳酸盐和有机质等。固化黏聚力除了与胶结物质的强度有关外，还随着时间的推移而强化。密度相同的重塑土的抗剪强度与原状土的抗剪强度往往有较大的差别，沉积年代越久的土强度越高，很重要的原因就是固化粘结力所起的作用。

图 6-47 表示两个地区同一黏土层的原位抗剪强度和经过彻底扰动膨胀后的抗剪强度的试验结果。图中曲线 1、2、3 分别表示土的塑限、天然含水量和液限随深度的变化；曲线 4 表示天然状态下土的抗剪强度随深度的变化；曲线 5 则表示膨胀后，含水量较天然含水量提高 5%～8% 时土的抗剪强度随深度的变化。因为土层相当均匀，所以液、塑限和天然含水量随深度变化很小，但是土的天然强度随深度明显增大。分析其原因，可能是由于这种土的塑性指数高，黏性大，当沉积的速度较缓慢时，重力克服不了黏聚力所产生的阻力，所以表现为土层的密度随深度变化很小，而固化黏聚力随沉积时间的增加而增大，所以土的抗剪强度随深度增大而增大，但一旦土体受扰动，发生膨胀以后，固化黏聚力消失，土的抗剪强度显著降低，而且不再随深度而变化，因为这时只剩下原始黏聚力，它仅决定于土的密度。

此外，由于毛细水的张力作用，地下水位以上的土在土骨架间将产生毛细压力。毛细压力也有联结土颗粒的作用。土颗粒越细，毛细压力越大。在黏性土中，毛细压力可达到一个大气压以上。粗粒土的粒间分子力与重力相比可以忽略不计，故一般认为是无黏性土，不具有黏聚强度。但有时粗粒土间也有胶结物质存在而具有一定的黏聚强度。另外，非饱和砂土的颗粒间也会受到毛细压力，当含水量适当时有明显的黏聚作用，可以捏成团。但因为该粘聚作用是暂时的，工程中不能作为粘聚强度考虑。

2. 摩擦强度的影响因素

摩擦强度取决于剪切面上的正应力 σ 和土的内摩擦角 φ。粗粒土之间的内摩擦主要是颗粒之间的相对移动，其所产生的摩擦不仅包括颗粒之间滑动时产生的滑动摩擦，也包括颗粒之间脱离咬合状态而移动所产生的咬合摩擦。

滑动摩擦是由于颗粒接触面粗糙不平所引起的，与土颗粒的形状、矿物组成、颗粒级配等因素有关。土粒间的滑动摩擦可用滑动摩擦角 φ_u 表示。以石英砂为例，φ_u 值与颗粒组成的关系如图 6-48 所示。图中曲线表明，随着粒径增大，滑动摩擦角 φ_u 反而减小，其原因可能是粗颗粒的重心离剪切面远，受剪切作用时容易产生部分滚动摩擦。

咬合摩擦是指发生相对移动的相邻颗粒之间的约束作用。图 6-49a 表示相互咬合着的颗粒排列。当土体内沿某一剪切面产生剪切破坏时，相互咬合的颗粒必须从原来的位置被抬起，如图 6-49b 中颗粒 A，其需要跨越相邻颗粒（颗粒 B），或者在尖角处将颗粒剪断（颗粒 C），然后才能发生相对移动。在破坏原来咬合状态的过程中，一般表现为体积胀大，即发生"剪胀"现象才能达到剪切破坏。剪胀要消耗部分能量，这部分能量由剪切力做功来补偿，即表现为内

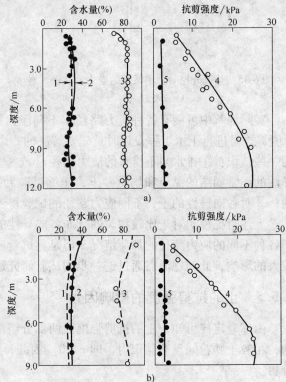

图 6-47　天然土层的原状强度和扰动强度
1—塑限　2—天然含水量　3—液限　4—天然状态抗剪强度
5—膨胀后抗剪强度

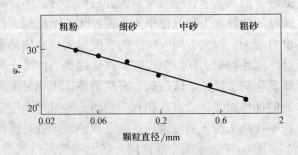

图 6-48　砂的滑动摩擦角

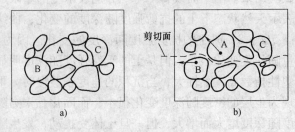

图 6-49　土内的剪切面

摩擦角的增大。土颗粒越密实，磨圆度越小，咬合作用越强，则内摩擦角越大。此外，剪切过程中，土体颗粒将重新排列，也会消耗或释放出一定的能量，对内摩擦角也有影响。综上所述，可以认为影响粗粒土内摩擦角的主要因素是密度、颗粒级配、颗粒形状及矿物成分。图 6-50 综合表示了这些因素对粗粒土内摩擦角的影响及一般的变化范围，可供参考。

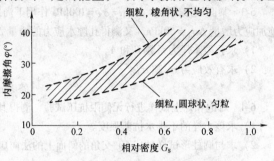

图 6-50　土的相对密度和内摩擦角

细粒土的颗粒表面存在着吸附水膜，颗粒间可以在接触点处直接接触，也可以通过吸附水膜而间接接触，所以其摩擦强度要比粗粒土复杂。除了由于相互移动和咬合作用所引起的摩擦强度外，在颗粒表面接触点处因为物理化学作用而产生的吸引力对土的摩擦强度也有影响。

复习思考题

6-1　什么是土的抗剪强度？其主要影响因素有哪些？

6-2　什么是库仑强度理论？什么是莫尔—库仑强度理论？

6-3　何谓土的极限平衡状态？何谓土的极限平衡条件？利用莫尔—库仑强度准则如何推求土的极限平衡条件的表达式？

6-4　土体中首先发生剪切破坏的平面是否就是剪应力最大的平面？为什么？在何种情况下剪切破坏面与剪应力最大平面一致？

6-5　分别简述直剪和三轴压缩试验的原理，并比较两者的优缺点和适用范围。

6-6　试根据有效应力原理在强度问题中应用的基本概念，分析三轴试验的三种不同试验方法中土样孔隙应力和含水量变化的情况。

6-7　什么是土的无侧限抗压强度？它与土的不排水强度有何关系？如何用无侧限抗压强度试验来测定黏性土的灵敏度？

6-8　根据孔隙压力系数 A、B 的物理意义，说明三轴 UU 和 CU 试验方法求 A、B 的区别。

6-9　什么是应力路径？举例说明土木工程地基中常见的应力路径。

6-10　分析影响土体抗剪强度的各种因素。

习　题

6-1　某土样的抗剪强度指标 $c = 20$kPa，$\varphi = 30°$，若作用在土样上的大、小主应力分别为 350kPa 和 150kPa，问该土样是否破坏？若小主应力为 100kPa，该土样能经受的最大主应力为多少？

[答案：不破坏，$\sigma_1 = 369.3$kPa]

6-2　取饱和的正常固结黏性土样进行固结不排水试验，测得试件破坏时的数据见表 6-4。

表 6-4　试件破坏时的数据

周围压力/kPa	偏差应力/kPa	孔隙水应力/kPa
490	286	271
686	400	379

1）求黏性土的总应力强度指标和有效应力强度指标。

2）计算破坏时的孔隙水压力系数 A_f。

　　　　　　　［答案：1）$c_{cu}=0$，$\varphi_{cu}=13.5°$，$c'=0$，$\varphi'=23.2°$；2）$A_f=0.948$］

　　6-3　某圆柱形试样，在 $\sigma_1=\sigma_3=100kPa$ 作用下尚未固结，测得孔隙水应力 $u=40kPa$，然后沿 σ_1 方向施加应力增量 $\Delta\sigma_1=50kPa$，又测得孔隙水应力的增量 $\Delta u=32kPa$。

　　1）求孔隙水压力系数 B 和 A。

　　2）求有效应力 σ_1' 和 σ_3'。

　　　　　　　［答案：1）$B=0.4$，$A=1.6$；2）$\sigma_1'=78kPa$，$\sigma_3'=28kPa$］

　　6-4　对饱和黏土试样进行无侧限抗压试验，测得其无侧限抗压强度 $q_u=120kPa$。

　　1）求该土样的不排水抗剪强度。

　　2）求与圆柱形试样轴成 $60°$ 交角的斜面上的法向应力 σ 和剪应力 τ。

　　　　　　　［答案：1）$c_u=60kPa$；2）$\sigma=90kPa$，$\tau=52kPa$］

第7章 土压力及挡土结构

7.1 概述

在土木、水利、公路、铁路、桥梁、港口码头、地下洞室等工程中，经常会需要修建挡土结构物以支撑天然或人工土体不致坍塌滑移，保持土体稳定。这种用来侧向支撑土体的结构物，统称为挡土墙。位于挡土墙后的土体因自重或外荷载作用对墙背产生的侧向压力就称为土压力。挡土墙在各类土木工程中应用很广，结构形式也很多。土压力是设计挡土墙断面和验算其稳定性的重要依据。由于受诸多因素的影响，土压力的计算是个比较复杂的问题。土压力的大小及分布规律，除了与土的性质有关外，还和墙体的位移方向、位移量、土体与结构物间的相互作用以及挡土结构的类型等因素有关。

计算土压力的理论有多种，但世界各国大多采用两种古典的土压力理论，即朗肯（Rankine）理论和库仑（Coulomb）理论。尽管这两种理论都基于不同的假定，但概念明确、计算简单，且国内外大量挡土墙试验、原位测试及理论研究结果均表明，其计算方法实用可靠，至今仍在土木工程领域广泛应用。因此，本章主要讨论朗肯土压力理论和库仑土压力理论。

7.1.1 挡土墙的结构类型及工程应用

挡土墙按常用的结构形式可分为重力式、悬臂式和扶壁式三种（图7-1）。一般多做成重力式。按挡土墙的刚度可分为刚性挡土墙、柔性挡土墙和临时支撑三类。挡土墙可用块石、黏土砖、素混凝土和钢筋混凝土等材料建成。

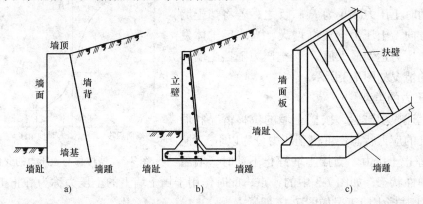

图7-1 挡土墙的结构类型

a) 重力式 b) 悬臂式 c) 扶壁式

挡土墙在各类工程中的应用十分广泛，如山区和丘陵地区，在土坡上、下修筑房屋时，防止土坡滑动失稳的挡土墙（图7-2a）；支挡建筑物周围人工填土的挡土墙（图7-2b）；地下厂房或房屋地下室的外墙（图7-2c）；江河岸边桥梁接岸的桥台（图7-2d）；道路沿线两侧的挡土墙或支挡砂卵石等散粒材料的挡土墙（图7-2e）；港口码头工程中常用的岸墙（图7-2f）等。

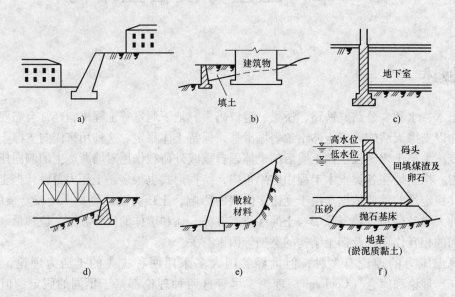

图 7-2　挡土墙的工程应用示例

7.1.2　作用在挡土墙上的土压力

1. 土压力模型试验

太沙基为了研究作用于墙背上的土压力，曾做过模型试验。模型墙高 2.18m，墙后填满中砂。试验时使墙向前后移动，以观测墙在移动过程中土压力值的变化。当墙静止不动时测得墙上的土压力为 P_0；如果将挡土墙向离开土体的临空方向移动时，测得的土压力会逐渐减小，当土体发生滑动时土压力减小为 P_a；反之，若将挡土墙推向填土方向，土压力会逐渐增大，当墙后土体发生滑动时土压力达到最大值 P_p。土压力随挡土墙移动而变化的情况如图 7-3 所示。

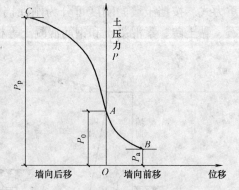

图 7-3　墙位移与土压力的变化曲线

2. 土压力的类型

根据上述模型试验，按挡土墙的位移情况和墙后土体所处的应力状态，可将土压力分为以下三种：

（1）静止土压力　当挡土墙静止不动时，墙后土体处于弹性状态，如图 7-3 中的 A 点，此时作用于挡土墙上的土压力称为静止土压力，以 P_0 表示。此时挡土墙工况如图 7-4a 所示。

（2）主动土压力　当挡土墙在墙后填土的推力作用下背离土体转动或平行移动时，土体的强度发挥作用，使作用于墙背上的土压力减小。当墙向前位移达到一定位移 $-\Delta$ 时，墙后土体中产生滑裂面 AB，同时在此滑裂面上产生的剪应力达到其抗剪强度值，此时墙后土体达到主动极限平衡状态，土压力减至最小，称为主动土压力，以 P_a 表示。此时挡土墙工况如图 7-4b 所示。

（3）被动土压力 当挡土墙在外力作用下向着墙后填土方向转动或平行移动时，则填土因受到墙的挤压，使作用在墙背上的土压力逐渐增大。直到挡土墙向填土方向的位移量达到一定值 $+\Delta$ 时，墙后土体即将被挤出，产生滑裂面 AC，作用在此滑裂面上的剪应力达到其抗剪强度，墙后填土达到被动极限平衡状态，墙背上作用的土压力也增至最大值，称为被动土压力，以 P_p 表示。此时墙的工况如图 7-4c 所示。

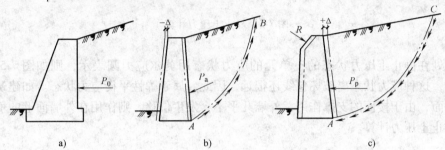

图 7-4 挡土墙上的三种土压力

在相同的墙高和填土条件下，主动土压力小于静止土压力，而被动土压力大于静止土压力，即

$$P_a < P_0 < P_p$$

7.2 静止土压力计算

挡土墙完全没有侧向位移、偏转和自身弯曲变形时，作用在其上的土压力即为静止土压力，此时墙后土体处于侧限应力状态（弹性平衡状态），与土的自重应力状态相同。若在墙后深度 z 处取一土单元（图 7-5b），其应力状态就相当于半无限弹性土体中深度为 z 处一点的应力状态（图 7-5a），已知其水平面和竖直面都是主应力面。作用于该土单元上的竖直向主应力就是自重应力 $\sigma_z = \gamma z$，则水平向自重应力（静止土压力强度）

$$p_0 = \sigma_h = K_0 \gamma z \tag{7-1}$$

式中 γ——墙后填土重度（kN/m^3）；

K_0——土的侧压力系数或静止土压力系数。

K_0 与土的性质、密实程度、应力历史等因素有关，一般对于砂土 $K_0 = 0.35 \sim 0.50$，黏性土 $K_0 = 0.50 \sim 0.70$。对于正常固结黏性土和无黏性土，可近似按 $K_0 \approx 1 - \sin\varphi'$ 取值（Jaky，1944 年），（φ' 为土的有效内摩擦角）。

静止土压力强度沿墙高呈三角形分布（图 7-5c）。若墙高为 H，则作用于单位长度挡土墙上的总静止土压力 P_0 为

$$P_0 = \frac{1}{2}K_0\gamma H^2 \tag{7-2}$$

式中 H——挡土墙高度（m）。

静止土压力的合力 P_0 的作用点应在距墙底 $H/3$ 处。

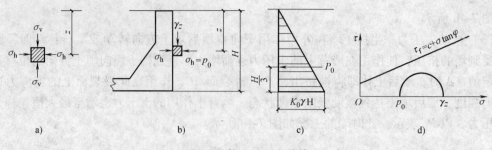

图7-5 静止土压力计算

若将处在静止土压力状态的土单元的应力状态用莫尔应力圆表示，则如图7-5d 所示。可以看出，这种应力状态离破坏包线还很远，因此，属于弹性平衡应力状态。如建筑物地下室的外墙面，由于楼面的支撑作用，外墙几乎不会发生位移，则作用在外墙面上的填土侧压力可按静止土压力计算。

7.3 朗肯土压力理论

1857 年英国学者朗肯研究了在自重应力作用下，弹性半无限空间体内的应力状态发展为极限平衡状态的条件，提出计算挡土墙土压力的理论，又称为极限应力法。

7.3.1 朗肯土压力理论的基本假定与基本原理

1. 朗肯土压力理论的基本假定

1）挡土墙本身是刚性的，不考虑墙身的变形。

2）墙后填土表面水平，延伸到无限远处。

3）挡土墙背面垂直光滑，即不考虑墙与土之间的摩擦力。

2. 朗肯土压力理论的基本原理

图7-6a 所示为一表面水平的均质弹性半无限土体，即垂直向下和沿水平方向都为无限延伸。由于土体内每一竖直面都是对称面，因此地面以下深度为 z 处 M 点在自重作用下垂直截面和水平截面上的剪应力为零。该点处于弹性平衡状态，其应力状态为

$$\sigma_v = \gamma z, \quad \sigma_h = K_0 \gamma z$$

σ_v 和 σ_h 都是主应力，令 $\sigma_1 = \sigma_v = \gamma z$，$\sigma_3 = \sigma_h = K_0 \gamma z$，作莫尔应力圆 I（图7-6d），应力圆与抗剪强度线没有相切，该点处于弹性平衡状态。若有一光滑的垂直平面 AB 通过 M 点，则 AB 面与土间既无摩擦力又无位移，因此它不影响土中原有的应力状态。

如果用墙背直立且光滑的刚性挡土墙代替 AB 平面（图7-6a）的左半部分土体，且使挡土墙离开土体向左方移动，则右半部分土体有伸张的趋势。此时，竖向应力 σ_v 不变，墙面的法向应力 σ_h 减小。因为墙背光滑且无剪应力作用，则 σ_v 和 σ_h 仍为大小主应力。当挡土墙的位移使得 σ_h 减小到土体的极限平衡状态时，则 σ_h 减小到最低限值 p_a，即为所求的朗肯主动土压力强度。此后，即使墙再继续移动，土压力也不会进一步减小。此时 σ_v 和 σ_h 的应力圆 II 为莫尔破裂圆，与抗剪强度线相切，土体形成一系列滑裂面（图7-6b）。滑裂面的方向与大主应力作用面（即水平面）的夹角为 $\alpha = 45° + \dfrac{\varphi}{2}$。滑动土体此时的应力状态称为

主动朗肯状态。

如果代替 AB 面的挡土墙向右移动挤压土体，则竖向应力 σ_v 仍然不变，墙面的法向应力 σ_h 逐渐增大，直至超过 σ_v 值。因而 σ_h 变为大主应力，σ_v 变为小主应力。当挡土墙上的法向应力 σ_h 增大到土体极限平衡状态时，应力圆与抗剪强度线相切（图 7-6d 中的圆Ⅲ），土体中形成一系列滑裂面（图 7-6c），滑裂面与水平面的夹角为 $\alpha = 45° - \dfrac{\varphi}{2}$。此时滑动土体的应力状态称为被动朗肯状态。此时墙面上的法向应力 p_p，即为所求的朗肯被动土压力强度。

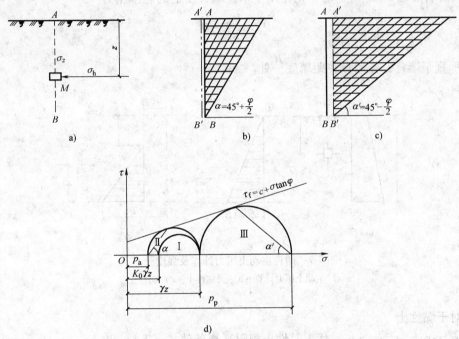

图 7-6　弹性半空间土体的极限平衡状态

7.3.2　主动土压力的计算

由土的强度理论可知，当土体中某点处于极限平衡状态时，大主应力和小主应力之间应满足以下关系式：

黏性土
$$\sigma_1 = \sigma_3 \tan^2\left(45° + \frac{\varphi}{2}\right) + 2c\tan\left(45° + \frac{\varphi}{2}\right) \tag{7-3}$$

或
$$\sigma_3 = \sigma_1 \tan^2\left(45° - \frac{\varphi}{2}\right) - 2c\tan\left(45° - \frac{\varphi}{2}\right) \tag{7-4}$$

无黏性土
$$\sigma_1 = \sigma_3 \tan^2\left(45° + \frac{\varphi}{2}\right) \tag{7-5}$$

或
$$\sigma_3 = \sigma_1 \tan^2\left(45° - \frac{\varphi}{2}\right) \tag{7-6}$$

当挡土墙背离土体发生位移，使墙后填土达到朗肯主动极限平衡状态时（图 7-7a），作用于任意深度 z 处土单元上的 $\sigma_v = \gamma z = \sigma_1$，$\sigma_h = p_a = \sigma_3$，即 $\sigma_v > \sigma_h$。

1. 对于无黏性土

将 $\sigma_1 = \sigma_v = \gamma z$，$\sigma_3 = p_a$ 代入无黏性土极限平衡条件式 (7-6) 得

$$p_a = \sigma_3 = \sigma_1 \tan^2\left(45° - \frac{\varphi}{2}\right) = \gamma z K_a \tag{7-7}$$

式中 $K_a = \tan^2\left(45° - \frac{\varphi}{2}\right)$——朗肯主动土压力系数。

由式 (7-7) 可见，朗肯主动土压力 p_a 沿墙高呈三角形分布（图7-7b），作用方向垂直于墙背，当墙高为 $H(z = H)$ 时，则作用于单位墙长度上的总土压力

$$P_a = \frac{1}{2} K_a \gamma H^2 \tag{7-8}$$

P_a 垂直于墙背，作用点在距墙底 $\frac{H}{3}$ 处。

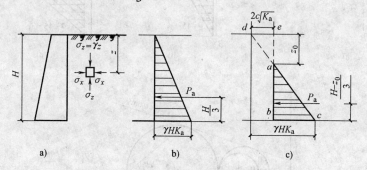

图7-7 朗肯主动土压力计算及强度分布
a）主动土压力计算 b）无黏性土 c）黏性土

2. 对于黏性土

将 $\sigma_1 = \sigma_v = \gamma z$，$\sigma_3 = p_a$，代入黏性土极限平衡条件式 (7-4) 得

$$p_a = \sigma_1 \tan^2\left(45° - \frac{\varphi}{2}\right) - 2c\tan\left(45° - \frac{\varphi}{2}\right) = \gamma z K_a - 2c \sqrt{K_a} \tag{7-9}$$

从式 (7-9) 可见，黏性土的主动土压力由两部分组成：第一项 $\gamma z K_a$ 为土重产生的，是正值，随深度呈三角形分布；第二项为粘结力 c 引起的土压力 $2c \sqrt{K_a}$，是负值，起减小土压力的作用，其值是常量，不随深度变化，两部分叠加的结果如图7-7c所示。图中 ade 部分为负侧压力。由于墙面光滑，土对墙面产生的拉力会使土与墙面脱开，出现深度为 z_0 的裂隙。因此，略去这部分土压力后，实际土压力分布应为 abc 部分。

a 点至填土表面的高度 z_0 称为临界深度，可由式 (7-9)，令 $p_a = 0$ 得

$$z = z_0 = \frac{2c}{\gamma \sqrt{K_a}} \tag{7-10}$$

总主动土压力 P_a 应为三角形 abc 的面积，即

$$P_a = \frac{1}{2}\left[\left(\gamma H K_a - 2c \sqrt{K_a}\right)\left(H - \frac{2c}{\gamma \sqrt{K_a}}\right)\right] = \frac{1}{2}\gamma H^2 K_a - 2cH \sqrt{K_a} + \frac{2c^2}{\gamma} \tag{7-11}$$

P_a 作用点则位于墙底以上 $\frac{1}{3}(H - z_0)$ 处。

7.3.3 被动土压力的计算

当挡土墙受到外力作用而推向土体时（图 7-8a），填土中任意点的竖向应力 $\sigma_v = \gamma z$ 仍不变，而水平向应力 σ_h 却因受墙体挤压逐渐增大，直至出现朗肯被动极限状态，此时，σ_h 为最大主应力 σ_1，即朗肯被动土压力 p_b，$\sigma_v = \gamma z$ 为最小主应力 σ_3。被动土压力强度 p_p 的表达式为：

1. 对于无黏性土

由式（7-5）得

$$p_p = \sigma_1 = \sigma_3 \tan^2\left(45° + \frac{\varphi}{2}\right) = \gamma z K_p \tag{7-12}$$

式中 $K_p = \tan^2\left(45° + \frac{\varphi}{2}\right)$——朗肯被动土压力系数。

由式（7-12）可见，朗肯被动土压力强度 p_p 沿墙高也呈三角形分布（图 7-8b），作用方向垂直于墙背，当墙高为 H（$z = H$）时，则作用于单位墙长度上的总土压力

$$P_p = \frac{1}{2} K_p \gamma H^2 \tag{7-13}$$

P_p 垂直于墙背，作用点在距墙底 $\frac{H}{3}$ 处。

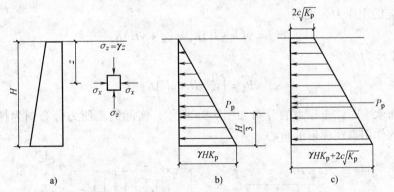

图 7-8 朗肯被动土压力计算及强度分布

a) 被动土压力计算 b) 无黏性土 c) 黏性土

2. 对于黏性土

由式（7-3 得）

$$p_p = \sigma_1 = \sigma_3 \tan^2\left(45° + \frac{\varphi}{2}\right) + 2c\tan\left(45° + \frac{\varphi}{2}\right) = \gamma z K_p + 2c\sqrt{K_p} \tag{7-14}$$

由式（7-14）可见，黏性土的被动土压力强度呈梯形分布（图 7-8c）。作用方向垂直于墙背，当墙高为 H（$z = H$），则作用于单位墙长度上的总土压力

$$P_p = \frac{1}{2}\gamma H^2 K_p + 2cH\sqrt{K_p} \tag{7-15}$$

总土压力的作用位置通过梯形面积重心。

朗肯土压力理论应用弹性半无限土体的应力状态，根据土的极限平衡理论推导并计算土压力，计算公式简单，概念明确。但由于该理论假设墙背垂直、光滑，填土表面水平，使其计算条件和使用范围受到限制。应用朗肯理论计算土压力，所得主动土压力值偏大，被动土压力值偏小，因而是偏于安全的。

7.3.4 特殊情况下土压力计算

朗肯土压力力理论概念明确，计算简单，因而被广泛应用于实际工程中。但由于影响土压力的因素复杂，工况条件各异，所以在具体工程应用时，常常需要根据具体工况作某些近似处理，以便简化计算和更符合工程实际。

1. 墙后填土表面有均布荷载

当挡土墙后填土面有连续均布荷载 q 作用时，通常土压力的计算方法是将均布荷载换算成当量土重，即用假想土重代替均布荷载。当填土面水平时（图7-9a），其当量土层厚度为

$$h = \frac{q}{\gamma} \tag{7-16}$$

式中 γ——填土的重度（kN/m^3）。

以 $A'B$ 为墙背，按填土面无荷载的情况计算土压力。以无黏性土为例，则填土面 A 点的主动土压力强度为

$$\sigma_{aA} = \gamma h K_a = q K_a \tag{7-17}$$

墙底 B 点的土压力强度为

$$\sigma_{aB} = \gamma(h + H)K_a = (q + \gamma H)K_a \tag{7-18}$$

总主动土压力为

$$P_a = \left(\frac{1}{2}\gamma H + qH\right)K_a \tag{7-19}$$

当填土面水平时，土压力的分布如图7-9a所示，实际的土压力分布图为梯形 $ABCD$ 部分，土压力的作用点在梯形的重心。

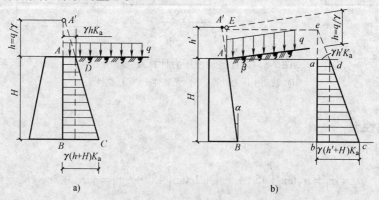

图7-9 填土面有均布荷载时的土压力计算
a）填土面水平 b）填土面倾斜

当填土面和墙背面倾斜时（图7-9b），当量土层的厚度仍为 $h = \dfrac{q}{\gamma}$，假想的填土面与墙背 AB 的延长线交于 A' 点，故以 $A'B$ 为假想墙背计算主动土压力，但由于填土面与墙背面倾

斜，假想的墙高应为 $h' + H$，根据 $\triangle A'BE$ 的几何关系可得

$$h' = h\frac{\cos\beta\cos\alpha}{\cos(\alpha - \beta)} \tag{7-20}$$

然后，同样以 $A'B$ 为假想的墙背按地面无荷载的情况计算土压力。

当填土表面的均布荷载从墙背后某一距离开始作用时，如图 7-10a 所示，在这种情况下的土压力计算可按以下方法进行：自均布荷载作用起点 O 作两条辅助线 OD 和 OE，与水平面的夹角分别为 φ 和 θ，对于垂直光滑的墙背 $\theta = 45° + \dfrac{\varphi}{2}$，可以认为 D 点以上的土压力不受地表荷载的影响，E 点以下完全受均布荷载的影响，D 点和 E 点间的土压力用直线连接，因此墙背 AB 上的土压力为图中阴影部分。当地面上均布荷载在一定宽度范围内时，如图 7-10b 所示，从荷载的两端点 O 和 O' 作两条辅助线 OD 和 $O'E$，都与水平面成 θ 角，认为 D 点以上和 E 点以下的土压力都不受地面荷载的影响，D 点和 E 点之间的土压力按均布荷载计算，AB 墙面上的土压力如图中的阴影部分。

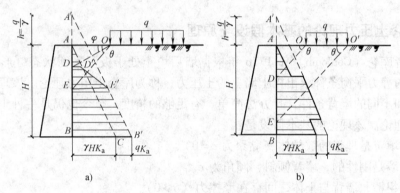

图 7-10　填土面有均布荷载的土压力计算
a）无限延伸荷载　b）局部荷载

2. 墙后成层填土

当墙后填土有几层不同种性质的土层时，如图 7-11 所示。在计算土压力时，第一层的土压力可按均质土计算，土压力的分布如图中 abc 部分。在计算第二层土的土压力时，将第一层土按重度换算成与第二层土相同的当量土层，即其当量土层厚度为 $h' = h_1\dfrac{\gamma_1}{\gamma_2}$，然后以 $h_1' + h_2$ 为墙高，按均质土计算土压力，但只在第二层土厚度范围内有效，如图中 $bdfe$ 部分。但必须注意，由于各层土的性质不同，主动土压力系数 K_a 也不同。图中所示的土压力强度计算是无黏性填土（$\varphi_1 < \varphi_2$）的情况。

3. 墙后填土有地下水

当墙后填土中有地下水时，计算挡土墙的土压力应考虑水位及其变化的影响。此时作用于墙背上的土压力由土的自重压力和静水压力两者叠加而成。而且，由于地下水的存在将使土的含水量增加，抗剪强度降低，致使土压力增大，因此，挡土墙应该有良好的排水措施。

以无黏性土为例，计算土压力时，假设地下水位上下土的内摩擦角 φ 和墙与土之间的

摩擦角δ相同。在图 7-12 中，*abdec* 部分为土压力分布图，*cef* 部分为水压力分布图，总侧压力为土压力和水压力之和。

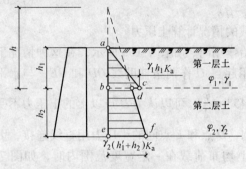

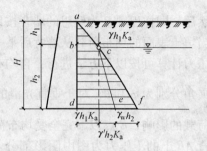

图 7-11　成层填土的土压力计算　　　　图 7-12　有地下水时的土压力计算

7.4　库仑土压力理论

7.4.1　库仑土压力理论的基本假设与原理

法国学者库仑（Coulomb）于 1776 年根据墙后填土处于极限平衡状态，形成一滑动楔体，从楔体的静力平衡条件求出挡土墙上的土压力，称为库仑土压力理论。该理论可适用于各种填土面和不同的墙背条件，且方法简单，有足够的精度，至今也仍是一种工程中广泛应用的土压力理论。该理论的基本假设是：

1）墙后填土是理想的散粒体（黏聚力 $c = 0$）。

2）挡土墙是刚性的，墙背倾斜，倾角为 ε。

3）墙面粗糙，墙背与土体之间存在摩擦力（$\delta > 0$）。

4）当墙背向前或向后达到极限平衡状态时，滑动破裂面为通过墙踵的斜平面，在土体内部形成滑动楔体。

基本原理：库仑研究了回填砂土挡土墙的主动土压力，把处于主动土压力状态下的挡土墙离开土体的位移，看成是一块楔形土体（土楔）沿墙背和土体中某一平面（滑动面）同时发生向下滑动。土楔夹在两个滑动面之间，一个面是墙背，另一个面在土中，如图 7-13 中的 *AB* 和 *BC* 面，土楔和墙背之间有摩擦力的作用。因为填土为砂土，故不存在黏聚力。根据土楔的静力平衡条件，可以求解出挡土墙对滑动土楔的支撑反力，从而可求解出作用于墙背的总土压力。据此原理，按照受力条件的不同，可以求出总的库仑主动土压力和被动土压力。这一方法又称为滑动土楔平衡法。但必须指出，应用库仑土压力理论计算时，通常要试算不同的滑动面，只有最危险的滑动面对应的土压力才是土楔作用于墙背上的主动土压力或被动土压力。

7.4.2　主动土压力的计算

如图 7-13 所示，墙背与垂直线的夹角为 ε，填土表面倾角为 β，墙高为 H，填土与墙背之间的摩擦角为 δ，土的内摩擦角为 φ，土的黏聚力 $c = 0$，滑动面为 *BC* 通过墙踵，假定滑动面与水平面的夹角为 α，取滑动土楔 *ABC* 作为隔离体进行受力分析（图 7-13b）。

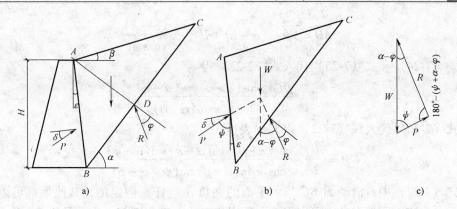

图7-13 库仑土压力计算原理图

当滑动土楔 ABC 向下滑动，处于极限平衡状态时，土楔上作用有以下三个力：

1）土楔 ABC 自重 W，当滑动面的倾角 α 确定后，由几何关系可计算土楔自重。

2）破裂滑动面 BC 上的反力 R，该力是楔体滑动时产生的土与土之间摩擦力在 BC 面上的合力，作用方向与 BC 面的法线的夹角等于土的内摩擦角 φ。楔体下滑时，R 的位置在法线的下侧。

3）墙背 AB 对土楔体的反力为 P，与该力大小相等、方向相反的楔体作用在墙背上的压力，就是主动土压力。力 P 的作用方向与墙面 AB 的法线的夹角 δ 就是土与墙之间的摩擦角，称为外摩擦角。楔体下滑时，该力的位置在法线的下侧。

土楔体 ABC 在以上三个力的作用下处于静力极限平衡状态，则由该三力构成的力的矢量三角形必然自行闭合。已知 W 的大小和方向，以及 R、P 的方向，可作出力的三角形（图7-13c）。

若 W 与 P 之间的夹角设为 ψ，$\psi = 90° - (\delta + \varepsilon)$，根据几何关系可知：$W$ 与 R 之间的交角为 $\alpha - \varphi$；P 与 R 之间的夹角为 $180° - (\psi + \alpha - \varphi)$。对力的三角形，由正弦定理得

$$\frac{P}{\sin(\alpha - \varphi)} = \frac{W}{\sin[180° - (\psi + \alpha - \varphi)]} \tag{7-21}$$

故有

$$P = \frac{W\sin(\alpha - \varphi)}{\sin(\psi + \alpha - \varphi)} \tag{7-22}$$

过 A 点作 AD 线垂直于 BC，则土楔重

$$W = \gamma \cdot \frac{1}{2}\overline{BC} \cdot \overline{AD} \tag{7-23}$$

在三角形 ABC 中，利用正弦定理可得

$$\overline{BC} = \overline{AB} \cdot \frac{\sin(90° - \varepsilon + \beta)}{\sin(\alpha - \beta)}$$

因为

$$\overline{AB} = \frac{H}{\cos\varepsilon}$$

故

$$\overline{BC} = H \cdot \frac{\cos(\varepsilon - \beta)}{\cos\varepsilon\sin(\alpha - \beta)} \tag{7-24}$$

由三角形 ABD 得

$$\overline{AD} = \overline{AB}\cos(\alpha - \varepsilon) = H \cdot \frac{\cos(\alpha - \varepsilon)}{\cos\varepsilon} \tag{7-25}$$

将式（7-24）和式（7-25）代入式（7-23）得

$$W = \frac{\gamma H^2}{2} \cdot \frac{\cos(\varepsilon - \beta)\cos(\alpha - \varepsilon)}{\cos^2\varepsilon\sin(\alpha - \beta)} \tag{7-26}$$

将式（7-26）代入式（7-22）得 P 的表达式为

$$P = \frac{\gamma H^2}{2} \cdot \frac{\cos(\varepsilon - \beta)\cos(\alpha - \varepsilon)\sin(\alpha - \varphi)}{\cos^2\varepsilon\sin(\alpha - \beta)\sin(\psi + \alpha - \varphi)} \tag{7-27}$$

在式（7-27）中，滑动面 BC 与水平面的夹角 α 是任意假定的，其他量都可以是已知的，因此，假定不同的滑动面可以得出一系列相应的土压力 P 值，也就是说 $P = f(\alpha)$，P 是 α 的函数。P 的最大值 P_{max} 即为墙背的主动土压力 P_a。其所对应的滑动面即是土楔最危险的滑动面。为求主动土压力，可用微分求极值的方法求 P 的极大值，为此可令

$$\frac{\mathrm{d}P}{\mathrm{d}\alpha} = 0$$

从而解得使 P 为极大值时填土的破坏角 α_{cr}，这就是真正滑动面的倾角。将 α_{cr} 代入式（7-27），整理后可得库仑主动土压力的一般表达式

$$P_a = \frac{1}{2}\gamma H^2 \cdot \frac{\cos^2(\varphi - \varepsilon)}{\cos^2\varepsilon\cos(\varepsilon + \delta)\left[1 + \sqrt{\dfrac{\sin(\varphi + \delta)\sin(\varphi - \beta)}{\cos(\varepsilon + \delta)\cos(\varepsilon - \beta)}}\right]^2} = \frac{1}{2}\gamma H^2 K_a \tag{7-28}$$

式中 K_a——库仑主动土压力系数，$K_a = \dfrac{\cos^2(\varphi - \varepsilon)}{\cos^2\varepsilon\cos(\varepsilon + \delta)\left[1 + \sqrt{\dfrac{\sin(\varphi + \delta)\sin(\varphi - \beta)}{\cos(\varepsilon + \delta)\cos(\varepsilon - \beta)}}\right]^2}$，可

         根据参数 φ、ε、β、δ 计算或查表 7-1 确定；

     γ——墙后填土重度（kN/m^3）；

     H——挡土墙的高度（m）；

     ε——墙背与铅直线的夹角（墙背倾角），以铅直线为准，顺时针为负，称仰斜；逆时针为正，称俯斜；

     δ——墙背与填土之间的摩擦角，由试验确定，无试验资料时，一般取 $\delta = \left(\dfrac{1}{3} \sim \dfrac{2}{3}\right)\varphi$，也可参照表 7-2 取值；

     φ——墙后填土的内摩擦角；

     β——填土表面的倾角。

当墙背直立（$\varepsilon = 0$），墙面光滑（$\delta = 0$），填土表面水平（$\beta = 0$）时，库仑主动土压力系数 $K_a = \tan^2\left(45° - \dfrac{\varphi}{2}\right)$，与朗肯主动土压力系数相同。式（7-28）变为

$$P_a = \frac{1}{2}\gamma H^2\tan^2\left(45° - \frac{\varphi}{2}\right) = \frac{1}{2}\gamma H^2 K_a$$

上式为朗肯主动土压力公式。由此可知，朗肯主动土压力公式是库仑土压力公式的特殊情况。

表 7-1 主动土压力系数 K_a 值

δ	ε	β＼φ	15°	20°	25°	30°	35°	40°	45°	50°
0°	0°	0°	0.589	0.490	0.406	0.333	0.271	0.217	0.172	0.132
		5°	0.635	0.524	0.431	0.352	0.284	0.227	0.178	0.137
		10°	0.704	0.569	0.462	0.374	0.300	0.238	0.186	0.142
		15°	0.933	0.639	0.505	0.402	0.319	0.251	0.194	0.147
		20°		0.883	0.573	0.441	0.344	0.267	0.204	0.154
		25°			0.821	0.505	0.379	0.288	0.217	0.162
		30°				0.750	0.436	0.318	0.235	0.172
		35°					0.671	0.369	0.260	0.186
		40°						0.587	0.303	0.206
		45°							0.500	0.242
		50°								0.413
	10°	0°	0.652	0.560	0.478	0.407	0.343	0.288	0.238	0.194
		5°	0.705	0.601	0.510	0.431	0.362	0.302	0.249	0.202
		10°	0.784	0.655	0.550	0.461	0.384	0.318	0.261	0.211
		15°	1.039	0.737	0.603	0.498	0.411	0.337	0.274	0.221
		20°		1.015	0.685	0.548	0.444	0.360	0.291	0.231
		25°			0.977	0.628	0.491	0.391	0.311	0.245
		30°				0.925	0.566	0.433	0.337	0.262
		35°					0.860	0.502	0.374	0.284
		40°						0.785	0.437	0.316
		45°							0.703	0.371
		50°								0.614
	20°	0°	0.736	0.648	0.569	0.498	0.434	0.375	0.322	0.274
		5°	0.801	0.700	0.611	0.532	0.461	0.397	0.340	0.288
		10°	0.896	0.768	0.663	0.572	0.492	0.421	0.358	0.302
		15°	1.196	0.868	0.730	0.621	0.529	0.450	0.380	0.318
		20°		1.205	0.834	0.688	0.576	0.484	0.405	0.337
		25°			1.196	0.791	0.639	0.527	0.435	0.358
		30°				1.169	0.740	0.586	0.474	0.385
		35°					1.124	0.683	0.529	0.420
		40°						1.064	0.620	0.469
		45°							0.990	0.552
		50°								0.904
	-10°	0°	0.540	0.433	0.344	0.270	0.209	0.158	0.117	0.083
		5°	0.581	0.461	0.364	0.284	0.218	0.164	0.120	0.085
		10°	0.644	0.500	0.389	0.301	0.229	0.171	0.125	0.088
		15°	0.860	0.562	0.425	0.322	0.243	0.180	0.130	0.090
		20°		0.785	0.482	0.353	0.261	0.190	0.136	0.094
		25°			0.703	0.405	0.287	0.205	0.144	0.098
		30°				0.614	0.331	0.226	0.155	0.104
		35°					0.523	0.263	0.171	0.111
		40°						0.433	0.200	0.123
		45°							0.344	0.145
		50°								0.262
	-20°	0°	0.497	0.380	0.287	0.212	0.153	0.106	0.070	0.043
		5°	0.535	0.405	0.302	0.222	0.159	0.110	0.072	0.044
		10°	0.595	0.439	0.323	0.234	0.166	0.114	0.074	0.045
		15°	0.809	0.494	0.352	0.250	0.175	0.119	0.076	0.046
		20°		0.707	0.401	0.274	0.188	0.125	0.080	0.047
		25°			0.603	0.316	0.206	0.134	0.084	0.049
		30°				0.498	0.239	0.147	0.090	0.051
		35°					0.396	0.172	0.099	0.055
		40°						0.301	0.116	0.060
		45°							0.215	0.071
		50°								0.141

（续）

δ	ε	β\ φ	15°	20°	25°	30°	35°	40°	45°	50°
5°	0°	0°	0.556	0.465	0.387	0.319	0.260	0.210	0.166	0.129
		5°	0.605	0.500	0.412	0.337	0.274	0.219	0.173	0.133
		10°	0.680	0.547	0.444	0.360	0.289	0.230	0.180	0.138
		15°	0.937	0.620	0.488	0.388	0.308	0.243	0.189	0.144
		20°		0.886	0.558	0.428	0.333	0.259	0.199	0.150
		25°			0.825	0.493	0.369	0.280	0.212	0.158
		30°				0.753	0.428	0.311	0.229	0.168
		35°					0.674	0.363	0.255	0.182
		40°						0.589	0.299	0.202
		45°							0.502	0.388
		50°								0.415
	10°	0°	0.622	0.536	0.460	0.393	0.333	0.280	0.233	0.191
		5°	0.680	0.579	0.493	0.418	0.352	0.294	0.243	0.199
		10°	0.767	0.636	0.534	0.448	0.374	0.311	0.255	0.207
		15°	1.060	0.725	0.589	0.486	0.401	0.330	0.269	0.217
		20°		1.035	0.676	0.538	0.436	0.354	0.286	0.228
		25°			0.996	0.622	0.484	0.385	0.306	0.242
		30°				0.943	0.563	0.428	0.333	0.259
		35°					0.877	0.500	0.371	0.281
		40°						0.801	0.436	0.314
		45°							0.716	0.371
		50°								0.626
	20°	0°	0.709	0.627	0.553	0.485	0.424	0.368	0.318	0.271
		5°	0.781	0.680	0.597	0.520	0.452	0.391	0.335	0.285
		10°	0.887	0.755	0.650	0.562	0.484	0.416	0.355	0.300
		15°	1.240	0.866	0.723	0.614	0.523	0.446	0.376	0.316
		20°		1.250	0.835	0.684	0.571	0.480	0.402	0.335
		25°			1.240	0.794	0.639	0.525	0.434	0.357
		30°				1.212	0.746	0.587	0.474	0.385
		35°					1.166	0.689	0.532	0.421
		40°						1.103	0.627	0.472
		45°							1.026	0.559
		50°								0.937
	−10°	0°	0.503	0.406	0.324	0.256	0.199	0.151	0.112	0.080
		5°	0.546	0.434	0.344	0.269	0.208	0.157	0.116	0.082
		10°	0.612	0.474	0.369	0.286	0.219	0.164	0.120	0.085
		15°	0.850	0.537	0.405	0.308	0.232	0.172	0.125	0.087
		20°		0.776	0.463	0.339	0.250	0.183	0.131	0.091
		25°			0.695	0.390	0.276	0.197	0.139	0.095
		30°				0.607	0.321	0.218	0.149	0.100
		35°					0.518	0.255	0.166	0.108
		40°						0.428	0.195	0.120
		45°							0.341	0.141
		50°								0.259
	−20°	0°	0.457	0.352	0.267	0.199	0.144	0.101	0.067	0.041
		5°	0.496	0.376	0.282	0.208	0.150	0.104	0.068	0.042
		10°	0.557	0.410	0.302	0.220	0.157	0.108	0.070	0.043
		15°	0.787	0.466	0.331	0.236	0.165	0.112	0.073	0.044
		20°		0.688	0.380	0.259	0.178	0.119	0.076	0.045
		25°			0.586	0.300	0.196	0.127	0.080	0.047
		30°				0.484	0.228	0.140	0.085	0.049
		35°					0.386	0.165	0.094	0.052
		40°						0.293	0.111	0.058
		45°							0.209	0.068
		50°								0.137

（续）

δ	ε	β \ φ	15°	20°	25°	30°	35°	40°	45°	50°
	0°	0°	0.533	0.447	0.373	0.309	0.253	0.204	0.163	0.127
		5°	0.585	0.483	0.398	0.327	0.266	0.214	0.169	0.131
		10°	0.664	0.531	0.431	0.350	0.282	0.225	0.177	0.136
		15°	0.947	0.609	0.476	0.379	0.301	0.238	0.185	0.141
		20°		0.897	0.549	0.420	0.326	0.254	0.195	0.148
		25°			0.834	0.487	0.363	0.275	0.209	0.156
		30°				0.762	0.423	0.306	0.226	0.166
		35°					0.681	0.359	0.252	0.180
		40°						0.596	0.297	0.201
		45°							0.508	0.238
		50°								0.420
	10°	0°	0.603	0.520	0.448	0.384	0.326	0.275	0.230	0.189
		5°	0.665	0.566	0.482	0.409	0.346	0.290	0.240	0.197
		10°	0.759	0.626	0.524	0.440	0.369	0.307	0.253	0.206
		15°	1.089	0.721	0.582	0.480	0.396	0.326	0.267	0.216
		20°		1.064	0.674	0.534	0.432	0.351	0.284	0.227
		25°			1.024	0.622	0.482	0.382	0.304	0.241
		30°				0.969	0.564	0.427	0.332	0.258
		35°					0.901	0.503	0.371	0.281
		40°						0.823	0.438	0.315
		45°							0.736	0.374
		50°								0.644
10°	20°	0°	0.695	0.615	0.543	0.478	0.419	0.365	0.316	0.271
		5°	0.773	0.674	0.589	0.515	0.448	0.388	0.334	0.285
		10°	0.890	0.752	0.646	0.558	0.482	0.414	0.354	0.300
		15°	1.298	0.872	0.723	0.613	0.522	0.444	0.377	0.317
		20°		1.308	0.844	0.687	0.573	0.481	0.403	0.337
		25°			1.298	0.806	0.643	0.528	0.436	0.360
		30°				1.268	0.758	0.594	0.478	0.388
		35°					1.220	0.702	0.539	0.426
		40°						1.155	0.640	0.480
		45°							1.074	0.572
		50°								0.981
	−10°	0°	0.477	0.385	0.309	0.245	0.191	0.146	0.109	0.078
		5°	0.521	0.414	0.329	0.258	0.200	0.152	0.112	0.080
		10°	0.590	0.455	0.354	0.275	0.211	0.159	0.116	0.082
		15°	0.847	0.520	0.390	0.297	0.224	0.167	0.121	0.085
		20°		0.773	0.450	0.328	0.242	0.177	0.127	0.088
		25°			0.692	0.380	0.268	0.191	0.135	0.093
		30°				0.605	0.313	0.212	0.146	0.098
		35°					0.516	0.249	0.162	0.106
		40°						0.426	0.191	0.117
		45°							0.339	0.139
		50°								0.258
	−20°	0°	0.427	0.330	0.252	0.188	0.137	0.096	0.064	0.039
		5°	0.466	0.354	0.267	0.197	0.143	0.099	0.066	0.040
		10°	0.529	0.388	0.286	0.209	0.149	0.103	0.068	0.041
		15°	0.772	0.445	0.315	0.225	0.158	0.108	0.070	0.042
		20°		0.675	0.364	0.248	0.170	0.114	0.073	0.044
		25°			0.575	0.288	0.188	0.122	0.077	0.045
		30°				0.475	0.220	0.135	0.082	0.047
		35°					0.378	0.159	0.091	0.051
		40°						0.288	0.108	0.056
		45°							0.205	0.066
		50°								0.135

（续）

δ	ε	β\φ	15°	20°	25°	30°	35°	40°	45°	50°
15°	0°	0°	0.518	0.434	0.363	0.301	0.248	0.201	0.160	0.125
		5°	0.571	0.471	0.389	0.320	0.261	0.211	0.167	0.130
		10°	0.656	0.522	0.423	0.343	0.277	0.222	0.174	0.135
		15°	0.966	0.603	0.470	0.373	0.297	0.235	0.183	0.140
		20°		0.914	0.546	0.415	0.323	0.251	0.194	0.147
		25°			0.850	0.485	0.360	0.273	0.207	0.155
		30°				0.777	0.422	0.305	0.225	0.165
		35°					0.695	0.359	0.251	0.179
		40°						0.608	0.298	0.200
		45°							0.518	0.238
		50°								0.428
	10°	0°	0.592	0.511	0.441	0.378	0.323	0.273	0.228	0.189
		5°	0.658	0.559	0.476	0.405	0.343	0.288	0.240	0.197
		10°	0.760	0.623	0.520	0.437	0.366	0.305	0.252	0.206
		15°	1.129	0.723	0.581	0.478	0.395	0.325	0.267	0.216
		20°		1.103	0.679	0.535	0.432	0.351	0.284	0.228
		25°			1.062	0.628	0.484	0.383	0.305	0.242
		30°				1.005	0.571	0.430	0.334	0.260
		35°					0.935	0.509	0.375	0.284
		40°						0.853	0.445	0.319
		45°							0.763	0.380
		50°								0.668
	20°	0°	0.690	0.611	0.540	0.476	0.419	0.366	0.317	0.273
		5°	0.774	0.673	0.588	0.514	0.449	0.389	0.336	0.287
		10°	0.904	0.757	0.649	0.560	0.484	0.416	0.357	0.303
		15°	1.372	0.889	0.731	0.618	0.526	0.448	0.380	0.321
		20°		1.383	0.862	0.697	0.579	0.486	0.408	0.341
		25°			1.372	0.826	0.655	0.536	0.442	0.365
		30°				1.341	0.778	0.606	0.487	0.395
		35°					1.290	0.722	0.551	0.435
		40°						1.221	0.609	0.492
		45°							1.136	0.590
		50°								1.037
	−10°	0°	0.458	0.371	0.298	0.237	0.186	0.142	0.106	0.076
		5°	0.503	0.400	0.318	0.251	0.195	0.148	0.110	0.078
		10°	0.576	0.442	0.344	0.267	0.205	0.155	0.114	0.081
		15°	0.850	0.509	0.380	0.289	0.219	0.163	0.119	0.084
		20°		0.776	0.441	0.320	0.237	0.174	0.125	0.087
		25°			0.695	0.374	0.263	0.188	0.133	0.091
		30°				0.607	0.308	0.209	0.143	0.097
		35°					0.518	0.246	0.159	0.104
		40°						0.428	0.189	0.116
		45°							0.341	0.137
		50°								0.259
	−20°	0°	0.405	0.314	0.240	0.180	0.132	0.093	0.062	0.038
		5°	0.445	0.338	0.255	0.189	0.137	0.096	0.064	0.039
		10°	0.509	0.372	0.275	0.201	0.144	0.100	0.066	0.040
		15°	0.763	0.429	0.303	0.216	0.152	0.104	0.068	0.041
		20°		0.667	0.352	0.239	0.164	0.110	0.071	0.042
		25°			0.568	0.280	0.182	0.119	0.075	0.044
		30°				0.470	0.214	0.131	0.080	0.046
		35°					0.374	0.155	0.089	0.049
		40°						0.284	0.105	0.055
		45°							0.203	0.065
		50°								0.133

（续）

δ	ε	β\φ	15°	20°	25°	30°	35°	40°	45°	50°
	0°	0°			0.357	0.297	0.245	0.199	0.160	0.125
		5°			0.384	0.317	0.259	0.209	0.166	0.130
		10°			0.419	0.340	0.275	0.220	0.174	0.135
		15°			0.467	0.371	0.295	0.234	0.183	0.140
		20°			0.547	0.414	0.322	0.251	0.193	0.147
		25°			0.874	0.487	0.360	0.273	0.207	0.155
		30°				0.798	0.425	0.306	0.225	0.166
		35°					0.714	0.362	0.252	0.180
		40°						0.625	0.300	0.202
		45°							0.532	0.241
		50°								0.440
	10°	0°			0.438	0.377	0.322	0.273	0.229	0.190
		5°			0.475	0.404	0.343	0.289	0.241	0.198
		10°			0.521	0.438	0.367	0.306	0.254	0.208
		15°			0.586	0.480	0.397	0.328	0.269	0.218
		20°			0.690	0.540	0.436	0.354	0.286	0.230
		25°			1.111	0.639	0.490	0.388	0.309	0.245
		30°				1.051	0.582	0.437	0.338	0.264
		35°					0.978	0.520	0.381	0.288
		40°						0.893	0.456	0.325
		45°							0.799	0.389
		50°								0.699
20°	20°	0°			0.543	0.479	0.422	0.370	0.321	0.277
		5°			0.594	0.520	0.454	0.395	0.341	0.292
		10°			0.659	0.568	0.490	0.423	0.363	0.309
		15°			0.747	0.629	0.535	0.456	0.387	0.327
		20°			0.891	0.715	0.592	0.496	0.417	0.349
		25°			1.467	0.854	0.673	0.549	0.453	0.374
		30°				1.434	0.807	0.624	0.501	0.406
		35°					1.379	0.750	0.569	0.448
		40°						1.305	0.685	0.509
		45°							1.214	0.615
		50°								1.109
	−10°	0°			0.291	0.232	0.182	0.140	0.105	0.076
		5°			0.311	0.245	0.191	0.146	0.108	0.078
		10°			0.337	0.262	0.202	0.153	0.113	0.080
		15°			0.374	0.284	0.215	0.161	0.117	0.083
		20°			0.437	0.316	0.233	0.171	0.124	0.086
		25°			0.703	0.371	0.260	0.186	0.131	0.090
		30°				0.614	0.306	0.207	0.142	0.096
		35°					0.524	0.245	0.158	0.103
		40°						0.433	0.188	0.115
		45°							0.344	0.137
		50°								0.262
	−20°	0°			0.231	0.174	0.128	0.090	0.061	0.038
		5°			0.246	0.183	0.133	0.094	0.062	0.038
		10°			0.266	0.195	0.140	0.097	0.064	0.039
		15°			0.294	0.210	0.148	0.102	0.067	0.040
		20°			0.344	0.233	0.160	0.108	0.069	0.042
		25°			0.566	0.274	0.178	0.116	0.073	0.043
		30°				0.468	0.210	0.129	0.079	0.045
		35°					0.373	0.153	0.087	0.049
		40°						0.283	0.104	0.054
		45°							0.202	0.064
		50°								0.133

（续）

δ	ε	β\φ	15°	20°	25°	30°	35°	40°	45°	50°
25°	0°	0°				0.296	0.245	0.199	0.160	0.126
		5°				0.316	0.259	0.209	0.167	0.130
		10°				0.340	0.275	0.221	0.175	0.136
		15°				0.372	0.296	0.235	0.184	0.141
		20°				0.417	0.324	0.252	0.195	0.148
		25°				0.494	0.363	0.275	0.209	0.157
		30°				0.828	0.432	0.309	0.228	0.168
		35°					0.741	0.368	0.256	0.183
		40°						0.647	0.306	0.205
		45°							0.552	0.246
		50°								0.456
	10°	0°				0.379	0.325	0.276	0.232	0.193
		5°				0.408	0.346	0.292	0.244	0.201
		10°				0.443	0.371	0.311	0.258	0.211
		15°				0.488	0.403	0.333	0.273	0.222
		20°				0.551	0.443	0.360	0.292	0.235
		25°				0.658	0.502	0.396	0.315	0.250
		30°				1.112	0.600	0.448	0.346	0.270
		35°					1.034	0.537	0.392	0.295
		40°						0.944	0.471	0.335
		45°							0.845	0.403
		50°								0.739
	20°	0°				0.488	0.430	0.377	0.329	0.284
		5°				0.530	0.463	0.403	0.349	0.300
		10°				0.582	0.502	0.433	0.372	0.318
		15°				0.648	0.550	0.469	0.399	0.337
		20°				0.740	0.612	0.512	0.430	0.360
		25°				0.894	0.699	0.569	0.469	0.387
		30°				1.553	0.846	0.650	0.520	0.421
		35°					1.494	0.788	0.594	0.466
		40°						1.414	0.721	0.532
		45°							1.316	0.647
		50°								1.201
	−10°	0°				0.228	0.180	0.139	0.104	0.075
		5°				0.242	0.189	0.145	0.108	0.078
		10°				0.259	0.200	0.151	0.112	0.080
		15°				0.281	0.213	0.160	0.117	0.083
		20°				0.314	0.232	0.170	0.123	0.086
		25°				0.371	0.259	0.185	0.131	0.090
		30°				0.620	0.307	0.207	0.142	0.096
		35°					0.534	0.246	0.159	0.104
		40°						0.441	0.189	0.116
		45°							0.351	0.138
		50°								0.267
	−20°	0°				0.170	0.125	0.089	0.060	0.037
		5°				0.179	0.131	0.092	0.061	0.038
		10°				0.191	0.137	0.096	0.063	0.039
		15°				0.206	0.146	0.100	0.066	0.040
		20°				0.229	0.157	0.106	0.069	0.041
		25°				0.270	0.175	0.114	0.072	0.043
		30°				0.470	0.207	0.127	0.078	0.045
		35°					0.374	0.151	0.086	0.048
		40°						0.284	0.103	0.053
		45°							0.203	0.064
		50°								0.133

表7-2 土对挡土墙墙背的摩擦角

挡土墙情况	摩擦角 δ	挡土墙情况	摩擦角 δ
墙背平滑、排水不良	$(0 \sim 0.33)\varphi$	墙背很粗糙、排水良好	$(0.5 \sim 0.67)\varphi$
墙背粗糙、排水良好	$(0.33 \sim 0.5)\varphi$	墙背与填土间不可能滑动	$(0.67 \sim 1.0)\varphi$

沿墙高度分布的主动土压力强度 p_a 可通过对式（7-28）微分求得

$$p_a = \frac{\mathrm{d}P_a}{\mathrm{d}z} = \gamma z K_a \tag{7-29}$$

由此可见，主动土压力强度沿墙高呈三角形分布，主动土压力沿墙高和墙背的分布如图7-14所示。主动土压力合力作用点在离墙底 $H/3$ 的高度处，作用方向与墙面法线的夹角为 δ，与水平面的夹角为 $\delta + \varepsilon$。

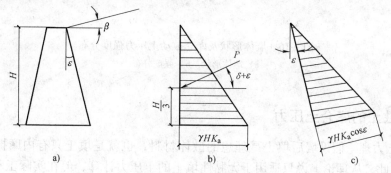

图7-14 墙体形状及库仑主动土压力强度分布
a）墙体形状 b）沿墙高的分布 c）沿墙背的分布

7.4.3 被动土压力的计算

当挡土墙受外力作用推向填土，直至土体沿某一破裂面 BC 破坏时，土楔 ABC 向斜上方滑动，并处于被动极限平衡状态（图7-15）。

同样，在楔体 ABC 上作用有 W、P 和 R 三个力。楔体 ABC 的重力 W 的大小和方向为已知，P 和 R 的大小为未知，由于土楔体上滑，P 和 R 的方向都在法线的上侧。与求主动土压力的原理相似，用解析法可求得总被动土压力

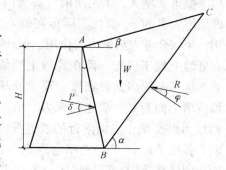

图7-15 库仑被动土压力计算

$$P_p = \frac{1}{2}\gamma H^2 \cdot \frac{\cos^2(\varphi + \varepsilon)}{\cos^2\varepsilon\cos(\varepsilon - \delta)\left[1 - \sqrt{\dfrac{\sin(\varphi + \delta)\sin(\varphi + \beta)}{\cos(\varepsilon - \delta)\cos(\varepsilon - \beta)}}\right]^2} = \frac{1}{2}\gamma H^2 K_p \tag{7-30}$$

式中 K_p——库仑被动土压力系数，其余符号同式（7-28）。

$$K_p = \frac{\cos^2(\varphi + \varepsilon)}{\cos^2\varepsilon\cos(\varepsilon - \delta)\left[1 - \sqrt{\dfrac{\sin(\varphi + \delta)\sin(\varphi + \beta)}{\cos(\varepsilon - \delta)\cos(\varepsilon - \beta)}}\right]^2}$$

被动土压力强度 p_p 沿竖直高度 H 的分布, 可以通过对式 (7-30) 中的 P_p 微分求得

$$p_p = \frac{\mathrm{d}P_p}{\mathrm{d}z} = \gamma z K_p \qquad (7\text{-}31)$$

被动土压力强度沿墙高也是呈三角形线性分布 (图7-16)。总被动土压力的作用点在墙底面以上 $\dfrac{H}{3}$ 处, 其方向与墙面法线夹角为 δ, 与水平面夹角为 $\delta - \varepsilon$。

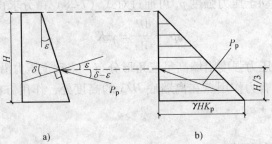

a)   b)

图7-16   墙体形状及库仑被动土压力强度分布
a) 墙体形状   b) 强度分布

7.4.4   黏性土的库仑土压力

库仑土压力理论假设墙后填土是理想的散体材料, 也就是填土只有内摩擦角 φ 而没有粘聚力 c。因此, 从理论上说只适用于无黏性填土的土压力计算, 但在实际工程中常常要采用黏性填土, 为了考虑黏性填土的粘聚力 c 对土压力的影响, 在应用库仑土压力公式时, 曾有人将内摩擦角 φ 增大, 采用所谓 "等值内摩擦角 φ_D", 即用增大了的 φ_D 取代实际存在的 c、φ 的共同作用, 来综合考虑粘聚力的作用。但计算误差较大, 在低墙上偏于保守, 而在高墙上则偏于冒险。因此, 近年来较多学者在库仑理论的基础上计入了墙后填土面荷载、填土粘聚力、填土与墙背间的粘结力以及填土表面附近的裂缝深度等因素的影响, 提出了所谓 "广义库仑理论"。根据图 7-17 所示的计算简图, 可导出库仑主动土压力系数 K_a 的表达式

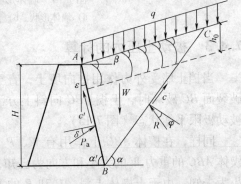

图7-17   挡土墙的一般计算

$$K_a = \frac{\cos(\varepsilon - \beta)}{\cos^2\varepsilon \cos^2\psi} \left\{ \begin{array}{l} [\cos(\varepsilon - \beta)\cos(\varepsilon + \delta) + \sin(\varphi - \beta)\sin(\varphi + \delta)]k_q + \\ 2k_2\cos\varphi\sin\psi + k_1\sin(\varepsilon + \varphi - \beta)\cos\psi + \\ k_0\sin(\beta - \varphi)\cos\psi - 2\sqrt{G_1 G_2} \end{array} \right\} \qquad (7\text{-}32)$$

式中

$$k_q = \frac{1}{\cos\alpha}\left[1 + \frac{2q}{\gamma h}\xi - \frac{h_0}{H^2}\left(h_0 + \frac{2q}{\gamma}\right)\xi^2\right]$$

$$k_0 = \frac{h_0^2}{H^2}\left(1 + \frac{2q}{\gamma h_0}\right)\frac{\sin\varepsilon}{\cos(\varepsilon - \beta)}\xi$$

$$k_1 = \frac{2c'}{\gamma H\cos(\varepsilon - \beta)}\left(1 - \frac{h_0}{H}\right)\xi$$

$$k_2 = \frac{2c}{\gamma}\left(1 - \frac{h_0}{H}\right)\xi$$

$$\xi = \frac{\cos\varepsilon\cos\beta}{\cos(\varepsilon - \beta)}$$

$$h_0 = \frac{2c}{\gamma}\cdot\frac{\cos\varepsilon\cos\varphi}{1 + \sin(\varepsilon - \varphi)}$$

$$G_1 = k_q\sin(\delta + \varphi)\cos(\delta + \varepsilon) + k_2\cos\varphi + \cos\psi\left[k_1\cos\delta - k_0\cos(\varepsilon + \delta)\right]$$

$$G_2 = k_q\cos(\varepsilon - \beta)\sin(\varphi - \beta) + k_2\cos\varphi$$

$$\psi = \varepsilon + \delta + \varphi - \beta$$

q——填土表面的均布荷载（kPa）；

h_0——地表裂缝深度（m）。

显然，当把 $c = 0$，$q = 0$，$c' = 0$ 分别代入式（7-32）后，可变为库仑主动土压力系数 K_a。

《建筑地基基础设计规范》推荐采用上述"广义库仑理论"进行计算，但不计地表裂缝深度 h_0 及墙背与填土之间的粘结力 c'，即在式（7-32）中，令 $c' = 0$，$h_0 = 0$，并考虑到此时墙背倾角 $\varepsilon = 90° - \alpha'$（图 7-17）来计算主动土压力。

7.5　挡土墙设计

挡土墙设计的基本要求有以下几方面：挡土墙必须保证工程安全和正常使用；合理地确定挡土墙类型及截面尺寸；挡土墙的平面布置及高度的确定，需满足工程用途的要求；保证挡土墙的设计符合有关规范的要求。

挡土墙在墙背后土体压力作用下，必须具有足够的整体稳定性和结构强度。设计时应验算：①沿挡土墙基底的滑动稳定性；②绕挡土墙趾部转动的倾覆稳定性；③挡土墙基底压应力是否大于等于地基允许承载力；④墙身截面是否满足结构强度要求。

因此，挡土墙的设计内容包括墙型的选择、挡土墙的布置、稳定性验算、地基承载力验算、墙身材料强度验算以及一些设计中的构造要求和措施。本节重点介绍重力式挡土墙的设计方法。

7.5.1　挡土墙形式的选择

1. 挡土墙形式的选择原则

1）考虑挡土墙的用途、高度及重要性。

2）根据建筑场地的地形及地质条件进行选择。

3）尽量因地制宜，就地取材。

4）安全而经济。

2. 常用的挡土墙形式

工程中常用的挡土墙形式有重力式、悬臂式、扶壁式和加筋土挡土墙等多种。

（1）重力式挡土墙 重力式挡土墙是目前工程中用得较多的一种挡土结构，一般由块石或混凝土材料砌筑，它是依靠自身重力支撑陡坡以保持土体稳定性的挡土结构。它所承受的主要荷载是墙后土压力。它的稳定性主要依靠墙身自重来维持，由于要平衡墙后土体的土压力，因而需要较大的墙身截面，挡土墙较重，故而得名。这种挡土墙所需圬工材料较多，对地基强度有较高要求，当挡土墙较高时，墙身经放坡后墙底占地面积较大，通常适用于小型工程，一般墙高 $H < 8m$。这种类型挡土墙的最大好处是结构简单，施工方便，可就地取材，因此广泛应用于实际工程中。

重力式挡土墙按墙背倾斜情况分为仰斜、垂直式和俯斜三种，如图 7-18 所示。由计算分析知，仰斜式的主动土压力最小，俯斜式的主动土压力最大。从边坡挖填的要求来看，当边坡是挖方时，仰斜式比较合理，因为它的墙背可以和开挖的边坡紧密贴合；填方时如用仰斜式，则墙背填土的夯实工作就比较困难，这时采用俯斜式或垂直式就比较合理。

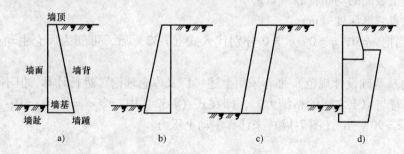

图 7-18 重力式挡土墙的常用形式
a）俯斜式 b）直立式 c）仰斜式 d）衡重式

为了减小作用在挡土墙背上的土压力，增大它的抗倾和抗滑的能力，除采用仰斜式墙外，还可通过改变墙背的形状和构造来实现。如图 7-18d 所示的衡重式挡土墙，它也是一种重力式挡土墙。它由上墙和下墙组成，上下墙间有一平台，称为衡重台。它除墙身自重外，还增加了衡重台以上填土重量来维持墙身的稳定性，节省部分墙身圬工。

挡土墙填料的选择对减小土压力也很有效。从填土的内摩擦角 φ 对主动土压力值的影响考虑，主动土压力随 φ 值的增大而减小，故一般应选用 φ 值较大的粗砂或砾砂等作为墙后填料以减小主动土压力，同时这类填料透水性好，不宜产生墙后水压力，材料 φ 角受浸水的影响也很小。在施工上应注意将墙后填土分层夯实，保证质量，使填土密实，φ 角增大，从而减小挡土墙所受的主动土压力，增大挡土墙前的被动土压力。

（2）悬臂式和扶壁式挡土墙 悬臂式和扶壁式挡土墙是钢筋混凝土结构，因自重轻可归属于轻型挡土墙。悬臂式挡土墙的一般形式如图 7-19 所示，它是由立壁（墙面板）和墙底板（包括墙趾板和墙踵板）组成，具有二至三个悬臂，即立壁、墙趾板和墙踵板。当墙身较高时，沿悬臂式挡土墙立壁的纵向，每隔一定距离（$0.3 \sim 0.6$）H 加设扶肋，故称为扶壁式挡土墙，如图 7-19c 和 7-20 所示。扶肋用于改善立壁和墙踵板的受力、减小位移、提高结构刚度和整体性。悬臂式和扶壁式挡土墙宜整体浇筑。

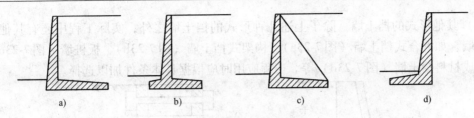

图 7-19　悬臂式和扶壁式挡土墙

a) 无墙趾板悬臂挡墙　b) 悬臂挡墙　c) 扶壁式挡墙　d) 无墙踵板悬臂挡墙

悬臂式和扶壁式挡土墙的结构稳定性靠墙身自重和踵板上方填土的重力来保证，墙趾板也显著增大了结构的抗倾覆稳定性，减小了基底应力和整体结构的变形沉降。它们的主要特点是构造简单、施工方便，墙身断面较小，自身质量轻，可以较好地发挥混凝土材料的强度性能，能适应承载力较低的地基。但是需耗用一定数量的钢材和水泥，特别是墙较高大时，钢材用量急剧增加，影响其经济性能。

当地基土质较差或现场缺少石料而墙又较高（大于 8 ~10m）时，通常采用悬臂式挡土墙，一般设计成 L 形。由于墙踵板的施工条件，一般用于填方路段作路肩墙或路堤墙使用。当墙较高较长时，挡土墙的挠度较大，为了增强力臂的抗弯性能，可采用扶壁式挡土墙。扶壁间填土可增加抗滑和抗倾覆能力，一般用于重要的大型土建工程。

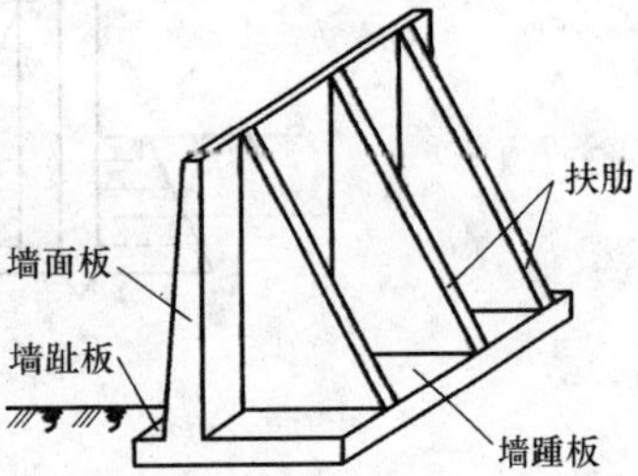

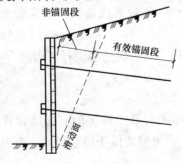

图 7-20　扶壁式挡土墙立体图

（3）锚杆挡土墙　锚杆挡土墙通常是由肋柱、墙面板和锚杆三部分组成的轻型支挡结构，如图 7-21 所示。它依靠锚固在稳定岩土中的锚杆所提供的拉力来保证挡土墙的稳定，适用于承载力较低的地基，不必进行复杂的地基处理，是一种有效的挡土结构。

锚杆挡土墙的墙面板可预制拼装，也可现场浇筑，有时也采用直接锚拉整块钢筋混凝土板或挂网喷射混凝土。肋柱多为现浇钢筋混凝土方形或矩形截面构件。锚杆通常由高强钢丝索或热轧钢筋做成。当用钢筋时，一般采用直径为 18 ~32mm 的螺纹钢筋，但每孔不宜多于 3 根。当拉力较大，长度较长时，宜采用高强度钢丝束。

（4）锚定板挡土墙　锚定板挡土墙由墙面系、拉杆和锚定板组成（图 7-22）。它与锚杆挡土墙受力状态相似，通过位于稳定位置处锚定板前局部填土的被动抗力来平衡拉杆拉力，依靠填土的自重来保持填土的稳定性。一方面，填土对墙面产生主动土压力；另一方面，填土又对锚定板的位移产生被动的土抗力。通过钢拉杆将墙面系和锚定板连接起来，就变成了一种能承受侧压力的新型支挡结构。从受力角度来看，它是一种结构合理、适用面广的轻型挡土墙。

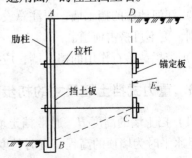

图 7-21　锚杆挡土墙

图 7-22　锚定板挡土墙

（5）其他形式的挡土墙　除了上述几种形式的挡土墙之外，实际工程中还有其他形式的挡土墙，如混合式挡土墙（图7-23a）、构架式挡土墙（图7-23b）、板桩墙（图7-23c）及土工合成材料挡土墙（图7-23d）等。工程应用时应根据具体条件加以选择。

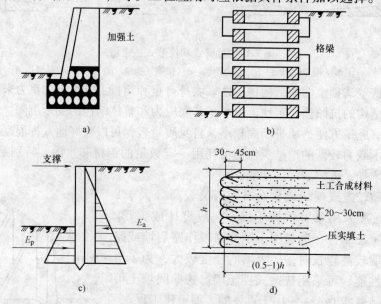

图 7-23　其他形式的挡土墙

7.5.2　挡土墙的布置原则

针对不同的工程有不同的布置原则，这里主要针对"斜坡整治"工程，介绍挡土墙的一般性布置原则。

1）对于滑坡和变形体，一般宜设置在其下部或抗滑段。

2）当滑面出口处在坡脚且有平缓地形时，可将挡土墙设置在距滑坡前缘一定距离外，墙后余地填筑土、石加载，以增强抗滑力，减小挡土墙承受的下滑力。

3）当滑面出口在斜坡上时，可视滑床地质情况选定挡土墙位置。

4）对多级滑坡，可根据具体情况设置多级挡土墙支撑。

5）根据地质条件及滑坡推力、土压力的变化情况，可沿挡土墙走向分段（一般不宜小于10~15m）设计大小不同的挡土墙断面。

6）江河地段的挡土墙，要注意设墙前后的水流平顺，不致形成漩涡，不发生严重的局部冲刷，更不可挤占河道。

7）带拦截落石作用的挡土墙，应按落石范围、规模、落石轨迹等进行考虑。

7.5.3　重力式挡土墙尺寸的初步确定

（1）挡土墙的高度 H　通常挡土墙的高度是由实际工程要求确定的，即墙后背支挡的填土呈水平时为墙顶的高程。有时长度很大的挡土墙，也可使墙低于填土顶面，而用斜坡连接，以节省工程量。

（2）挡土墙的顶宽 挡土墙的顶宽依据构造要求确定，以保证挡土墙的整体性和足够的强度。如对于砌石式重力挡土墙，顶宽应大于 0.5m。对于素混凝土式重力挡土墙，顶宽也不应小于 0.5m。

（3）挡土墙的底宽 挡土墙的底宽由地基承载力和整体稳定性确定。初定挡土墙底宽 $B \approx (0.5 \sim 0.7)H$，挡土墙底面为卵石、碎石时取小值；墙底为黏性土时取大值。

挡土墙尺寸初定后，需进行挡土墙抗滑稳定性和抗倾覆稳定性验算。若稳定性系数过大，则适当减小墙的底宽；反之，应适当增大墙的底宽或采取其他措施，以保证挡土墙的安全性。

7.5.4 挡土墙的验算

各种形式挡土墙的尺寸初步确定后，需要验算抗滑稳定和抗倾覆稳定，因此首先要确定作用在挡土墙上的力。

1. 作用在挡土墙上的力（图7-24）

1）墙身自重 W。墙身自重 W 竖直向下，作用在墙体的重心。当挡土墙形式和尺寸确定后，W 为定值。

2）土压力。土压力是挡土墙上主要的荷载。可根据挡土墙的位移方向来确定土压力的种类，再应用相应的公式计算：通常情况下，墙向前位移，墙背上作用主动土压力 E_a。若挡土墙基础有一定的埋深，则埋深部分前趾因整个挡土墙前移而受挤压，对墙体产生被动土压力 E_p。工程中，通常因基坑开挖松动而忽略 E_p，从而使结果偏于安全。

3）基底反力。挡土墙基底反力可分解为法向分力和水平分力两部分。为简化计算，法向分力与偏心受压基底反力相同，呈梯形分布，合力用 $\sum p_v$ 表示，作用在梯形的重心。水平力用 $\sum p_h$ 表示，如图7-24所示。

以上三种为作用在挡土墙上的基本荷载。此外，若墙的排水不良，填土积水需计算水压力，填土表面堆料以及地震区应计入的相应荷载。

2. 抗滑稳定性验算

在土压力的作用下，挡土墙可能沿基础底面发生滑动，因此要进行抗滑稳定性验算，如图7-25所示，具体方法为：

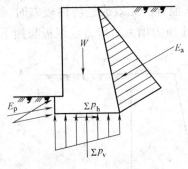

图7-24 作用在挡土墙上的力

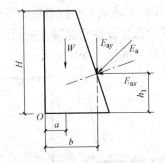

图7-25 挡土墙抗滑稳定性验算

1）将作用于挡土墙上的土压力 E_a 分解为两个分力

$$E_{ax} = E_a \cos(\varepsilon + \delta)$$
$$E_{ay} = E_a \sin(\varepsilon + \delta)$$

2）水平分力 E_{ax} 为使挡土墙滑动的力，而竖向分力 E_{ay} 和墙自重 W 将使挡土墙基底产生抗滑力。

3）根据抗滑力与滑动力的比值（即抗滑稳定安全系数 K_s）判断其抗滑稳定性。根据《建筑地基基础设计规范》规定抗滑稳定安全系数 $K_s \geqslant 1.3$。即，验算公式为

$$K_s = \frac{(W + E_{ay})\mu}{E_{ax}} \geqslant 1.3 \tag{7-33}$$

式中　K_s——抗滑稳定安全系数；

　　　E_{ax}——主动土压力的水平分力（kN/m）；

　　　E_{ay}——主动土压力的垂直分力（kN/m）；

　　　μ——基底摩擦因数，由试验测定，也可按表 7-3 选用。

表 7-3　挡土墙基底与地基土的摩擦因数 μ

土的类别		μ
粘性土	可塑	0.25~0.30
	硬塑	0.30~0.35
	坚硬	0.35~0.45
粉土	$s_r \leqslant 0.5$	0.30~0.40
中砂、粗砂、砾砂		0.40~0.5
碎石土		0.40~0.6
软质岩石		0.40~0.6
表面粗糙的硬质岩石		0.65~0.75

注：对易风化的软质岩石和 $I_P \geqslant 22$ 的粘性土，μ 值应通过试验测定，对碎石土，可根据其密实度、填充物情况、风化程度等确定。

若验算结果不满足式（7-33）时，应采取下列措施来解决：

1）修改挡土墙的断面尺寸，通常加大底宽，增加墙自重 W 以增大抗滑力。

2）在挡土墙基底铺砂、碎石垫层，提高摩擦因数 μ 值，增大抗滑力。

3）将挡土墙基底做成逆坡，利用滑动面上部分反力抗滑，如图 7-26a 所示。

4）在软土地基上，抗滑稳定安全系数小，采取其他方法无效或经济性较差时，可在挡土墙墙踵后面加设钢筋混凝土拖板，利用拖板上的填土重力增大抗滑力。拖板与挡土墙之间用钢筋连接，如图 7-26b 所示。

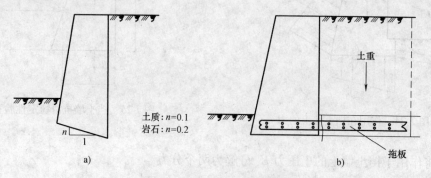

图 7-26　增加抗滑稳定的措施

3. 抗倾覆稳定性验算

验算抗倾覆稳定性时，可认为挡土墙整体性能较好，因此取整体墙绕墙趾 O 点（图 7-25）的力矩进行验算。具体做法为：

1）主动土压力的水平分量 E_{ax} 乘以力臂 h_1 使墙产生倾覆力矩。

2）主动土压力的竖向分量 E_{ay} 乘以力臂 b 与墙自重 W 乘以力臂 a 之和为抗倾覆力矩。

3）定义抗倾覆稳定系数 K 为抗倾覆力矩与倾覆力矩之比。

4）根据规范要求

$$K = \frac{Wa + E_{ay}b}{E_{ax}h} \geqslant 1.5 \tag{7-34}$$

若验算结果不满足规范的要求，可选用以下措施来解决：

1）修改挡土墙尺寸，如加大墙底宽，增加墙自重 W，以增大抗倾覆力矩。这一方法要增加较多的工程量，不经济。

2）伸长墙前趾，增加混凝土工程量不多，主要需增加钢筋用量。

3）将墙背做成仰斜，可减小土压力，但施工不方便。

4）做卸荷台。通过设置卸荷台，减小土的总压力，因而就减小了倾覆力矩。

4. 地基承载力验算

挡土墙地基承载力验算与一般偏心受压基础验算方法相同，即基底平均应力不超过修正后的地基承载力特征值，基底最大应力不超过修正后的地基承载力特征值的 1.2 倍。

5. 圆弧滑动稳定性验算

当土质较软弱时，可能产生接近于圆弧状的滑动面而丧失其稳定性。此时可采用条分法进行分析验算，具体详见第 9 章。

6. 挡土墙墙身强度验算

挡土墙墙身强度验算可参照现行《混凝土结构设计规范》、《砌体结构设计规范》设计，符合相应的规范要求。

7.6 加筋土挡土墙简介

加筋土挡土墙由墙面板、筋带和填料三部分组成，如图 7-27 所示。其工作原理是借助于与墙面板相连接的筋带同填料之间的相互作用，使面板、筋带和填料形成一种稳定而具柔性的复合支撑结构。在这个复合体系中存在填土产生的土压力、拉筋的拉力、填土与拉筋间的摩擦力等相互作用的内力。这些内力的相互平衡保证了这种复合支撑结构的内部稳定。同时，这种复合支撑结构形成的挡土墙可以抵抗拉筋尾部填土所产生的侧压力，使整个复合支撑结构稳定，即保证加筋土挡土墙的外部稳定。

加筋土填料一般以摩擦性较大、透水性较好的砂性土为宜。若无砂性土时，也可选用黏性土作填料，此时必须注意加筋土结构的排水和分层压实。与填料产生摩擦力并承受水平拉力的拉筋是维持复合支撑结构内部稳定的重要构件。一般要求拉筋应具有如下性能：较高的抗拉强度，受力后变形较小；能与填料产生足够的摩擦力；抗老化、耐腐蚀。

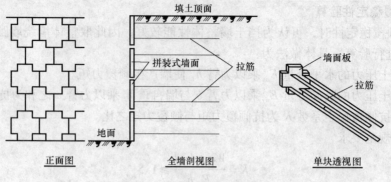

图 7-27　加筋土挡土墙的组成

　　墙面板的连接比较简单。竹条、钢带、钢筋混凝土带、聚丙烯复合材料及其他符合上述要求的材料均可作为拉筋。对于要求高的铁路、高速公路、一级公路等的加筋土工程应采用钢带、钢筋混凝土带、高质量高强度人工有机复合材料。

　　墙面板的主要作用是挡住紧靠墙背后面的填土，把填土的侧向压力传至拉筋，也可保护土工合成材料拉筋免受日光照射而影响拉筋寿命。墙面板设计应满足坚固、美观、易于安装等要求。在我国一般采用混凝土预制件，其强度等级不应低于 C18，通常按每块墙面板单独受力且土压力均匀分布并由拉筋平均承担来考虑。对于加筋土挡土墙较高的墙面板，厚度可按不同墙高分段设计。墙面板形状有槽形、十字形、六角形、L 形等，其几何尺寸通常为：长 50～200cm，宽 50～150cm，厚 8～22cm。一般情况下混凝土墙面板宜错位排列。墙面板与拉筋的连接可采用预留孔或预埋件的方法处理。墙面板四周宜设企口搭接，上下墙面板的连接宜采用钢筋插销装置。为使填土排水宜在墙面板内侧设置反滤层。

　　加筋土挡土墙的基础是指墙面板下的条形基础，其主要作用是增强墙面的纵向刚度，也便于安装墙面板，其断面和尺寸视地基地形条件而定，宽度应不小于 0.3m，高度不小于 0.2m，若地基为基岩时，可不设基础。

　　加筋土挡土墙除了采用墙面板和各种拉筋制作以外，也可用各种土工布做成不同形式的无面板加筋土挡土墙，如图 7-28 所示。直接利用可回卷铺设的土工布等有机复合材料作拉筋和面板，拉筋层之间可绿化。

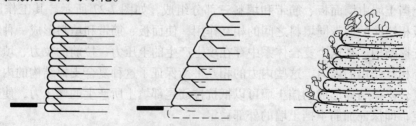

图 7-28　无面板加筋土挡土墙应用实例

　　加筋土挡土墙能够充分利用材料的性质以及土与筋带的共同作用，故结构轻巧、圬工体积小，便于现场预制和工地拼装，而且施工速度快，能抗严寒、抗地震，与重力式挡土墙相比，一般可以降低造价 25%～60%，是一种较为合理的挡土结构物。近年来，加筋土挡土墙得到了迅速的发展与应用。

复习思考题

7-1 什么是静止土压力、主动土压力和被动土压力？试举例说明。

7-2 试述静止土压力、主动土压力和被动土压力发生的条件及其相互关系。

7-3 如何理解主动极限平衡状态和被动极限平衡状态？

7-4 试述朗肯土压力和库仑土压力理论的基本原理和假定，并比较其各自的优缺点。

7-5 试述重力式挡土墙的设计内容和设计步骤。

7-6 简述加筋土挡土墙的结构组成及其工作原理。

习 题

7-1 有一高 9m 的挡土墙，墙背直立光滑、填土表面水平。填土的物理力学性质指标为：$c = 15\text{kPa}$，$\varphi = 20°$，$\gamma = 19\text{kN/m}^3$，试用朗肯土压力理论计算主动土压力及作用点位置，并绘出主动土压力分布图。

[答案：临界深度为 2.735m，墙底处 $p_a = 39.679\text{kPa}$，$P_a = 100.615\text{kN/m}$，其作用点离墙底为 2.088m]

7-2 有一重力式挡土墙高 8m，墙背垂直光滑，墙后填土水平。填土的物理力学性质指标为：$c = 18\text{kPa}$，$\varphi = 16°$，$\gamma = 20\text{kN/m}^3$，试求作用于墙上的静止、主动及被动土压力的大小和分布。

[答案：$P_0 = 463.36\text{kN/m}$；$P_a = 146.92\text{kN/m}$；$P_p = 1509.22\text{kN/m}$]

7-3 某重力式挡土墙高 5m，墙背竖直光滑，填土面水平，如图 7-29 所示。挡土墙砌体重度 $\gamma_k = 22\text{kN/m}^3$，基底摩擦因数 $\mu = 0.5$，作用在墙背上的主动土压力 $P_a = 51.60\text{kN/m}$。试验算该挡土墙的抗滑和抗倾覆稳定性。

[答案：$K_a = 1.71$，$K_t = 3.31$，满足抗滑稳定性要求]

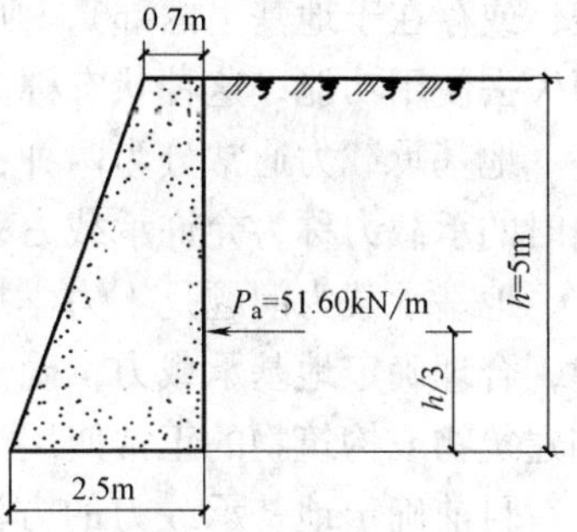

图 7-29 习题 7-3 图

7-4 已知墙后填土为砂土，$\varphi = 35°$，$\gamma = 17.66\text{kN/m}^3$，$\delta = 10°$，$\beta = 0°$。$\alpha = -10°$（图 7-33a）；$\alpha = 0°$（图 7-33b）；$\alpha = 15°$（图 7-33c）。

1）试按库仑土压力计算公式求图 7-33 中各挡土墙的主动土压力，并比较其结果。

[答案：$P_{aa} = 60.715\text{kN/m}$，$P_{ab} = 80.356\text{kN/m}$，$P_{ac} = 39.42\text{kN/m}$]

2）图 7-30b 所示挡土墙，试求当填土表面倾斜 $\beta = 15°$ 时的主动土压力，并与 $\beta = 0°$ 时的主动土压力比较。

[答案：当 $\beta = 0$ 时，$P_a = 90.356\text{kN/m}$；当 $\beta = 15°$ 时，$P_a = 95.682\text{kN/m}$]

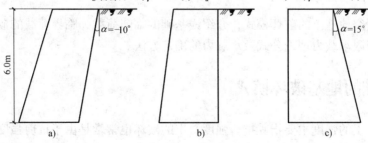

图 7-30 习题 7-4 图

第 8 章　地基承载力

8.1　概述

地基承载力是指地基土在单位面积上所能承受荷载的能力。地基土在外部荷载的作用下，内部应力增大。若某点沿某方向的剪应力达到土的抗剪强度，该点即处于极限平衡状态，若应力再增大，该点就发生破坏。随着外部荷载的不断增大，土体内部存在多个破坏点，若这些点连成整体，就形成了破坏面。地基土内一旦形成了整体滑动面（或贯通于地表，或存在于地基土内部），则坐落在其上的建筑物或构筑物就会发生急剧沉降、倾斜，从而失去使用功能，这种状态称为地基土失稳或丧失承载能力。

地基承载力通常分为两种：地基稳定、有足够的安全度并且变形控制在建筑物允许范围内时的承载力称为允许承载力；而地基即将丧失稳定性时的承载力称为地基极限承载力。

地基承载力问题是土力学中的重要研究课题之一，其研究目的是掌握地基土的承载规律，合理确定地基承载力，确保地基不致因为荷载作用而发生剪切破坏，产生过大变形而影响建筑物或构筑物的正常使用。

目前确定地基承载力的方法主要有原位测试法、理论公式法、规范表格法及当地经验法。原位测试法是一种通过现场直接试验确定承载力的方法，原位测试包括（静）载荷试验、静力触探试验、标准贯入试验、旁压试验等，其中以载荷试验法为最可靠的基本的原位测试法。理论公式法是根据土的抗剪强度指标用理论公式确定承载力的方法。规范表格法是根据室内试验指标、现场原位测试指标或野外鉴别指标，通过查规范所列表格得到承载力的方法。对于不同行业、不同地区的规范，其承载力值不会完全相同，应用时注意其使用条件。当地经验法是一种基于地区的使用经验，类比判断确定承载力的方法，它是一种宏观辅助的方法。

本章首先研究地基土的破坏模式，介绍浅基础的临塑荷载、临界荷载的概念，并介绍几个著名的地基极限承载力理论公式及承载力的确定方法。

8.2　浅基础的地基破坏模式

众所周知，土的强度主要指其抗剪强度，土的破坏也常常是由于抗剪强度的不足引起的剪切破坏。研究成果表明，浅基础地基剪切破坏的模式有整体剪切破坏、局部剪切破坏和冲剪破坏三种，如图 8-1 所示。

8.2.1　整体剪切破坏

整体剪切破坏是一种在浅基础荷载作用下，地基产生连续剪切滑动面的地基破坏模式。

1. 整体剪切破坏的过程

1）当荷载 p 比较小时，沉降 s 也比较小，且 $p\text{-}s$ 曲线基本保持直线关系，如图 8-2 曲线 1 的 oa 段。

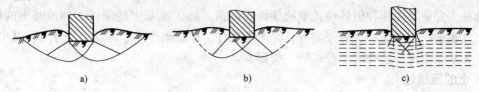

图 8-1 浅基础的地基破坏模式

a）整体剪切破坏 b）局部剪切破坏 c）冲剪破坏

2）当荷载增加时，地基土内部出现剪切破坏区（通常是从基础边缘处开始的），土体进入弹塑性变形阶段，$p\text{-}s$ 曲线变成曲线段，如图 8-2 曲线 1 的 ab 段。

3）当荷载继续增大时，剪切破坏区不断扩大，在地基内部形成连续的滑动面，一直达到地表（图 8-1a），$p\text{-}s$ 曲线形成陡降段，如图 8-2 曲线 1 的 bc 段。

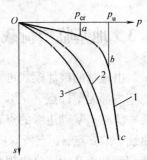

图 8-2 压力-沉降关系曲线

2. 整体剪切破坏的特征

1）$p\text{-}s$ 曲线有明显的直线段、曲线段与陡降段。

2）破坏从基础边缘开始，滑动面贯通到地表。

3）基础两侧的土体有明显的隆起。

4）破坏时，基础急剧下沉或向一边倾倒。

8.2.2 局部剪切破坏

局部剪切破坏是在浅基础荷载作用下地基某一范围内出现剪切破坏区的地基破坏模式，是介于整体剪切破坏与冲剪破坏之间的一种破坏模式。其破坏过程与整体剪切破坏有类似之处，但 $p\text{-}s$ 曲线无明显的转折点，当荷载 p 不是很大时，$p\text{-}s$ 曲线就不是直线，如图 8-2 曲线 2 所示，因此，局部剪切破坏的特征是：

1）$p\text{-}s$ 曲线从一开始就呈非线性关系。

2）地基破坏也是从基础边缘开始，但滑动面未延伸到地表，而是终止在地基内部某一位置。

3）基础两侧的土体有微微隆起，不如整体剪切破坏时明显（图 8-1b）。

4）基础一般不会发生倒塌或倾斜破坏。

8.2.3 冲剪破坏

冲剪破坏在浅基础荷载作用下地基土体发生垂直剪切破坏，使基础产生较大沉降的一种地基破坏模式。冲剪破坏一般发生在基础刚度很大，同时地基土十分软弱的情况下。在荷载的作用下，基础发生破坏时的形态往往是基础边缘的垂直剪切破坏，好像基础"切入"土中。$p\text{-}s$ 曲线类似于局部的剪切破坏，如图 8-2 曲线 3 所示。其破坏特征为：

1）$p\text{-}s$ 曲线呈非线性关系，没有转折点。

2）基础发生垂直剪切破坏，基础内部不形成连续的滑动面。

3）基础两侧的土体不但没有隆起现象，还往往随基础的"切入"微微下沉。

4）基础破坏时只伴随过大的沉降，没有倾斜的发生。

8.2.4 地基破坏模式的影响因素

地基土究竟发生哪种破坏模式取决于许多因素。如①地基土的条件，如地基土的种类、密度、含水量、压缩性、抗剪强度等；②基础条件，如基础形式、埋深、尺寸等。其中土的压缩性和基础埋深是影响破坏模式的主要因素。

1. 土的压缩性

一般来说，密实砂土和坚硬的黏土将发生整体剪切破坏，而松散的砂土或软黏土可能出现局部剪切或冲剪破坏。

2. 基础埋深及加荷速率

基础浅埋，加荷速率慢，往往出现整体剪切破坏；基础埋深较深，加荷速率较快时，往往发生局部剪切破坏或冲剪破坏。

8.3 地基临塑荷载与临界荷载

由地基的破坏模式可知，地基土的破坏首先是从基础边缘开始的，在荷载较小的阶段，地基内部无塑性点（区）出现，对应的荷载沉降 p-s 关系曲线也呈直线形式，当荷载增大到某一值时，基础边缘的点首先达到极限平衡状态，p-s 曲线的直线段到达了终点，如图 8-2 曲线 1 的 a 点，a 点所对应的荷载称为比例界限荷载，或称临塑荷载，用 p_{cr} 表示，因此，临塑荷载是地基中即将出现塑性区时对应的荷载。

8.3.1 临塑荷载 p_{cr} 的推导

根据土中应力计算的弹性力学解答，当在地表作用有竖向均布条形荷载 p_0 时，如图 8-3a 所示，地表下任一点 M 处的大、小主应力可按下式计算

$$\sigma_1 = \frac{p_0}{\pi}(\beta_0 + \sin\beta_0) \tag{8-1a}$$

$$\sigma_3 = \frac{p_0}{\pi}(\beta_0 - \sin\beta_0) \tag{8-1b}$$

式中　p_0——均布条形荷载大小（kPa）；

　　　β_0——任意点 M 与均布荷载两端点的夹角（rad）。

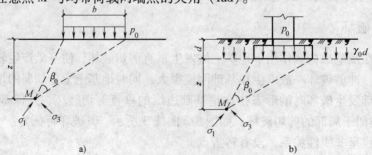

图 8-3　均布条形荷载下地基中的主应力

a）p_0 作用在地表　b）有埋深的情况

实际工程中基础大部分是有一定的埋深 d，如图 8-3b 所示。设基础为无限长条形基础，则由基底附加应力 p_0 在 M 点引起的大、小主应力仍可近似用式（8-1a）、式（8-1b）计算，即

$$\sigma_1 = \frac{p_0}{\pi}(\beta_0 + \sin\beta_0) = \frac{p - \gamma_0 d}{\pi}(\beta_0 + \sin\beta_0) \tag{8-2a}$$

$$\sigma_3 = \frac{p_0}{\pi}(\beta_0 - \sin\beta_0) = \frac{p - \gamma_0 d}{\pi}(\beta_0 - \sin\beta_0) \tag{8-2b}$$

在地基中任一点 M 除了作用有附加应力外，还具有土的自重应力。土的自重在 M 点引起的竖向应力为 $\gamma_0 d + \gamma z$（γ_0 为基础埋深范围内土的加权重度，γ 为基底以下土的重度）。

由于自重应力在各个方向是不等的，因此，M 点的总应力不能直接把竖向自重应力叠加到由式（8-2）所计算的大、小主应力上。为推导方便，假设当土将产生塑性流动，达到极限平衡状态时，土像流体一样，各点处自重应力沿各个方向相等。这样，就可将竖向自重应力叠加到大、小主应力上，即

$$\sigma_1 = \frac{p - \gamma_0 d}{\pi}(\beta_0 + \sin\beta_0) + \gamma_0 d + \gamma z \tag{8-3a}$$

$$\sigma_3 = \frac{p - \gamma_0 d}{\pi}(\beta_0 - \sin\beta_0) + \gamma_0 d + \gamma z \tag{8-3b}$$

根据以莫尔—库仑强度理论建立的极限平衡条件可知，当土中某单元体处于极限平衡状态时，作用在单元体上的大、小主应力满足极限平衡条件

$$\frac{1}{2}(\sigma_1 - \sigma_3) = \left[c\cot\varphi + \frac{1}{2}(\sigma_1 + \sigma_3) \right]\sin\varphi$$

将式（8-3a）、式（8-3b）代入上式得

$$\frac{p - \gamma_0 d}{\pi}\sin\beta_0 = c\cot\varphi\sin\varphi + \frac{p - \gamma_0 d}{\pi}\beta_0\sin\varphi + (\gamma_0 d + \gamma z)\sin\varphi$$

整理后得

$$z = \frac{p - \gamma_0 d}{\pi\gamma}\left(\frac{\sin\beta_0}{\sin\varphi} - \beta_0 \right) - \frac{c}{\gamma\tan\varphi} - \frac{\gamma_0}{\gamma}d \tag{8-4}$$

式（8-4）即为满足极限平衡条件的地基塑性区的边界方程，它给出了边界上任意一点的坐标 z 与 β 角的关系。若 p、d、γ_0、γ、φ 为已知，则可绘出塑性区的边界线，如图 8-4 所示。

从式（8-4）可求出在特定条件下塑性区开展的最大深度 $z_{\max}$，即令 $\dfrac{\mathrm{d}z}{\mathrm{d}\beta_0}=0$，求出 β_0，再代回式（8-4）即可。

$$\frac{\mathrm{d}z}{\mathrm{d}\beta_0} = \frac{p - \gamma_0 d}{\pi\gamma}\left(\frac{\cos\beta_0}{\sin\varphi} - 1 \right) = 0$$

$$\cos\beta_0 = \sin\varphi$$

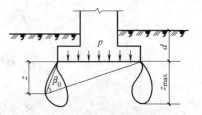

图 8-4　条形基础底面边缘塑性区

则有

$$\beta_0 = \frac{\pi}{2} - \varphi \tag{8-5}$$

将式（8-5）代入式（8-4）式，可求得

$$z_{max} = \frac{p - \gamma_0 d}{\pi\gamma}\left[\cot\varphi - \left(\frac{\pi}{2} - \varphi\right)\right] - \frac{c}{\gamma\tan\varphi} - \frac{\gamma_0}{\gamma}d \tag{8-6}$$

若 $z_{max} = 0$，则意味着在地基内部即将出现塑性区的情况，此时对应的荷载即为临塑荷载 p_{cr}，其表达式如下

$$p_{cr} = \frac{\pi(\gamma_0 d + c\cot\varphi)}{\cot\varphi + \varphi - \frac{\pi}{2}} + \gamma_0 d \tag{8-7}$$

由式（8-7）可以看出，临塑荷载 p_{cr} 受两部分影响，一部分为地基土黏聚力 c 的作用，另一部分为基础两侧超载 $\gamma_0 d$ 或基础埋深 d 的影响，这两部分都是内摩擦角 φ 的函数，p_{cr} 随 c、φ、$\gamma_0 d$ 的增大而增大。

8.3.2 临界荷载 $p_{1/4}$，$p_{1/3}$

工程实践表明，如果采用不允许地基产生塑性区的临塑荷载 p_{cr} 作为地基允许承载力，往往不能充分发挥地基的承载能力，取值偏于保守。而临界荷载是指允许地基产生一定范围塑性变形区所对应的荷载。

对于中等强度以上地基土，将控制地基中塑性区在一定深度范围内的临界荷载作为地基允许承载力，使地基既有足够的安全度和稳定性，又能比较充分地发挥地基的承载能力，从而达到优化设计，减少基础工程量，节约投资的目的，符合经济合理的原则。允许塑性区开展深度的范围大小与建筑物的重要性、荷载性质和大小、基础形式和特性、地基土的物理力学性质等有关。

根据工程实践经验，在中心荷载作用下，控制塑性区最大开展深度 $z_{max} = \frac{1}{4}b$（b 为条形基础宽度），则相应荷载即为临界荷载 $p_{1/4}$，其表达式为

$$p_{1/4} = \frac{\pi\left(\gamma_0 d + c\cot\varphi + \frac{1}{4}\gamma b\right)}{\cot\varphi + \varphi - \frac{\pi}{2}} + \gamma_0 d \tag{8-8}$$

在偏心荷载作用下控制塑性区最大开展深度 $z_{max} = \frac{1}{3}b$，则相应的荷载即为临界荷载 $p_{1/3}$，其表达式为

$$p_{1/3} = \frac{\pi\left(\gamma_0 d + c\cot\varphi + \frac{1}{3}\gamma b\right)}{\cot\varphi + \varphi - \frac{\pi}{2}} + \gamma_0 d \tag{8-9}$$

式（8-7）、式（8-8）、式（8-9）可改写成如下形式

$$p_{cr} = cN_c + \gamma_0 dN_q = cN_c + qN_q \tag{8-10a}$$

$$p_{1/4 \atop (1/3)} = cN_c + qN_q + \frac{1}{2}\gamma bN_\gamma \tag{8-10b}$$

式中 N_c、N_q、N_γ——承载力系数，可按下列公式计算

$$N_c = \frac{\pi\cot\varphi}{\cot\varphi + \varphi - \frac{\pi}{2}} \tag{8-11a}$$

$$N_q = 1 + \frac{\pi}{\cot\varphi + \varphi - \dfrac{\pi}{2}} \qquad (8\text{-}11\text{b})$$

$$N_{\gamma(1/4)} = \frac{\pi}{2\left(\cot\varphi + \varphi - \dfrac{\pi}{2}\right)} \qquad (\text{当 } z_{max} = \frac{1}{4}b \text{ 时}) \qquad (8\text{-}11\text{c})$$

$$N_{\gamma(1/3)} = \frac{\pi}{1.5\left(\cot\varphi + \varphi - \dfrac{\pi}{2}\right)} \qquad (\text{当 } z_{max} = \frac{1}{3}b \text{ 时}) \qquad (8\text{-}11\text{d})$$

由式 (8-11c)、式 (8-11d) 可知,这两个临界荷载由三部分组成,第一、二部分分别反映了地基土黏聚力和基础两侧超载 $\gamma_0 d$ 对承载力的影响,这两部分组成了临塑荷载;第三部分表现为基础宽度和地基土重度的影响,实际上是受塑性区开展深度的影响。这三部分都随土的内摩擦角 φ 的增大而增大,其值可从公式计算得到,为方便使用,可查表 8-1。

表 8-1 临界荷载承载力系数 N_γ、N_q、N_c

$\varphi/(°)$	$N_{\gamma(1/4)}$	$N_{\gamma(1/3)}$	N_q	N_c	$\varphi/(°)$	$N_{\gamma(1/4)}$	$N_{\gamma(1/3)}$	N_q	N_c
0	0.00	0.00	1.00	3.14	24	1.43	1.91	3.86	6.44
2	0.06	0.08	1.12	3.32	26	1.68	2.24	4.36	6.89
4	0.12	0.16	1.25	3.51	28	1.96	2.62	4.92	7.38
6	0.19	0.26	1.39	3.71	30	2.29	3.05	5.57	7.93
8	0.28	0.37	1.55	3.93	32	2.67	3.55	6.33	8.53
10	0.37	0.49	1.73	4.16	34	3.10	4.13	7.20	9.19
12	0.47	0.63	1.94	4.42	36	3.61	4.81	8.21	9.93
14	0.58	0.78	2.17	4.69	38	4.21	5.60	9.40	10.76
16	0.71	0.95	2.43	4.98	40	4.91	6.53	10.80	11.69
18	0.86	1.15	2.72	5.30	42	5.74	7.64	12.46	12.73
20	1.03	1.37	3.06	5.65	44	6.73	8.95	14.42	13.91
22	1.22	1.62	3.43	6.03	45	7.29	9.70	15.55	14.56

需要说明的是,临塑荷载和临界荷载公式都是在条形荷载情况下(平面应变问题)推导得到的,对于矩形或圆形基础(空间问题),用此公式计算,其结果偏于安全。

【例 8-1】 地基上有一条形基础,宽 $b = 12.0m$,基础埋深 $d = 2.0m$,土的有效重度 $\gamma' = 10kN/m^3$,$\varphi = 14°$,$c = 20kPa$。试求 p_{cr} 与 $p_{1/3}$。

解: $p_{cr} = \dfrac{\pi(\gamma_0 d + c\cot\varphi)}{\cot\varphi + \varphi - \dfrac{\pi}{2}} + \gamma_0 d = \dfrac{\pi(20 \times \cot14° + 10 \times 2)}{\cot14° + \dfrac{14\pi}{180} - \dfrac{\pi}{2}}kPa + 10 \times 2kPa = 137.2kPa$

$p_{1/3} = \dfrac{\pi\left(\gamma_0 d + c\cot\varphi + \dfrac{1}{3}\gamma b\right)}{\cot\varphi + \varphi - \dfrac{\pi}{2}} + \gamma_0 d = 137.2kPa + \dfrac{3.14 \times 10 \times \dfrac{1}{3} \times 12}{\cot14° - \dfrac{\pi}{2} + \dfrac{14 \times \pi}{180}}kPa = 184.1kPa$

8.4　地基的极限承载力

　　地基的极限承载力是地基剪切破坏发展至即将丧失稳定性时所能承受的荷载。在土力学的发展中，地基极限承载力的理论公式很多，大都是按整体剪切破坏模式推导的，而用于局部剪切或冲剪破坏时要根据经验加以修正。

　　目前，求解极限承载力的方法有两种，一种是根据静力平衡和极限平衡条件建立微分方程，根据边界条件求出地基整体达到极限平衡时各点的应力的精确解。由于这一方法只能对一些简单的条件进行求解，得到解析解，其他情况则求解困难，故此法不常用，另一种求极限承载力的方法为假定滑动面法，此法先假设滑动面的形状，然后以滑动面所包围的土体为隔离体，根据静力平衡条件求出极限荷载。这种方法概念明确，计算简单，得到了广泛的应用。本节介绍按极限平衡理论求导的普朗德尔和瑞斯诺极限承载力，按假定滑动面求导的太沙基等极限承载力公式。

8.4.1　普朗特尔极限承载力理论

　　普朗特尔（L. Prandtl）在 1920 年根据塑性理论研究了刚性体压入介质中，介质达到破坏时，滑动面的形状及极限压应力的公式。在推导公式时，假设介质是无质量的，荷载为无限长的条形荷载，载荷板底面是光滑的。

　　根据土体极限平衡理论，即由上述假定所确定的边界条件，得出滑动面的形状如图 8-5 所示，滑动面所包围的区域分五个区，一个 I 区，两个 II 区，两个 III 区。由于假设载荷板底面是光滑的，因此 I 区中的竖向应力即为大主应力，称为朗肯主动区，滑动面与水平面夹角为 $(45° + \varphi/2)$。由于 I 区的土楔 ABC 向下位移，把附近的土体挤向两侧，使 III 区中的土体 ADF 和 BEG 达到被动朗肯状态，称为朗肯被动区，该区大主应力作用方向为水平向，滑动面与水平面夹角为 $(45° - \varphi/2)$。在主动区与被动区之间是由一组对数螺线和一组辐射向直线组成的过渡区。对数螺线方程为 $\gamma = \gamma_0 e^{\theta\tan\varphi}$，对数螺线分别与主动及被动区的滑动面相切。

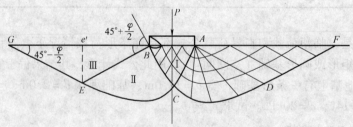

图 8-5　Prandtl 滑动面

　　根据以上的假设，普朗特尔推导出极限承载力的理论解为

$$p_u = cN_c \tag{8-12}$$

其中

$$N_c = \cot\varphi \left[\exp(\pi\tan\varphi) \tan^2\left(45° + \frac{\varphi}{2}\right) - 1 \right] \tag{8-13}$$

式中　N_c——承载力系数，是 φ 的函数。

若考虑基础有埋深 d，则将基底平面以上的覆土以柔性超载 $q = \gamma_0 d$ 代替，瑞斯诺（H. Reissner，1924 年）得出极限承载力的表达式为

$$p_u = cN_c + qN_q \tag{8-14}$$

式中 N_c、N_q——承载力系数，N_c 与式（8-13）相同，N_q 计算公式如下

$$N_q = \left[\exp(\pi\tan\varphi) \tan^2\left(45° + \frac{\varphi}{2}\right) \right] \tag{8-15}$$

从 N_c、N_q 表达式可以看出：$N_c = (N_q - 1)\cot\varphi$。

上述普朗特尔及瑞斯诺公式，均假定土的重度 $\gamma = 0$。若考虑土的重力，普朗特尔导得的滑动面 II 区就不再是对数螺线了，其滑动面形状很复杂，目前尚无法按极限平衡理论求得其解析解，只能采用数值计算方法求解。

8.4.2 按假定滑动面确定极限承载力

1. 太沙基极限承载力理论

虽然 Prandtl 公式得到了解析解，但由于其理论假设介质（土）的重度 $\gamma = 0$，基底是光滑的，这与实际情况出入较大。太沙基在普朗特尔研究的基础上作了如下假定：

1）基底是粗糙的，由于在基底下存在摩擦力，阻止了基底下 I 区上楔体 ABC 的剪切位移，这部分土体不发生破坏而处于弹性状态，它像一个"弹性核"随着基础一起向下移动。

2）地基土是有重量的（$\gamma \neq 0$），但是忽略地基土重度对滑移线形状的影响，因为根据极限平衡理论，如果考虑土的重度，塑性区内的两组滑移线就不一定完全是直线。太沙基滑动面的形状如图 8-6a 所示。I 区土楔体 ABC 滑动面与水平面的夹角为 φ。两个 III 区仍能达到被动极限平衡状态，与普朗特尔模型相同，也是等腰三角形。

3）不考虑基底两侧土体的抗剪强度，只把它作为超载考虑。

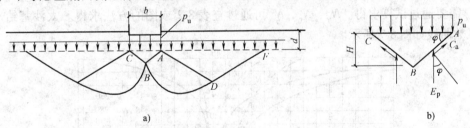

图 8-6 太沙基假设的滑动面形状

根据以上假定，当忽略不计楔体 ABC 的重量，地基达到极限荷载时，AB 和 BC 面上只作用有被动土压力 E_p 和黏结力的合力 C_a，如图 8-6b 所示，楔体 ABC 按静力平衡条件得

$$bp_u = 2E_p + 2C_a\sin\varphi = 2E_p + bc\tan\varphi \tag{8-16}$$

式中 b——基础宽度；

c、φ——地基土的黏聚力和内摩擦角。

根据土压力理论，BDF 滑动时，在 AB 面上产生的被动土压力可分为三部分：一是由 ABDF 土体自重产生的土压力 E_p，其作用点位于 AB 的下面 $H/3$ 处；二是黏聚力产生的土压力 E_c；三是由基础以上土的超载 $q = \gamma_0 d$ 引起的土压力 E_q。E_c 和 E_q 都是均匀分布的，其作用点在 AB 的中点。由土压力的计算可得

$$E_p = \frac{1}{2}\gamma H^2 K_{p\gamma} \tag{8-17a}$$

$$E_c = cHK_{pc} \tag{8-17b}$$

$$E_q = qHK_{pq} \tag{8-17c}$$

式中 $K_{p\gamma}$、K_{pc}、K_{pq}——由土重、黏聚力 c、超载 q 产生的被动土压力系数;

H——刚性核的竖直高度。

将式（8-17a）~式（8-17c）代入式（8-16），并考虑 $H = \frac{b}{2}\tan\varphi$，可得

$$bp_u = 2\left[\frac{1}{2}\gamma\left(\frac{b}{2}\tan\varphi\right)^2 K_{p\gamma} + c\cdot\frac{b}{2}\tan\varphi K_{pc} + q\cdot\frac{b}{2}\tan\varphi K_{pq}\right] + bc\tan\varphi$$

解出

$$p_u = \frac{1}{2}\gamma b\cdot\frac{1}{2}\tan^2\varphi K_{p\gamma} + c\cdot(\tan\varphi\cdot K_{pc} + \tan\varphi) + q\tan\varphi\cdot K_{pq} \tag{8-18}$$

若令

$$N_\gamma = \frac{1}{2}\tan^2\varphi\cdot K_{p\gamma} \tag{8-19a}$$

$$N_c = \tan\varphi\cdot K_{pc} + \tan\varphi \tag{8-19b}$$

$$N_q = \tan\varphi\cdot K_{pq} \tag{8-19c}$$

则有

$$p_u = cN_c + qN_q + \frac{1}{2}\gamma b N_\gamma \tag{8-20}$$

式（8-20）中，N_γ、N_c、N_q 均为承载力系数，都是 φ 的函数。根据太沙基的推导得出

$$N_q = \frac{1}{2}\left[\frac{e^{\left(\frac{3}{4}\pi - \frac{\varphi}{2}\right)\tan\varphi}}{\cos\left(\frac{\pi}{4} + \frac{\varphi}{2}\right)}\right]^2 \tag{8-21a}$$

$$N_c = \cot\varphi(N_q - 1) \tag{8-21b}$$

N_γ 需要通过试算求得。N_γ、N_c、N_q 可通过查表 8-2 或图的方法求得。太沙基给出的承载力系数曲线如图 8-7 所示。

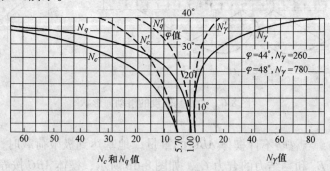

图 8-7 太沙基公式承载力系数（基底完全粗糙）

对于局部剪切破坏的情况，太沙基建议用调整 c、φ 的方法，即取

$$\bar{c} = \frac{2}{3}c \tag{8-22a}$$

$$\bar{\varphi} = \arctan\left(\frac{2}{3}\tan\varphi\right) \tag{8-22b}$$

代替式（8-20）中的 c 和 φ，则有

$$p_u = \frac{2}{3}cN'_c + qN'_q + \frac{1}{2}\gamma bN'_\gamma \qquad (8\text{-}23)$$

式中　N'_c、N'_q、N'_γ——局部剪切破坏承载力系数，由 φ 查图 8-7 中的虚线，或由 $\overline{\varphi}$ 查图中实线。

表 8-2　太沙基承载力系数表

$\varphi/(°)$	N_c	N_q	N_γ	$\varphi/(°)$	N_c	N_q	N_γ
0	5.7	1.00	0.00	24	23.4	11.4	8.6
2	6.5	1.22	0.23	26	27.0	14.2	11.5
4	7.0	1.48	0.39	28	31.6	17.8	15
6	7.7	1.81	0.63	30	37.0	22.4	20
8	8.5	2.20	0.86	32	44.4	28.7	28
10	9.5	2.68	1.20	34	52.8	36.6	36
12	10.9	3.32	1.66	36	63.6	47.2	50
14	12.0	4.00	2.20	38	77.0	61.2	90
16	13.0	4.91	3.00	40	94.8	80.5	130
18	15.5	6.04	3.90	42	119.5	109.4	195
20	17.6	7.42	5.00	44	151.0	147.0	260
22	20.2	9.17	6.50	45	172.2	173.3	326

式（8-20）是在假定条形基础下地基发生整体剪切破坏时得到的，对于实际工程中存在的方形、圆形和矩形基础的情况则属于三维问题，太沙基根据一些试验资料建议按下列半经验公式计算。

对于边长为 b 的方形基础　　$p_u = 1.2cN_c + qN_q + 0.4\gamma bN_\gamma$ 　　　　(8-24)

直径为 b 的圆形基础　　$p_u = 1.2cN_c + qN_q + 0.6\gamma bN_\gamma$ 　　　　(8-25)

对于边长为 $b \times l$ 的矩形基础，按 b/l 值在条形基础（$b/l = 0$）和方形基础（$b/l = 1$）之间内插求得极限承载力。

2. 魏西克极限承载力公式

在实际工程中，理想中心荷载作用的情况不是很多，在许多时候荷载是偏心的甚至是倾斜的，这时情况相对复杂一些，基础可能会整体剪切破坏，也可能水平滑动破坏，其理论破坏模式与中心荷载下不同。

魏西克（A. S. Vesic）于 20 世纪 70 年代在太沙基理论基础上，提出了条形基础在中心荷载作用下的极限承载力公式

$$p_u = cN_c + qN_q + \frac{1}{2}\gamma bN_\gamma$$

魏西克公式的形式虽然与太沙基公式相同，但承载力系数 N_γ、N_c、N_q 取值都有所不同，见表 8-3。

表 8-3　魏西克承载力系数

$\varphi/(°)$	N_c	N_q	N_γ	$\varphi/(°)$	N_c	N_q	N_γ
0	5.14	1.00	0.00	24	19.32	9.60	9.44
2	5.63	1.20	0.15	26	22.25	11.85	12.54
4	6.19	1.43	0.34	28	25.80	14.72	16.72
6	6.81	1.72	0.57	30	30.14	18.40	22.40
8	7.53	2.06	0.86	32	35.49	23.18	30.22
10	8.35	2.47	1.22	34	42.16	29.44	41.06
12	9.28	2.97	1.60	36	50.59	37.74	56.31
14	10.37	3.59	2.29	38	61.35	48.93	78.03
16	11.63	4.34	3.06	40	75.31	64.20	109.41
18	13.10	5.26	4.07	42	93.71	85.38	155.55
20	14.83	6.40	5.39	44	118.37	115.31	224.64
22	16.88	7.82	7.13	46	152.10	158.51	330.35

魏西克公式也可按下式计算

$$N_q = e^{\pi\tan\varphi}\tan^2(45° + \varphi/2) \tag{8-26a}$$

$$N_c = (N_q - 1)\cot\varphi \tag{8-26b}$$

$$N_\gamma = 2(N_q + 1)\tan\varphi \tag{8-26c}$$

魏西克还研究了基础底面的形状、荷载偏心与倾斜、基础两侧覆盖土层的抗剪强度、基底和地面倾斜、土的压缩性影响等，对承载力公式进行了修正。

（1）基础形状的影响　一般极限承载力公式都是根据条形荷载导出的，为了考虑方形和圆形基础，可以采用以下经验公式

$$p_u = cN_cS_c + qN_qS_q + \frac{1}{2}\gamma bN_\gamma S_\gamma \tag{8-27}$$

式中　S_c、S_q、S_γ——基础形状修正系数，可按下式计算：
矩形基础（宽为 b、长为 l）

$$S_c = 1 + \frac{b}{l} \cdot \frac{N_q}{N_c} \tag{8-28a}$$

$$S_q = 1 + \frac{b}{l} \cdot \tan\varphi \tag{8-28b}$$

$$S_\gamma = 1 - 0.4\frac{b}{l} \tag{8-28c}$$

圆形基础和方形基础

$$S_c = 1 + \frac{N_q}{N_c} \tag{8-29a}$$

$$S_q = 1 + \tan\varphi \tag{8-29b}$$

$$S_\gamma = 0.6 \tag{8-29c}$$

（2）荷载偏心与倾斜的影响　荷载的偏心和倾斜都将降低地基承载力。当荷载只有偏

心时，对于条形基础可以$b' = b - 2e$（e为偏心距）代替原来的宽度b；若为矩形基础，则用$b' = b - 2e_b$，$l' = l - 2e_l$分别代替原来的b和l，e_b和e_l分别为沿基础短边和长边的偏心距。当荷载倾斜时，可用荷载倾斜系数对承载力加以修正。

当荷载偏心和倾斜都存在时，可按下式计算极限承载力

$$p_u = cN_cS_ci_c + qN_qS_qi_q + \frac{1}{2}\gamma bN_\gamma S_\gamma i_\gamma \tag{8-30}$$

$$i_c = \begin{cases} 1 - \dfrac{mH}{b'l'cN_c} & (\varphi = 0) \\ i_q - \dfrac{1 - i_q}{N_c \cdot \tan\varphi} & (\varphi > 0) \end{cases} \tag{8-31a}$$

$$i_q = \left(1 - \frac{H}{Q + b'l'c\cot\varphi}\right)^m \tag{8-31b}$$

$$i_\gamma = \left(1 - \frac{H}{Q + b'l'c\cot\varphi}\right)^{m+1} \tag{8-31c}$$

式中 i_c、i_q、i_γ——荷载倾斜修正系数；

Q、H——倾斜荷载在基础底面上的垂直分力、水平分力（kN）；

m——系数，由下式确定：

当荷载在短边方向倾斜时 $m_b = \dfrac{2 + (b/l)}{1 + (b/l)}$

当荷载在长边方向倾斜时 $m_l = \dfrac{2 + (l/b)}{1 + (l/b)}$

条形基础： $m = 2$

若荷载在任意方向倾斜 $m_n = m_l\cos^2\theta_n + m_b\sin^2\theta_n \tag{8-32}$

式中 θ_n——荷载在任意方向的倾角。

（3）基础两侧覆盖层抗剪强度的影响 若考虑基础两侧覆盖层的抗剪强度，则有下式

$$p_u = cN_cS_ci_cd_c + qN_qS_qi_qd_q + \frac{1}{2}\gamma bN_\gamma S_\gamma i_\gamma d_\gamma \tag{8-33}$$

式中 d_c、d_q、d_γ——基础埋深修正系数，可按下式确定

$$d_q = \begin{cases} 1 + 2\tan\varphi(1 - \sin\varphi)^2\dfrac{d}{b} & (d \leq b) \\ 1 + 2\tan\varphi(1 - \sin\varphi)^2\arctan(d/b) & (d > b) \end{cases} \tag{8-34a}$$

$$d_c = \begin{cases} 1 + 0.4d/b & (\varphi = 0, d \leq b) \\ 1 + 0.4\arctan(d/b) & (\varphi = 0, d > b) \\ d_q - \dfrac{1 - d_q}{N_c\tan\varphi} & (\varphi > 0) \end{cases} \tag{8-34b}$$

$$d_\gamma = 1 \tag{8-34c}$$

3. 汉森极限承载力公式

与魏克西公式相似，汉森在极限承载力公式中也考虑了基础形状与荷载倾斜的影响，其形式如下

$$p_u = cN_cS_ci_cd_c + qN_qS_qi_qd_q + \frac{1}{2}\gamma b'N_\gamma S_\gamma i_\gamma d_\gamma \tag{8-35}$$

式中 b'——基础有效宽度，$b' = b - 2e_b$；

         e_b——合力作用点的偏心距；

N_c、N_q、N_γ——承载力系数，查表8-4；

S_c、S_q、S_γ——基础形状修正系数，偏心状态下，基础有效长度为 e'，S_c、S_q、S_γ 按下式计算

$$S_c = 1 + 0.2i_c(b'/l')$$
$$S_q = 1 + i_q(b'/l')\sin\varphi$$
$$S_\gamma = 1 - 0.4i_\gamma(b'/l')$$

d_c、d_q、d_γ——基础埋深修正系数，与式（8-34a）、式（8-34b）、式（8-34c）相同；

i_c、i_q、i_γ——荷载倾斜系数，根据土的内摩擦角 φ 及荷载的倾斜角 δ 查表8-5。

表8-4   汉森承载力系数

$\varphi/(°)$	N_c	N_q	N_γ	$\varphi/(°)$	N_c	N_q	N_γ
0	5.14	1.00	0.00	24	19.3	9.61	6.90
2	5.69	1.20	0.01	26	22.3	11.9	9.53
4	6.17	1.43	0.05	28	25.8	14.7	13.1
6	6.82	1.72	0.14	30	30.2	18.4	18.1
8	7.52	2.06	0.27	32	35.5	23.2	25.0
10	8.35	2.47	0.47	34	42.2	29.5	34.5
12	9.29	2.97	0.76	36	50.6	37.8	48.1
14	10.4	3.58	1.16	38	61.4	48.9	67.4
16	11.6	4.32	1.72	40	75.4	64.2	95.5
18	13.1	5.25	2.49	42	93.7	85.4	137
20	14.8	6.40	3.54	44	118	115	199
22	16.9	7.82	4.96	46	134	135	241

表8-5   荷载倾斜系数 i_c、i_q、i_γ

$\varphi/(°)$ \ $\tan\delta$	0.1			0.2			0.3			0.4		
i	i_γ	i_q	i_c	i_γ	i_q	i_c	i_γ	i_q	i_c	i_γ	i_q	i_c
6	0.64	0.80	0.53									
7	0.69	0.83	0.64									
8	0.71	0.84	0.69									
9	0.72	0.85	0.73									
10	0.72	0.85	0.75									
11	0.73	0.85	0.77									
12	0.73	0.85	0.78	0.40	0.63	0.44						
13	0.73	0.85	0.79	0.43	0.65	0.50						
14	0.73	0.86	0.80	0.44	0.67	0.54						
15	0.73	0.86	0.81	0.46	0.68	0.57						

（续）

φ/(°)	tanδ 0.1			0.2			0.3			0.4		
i	i_γ	i_q	i_c	i_γ	i_q	i_c	i_γ	i_q	i_c	i_γ	i_q	i_c
16	0.73	0.85	0.81	0.46	0.68	0.58						
17	0.73	0.85	0.81	0.47	0.68	0.60	0.20	0.45	0.30			
18	0.73	0.85	0.82	0.47	0.69	0.61	0.23	0.48	0.36			
19	0.72	0.85	0.82	0.47	0.69	0.62	0.25	0.50	0.40			
20	0.72	0.85	0.82	0.47	0.69	0.63	0.26	0.51	0.42			
21	0.72	0.85	0.82	0.47	0.69	0.64	0.27	0.52	0.44			
22	0.72	0.85	0.82	0.47	0.69	0.64	0.27	0.52	0.45	0.10	0.32	0.22
23	0.71	0.84	0.82	0.47	0.68	0.64	0.28	0.52	0.46	0.12	0.35	0.27
24	0.71	0.84	0.82	0.47	0.68	0.65	0.28	0.53	0.47	0.13	0.37	0.29
25	0.71	0.84	0.82	0.46	0.68	0.65	0.28	0.53	0.48	0.14	0.37	0.31
26	0.70	0.84	0.82	0.46	0.68	0.65	0.28	0.53	0.48	0.15	0.38	0.32
27	0.70	0.84	0.82	0.46	0.68	0.65	0.28	0.52	0.49	0.15	0.38	0.33
28	0.69	0.83	0.82	0.45	0.67	0.65	0.27	0.52	0.49	0.15	0.38	0.34
29	0.69	0.83	0.82	0.45	0.67	0.65	0.27	0.52	0.49	0.15	0.39	0.35
30	0.69	0.83	0.82	0.44	0.67	0.65	0.27	0.52	0.49	0.15	0.39	0.35
31	0.68	0.83	0.82	0.44	0.66	0.65	0.27	0.52	0.49	0.15	0.39	0.36
32	0.68	0.82	0.81	0.43	0.66	0.64	0.26	0.51	0.49	0.15	0.39	0.36
33	0.67	0.82	0.81	0.43	0.65	0.64	0.26	0.51	0.49	0.15	0.38	0.36
34	0.67	0.82	0.81	0.42	0.65	0.64	0.25	0.50	0.49	0.14	0.38	0.36
35	0.66	0.81	0.81	0.42	0.65	0.64	0.25	0.50	0.49	0.14	0.38	0.36
36	0.66	0.81	0.81	0.41	0.64	0.63	0.25	0.50	0.48	0.14	0.37	0.36
37	0.65	0.81	0.80	0.40	0.64	0.63	0.24	0.49	0.48	0.14	0.37	0.36
38	0.65	0.80	0.80	0.40	0.63	0.62	0.24	0.49	0.47	0.13	0.37	0.35
39	0.64	0.80	0.80	0.39	0.63	0.62	0.23	0.48	0.47	0.13	0.36	0.35
40	0.64	0.80	0.79	0.39	0.62	0.62	0.23	0.48	0.47	0.13	0.36	0.35
41	0.63	0.79	0.79	0.38	0.61	0.61	0.22	0.47	0.46	0.13	0.35	0.34
42	0.62	0.79	0.79	0.37	0.61	0.61	0.21	0.46	0.46	0.12	0.35	0.34
43	0.62	0.79	0.78	0.37	0.60	0.60	0.21	0.46	0.45	0.12	0.34	0.33
44	0.61	0.78	0.78	0.36	0.60	0.59	0.20	0.45	0.44	0.11	0.33	0.33
45	0.60	0.78	0.78	0.35	0.59	0.59	0.20	0.44	0.44	0.11	0.33	0.32

8.5　地基承载力的确定

8.5.1　地基承载力的概念

　　多年以来，我国岩土工程领域沿用"地基允许承载力"这个概念，它是指地基稳定有足够安全度的承载能力，一般由极限承载力除以安全系数 K 得到，通常 K 为 2～3，此即定值法确定的地基承载力。因此，地基允许承载力可定义为在保证地基稳定的条件下，建筑物基础或土工建筑物路基的沉降量不超过允许值的地基承载能力。从上节极限承载力的表达式可以看出地基承载力是由三部分组成，即土的性质 c、φ、γ，基础宽度 b 及基础埋深 d。

所有建筑物和土工建筑物的地基基础设计均应满足地基承载力和变形的要求。对经常受水平荷载作用的高层建筑、高耸结构、高路堤和挡土墙以及建造在斜坡或边坡附近的建筑物，还应验算地基稳定性。因此，通常在地基计算时，首先应限制基底压力小于等于基础经过深度、宽度修正后的地基允许承载力，以便确定基础或路基的埋置深度和底面尺寸，然后验算地基变形，必要时验算地基稳定性。

GB 50007—2011《建筑地基基础设计规范》采用了地基承载力特征值的概念。地基承载力特征值是指地基稳定有保证可靠度的承载能力，它作为随机变量是以概率理论为基础的，以分项系数表达的实用极限状态设计法确定的地基承载力；同时也要验算地基变形不超过允许变形值。

《建筑地基基础设计规范》将地基承载力特征值定义为"由载荷试验测定的地基土压力变形曲线线性变形段内规定的变形所对应的压力值，其最大值为比例界限值"，并对其进行了如下说明：

由于土为大变形材料，当荷载增加时，随着地基变形的相应增长，地基承载力也在逐渐加大，很难界定出一个真正的"极限值"；另一方面，建筑物的使用有一个功能要求，常常是地基承载力还有潜力可挖，而变形已达到或超过按正常使用的限值。因之，地基设计是采用正常使用极限状态这一原则，所选定的地基承载力是在地基土的压力变形曲线线性变形段内相应于不超过比例界限点的地基压力值，即允许承载力。

《建筑地基基础设计规范》规定，地基承载力特征值可由载荷试验或其他原位测试、公式计算，并结合工程实践经验等方法综合确定。

静力触探、动力触探、标准贯入试验等原位测试用于确定地基承载力在我国已有丰富经验，但必须有地区经验，即当地的对比资料。同时还应注意结合室内试验成果综合分析，不宜单独应用。

JTG D63—2007 规定：《公路桥涵地基与基础设计规范》地基承载力的验算应以修正后的地基承载力允许值 $[f_a]$ 控制，该值系在地基原位测试或规范给出的各类岩土承载力基本允许值 $[f_{a0}]$ 的基础上，经修正而得。

所谓修正后的地基承载力允许值或承载力特征值均指所确定的承载力包含了基础埋深、基础宽度及地基土类别等因素。理论公式法可以直接计算得出修正后的地基承载力允许值 $[f_a]$ 或修正后的地基承载力特征值 f_a。

原位试验法和规范表格法确定的地基承载力均未包含基础埋深和基础宽度等因素，因此需要先求得地基承载力基本允许值 $[f_{a0}]$，再经过深宽修正，得出修正后的地基承载力允许值 $[f_a]$；或先求得地基承载力特征值 f_{ak}，再经过深宽修正，得出修正后的地基承载力特征值 f_a。

8.5.2 公式计算确定地基承载力特征值

根据具体工程要求，可采用由极限平衡理论得到的地基土临塑荷载 p_{cr} 和塑性临界荷载 $p_{1/4}$、$p_{1/3}$ 计算公式确定地基承载力特征值，也可以采用普朗特尔、瑞斯诺、太沙基、魏西克、汉森等地基极限承载力公式除以安全系数确定地基承载力特征值。一般，对太沙基极限承载力公式，安全系数取 2～3。

现行《建筑地基基础设计规范》采用塑性临界荷载的概念，并参考普朗特尔、太沙基的极限承载力公式，规定了按地基土抗剪强度确定地基承载力特征值的方法。当偏心距 e 小于或等于 0.033 倍基础底面宽度时，根据土的抗剪强度指标确定地基承载力特征值可按式 (8-36) 计算，并应满足变形要求。

$$f_a = M_b \gamma b + M_d \gamma_m d + M_c c_k \tag{8-36}$$

式中　　f_a——由土的抗剪强度指标确定的地基承载力特征值（kPa）；

M_b、M_d、M_c——承载力系数，按表 8-6 确定；

　　　　　b——基础底面宽度（m），大于 6m 时按 6m 取值，对于砂土小于 3m 时按 3m 取值；

　　　　　c_k——基底下一倍短边宽深度内土的黏聚力标准值（kPa）；

　　　　　γ——基础底面以下土的重度（kN/m³），地下水位以下取有效重度；

　　　　　γ_m——基础底面以上土的加权平均重度（kN/m³），地下水位以下取有效重度；

　　　　　d——基础埋置深度（m），宜自室外地面标高算起，在填方整平地区，可自填土地面标高算起，但填土在上部结构施工后完成时，应从天然地面标高算起，对于地下室，当采用箱形基础或筏形基础时，基础埋置深度自室外地面标高算起，当采用独立基础或条形基础时，应从室内地面标高算起。

表 8-6　承载力系数 M_b、M_d、M_c

$\varphi_k/(°)$	M_b	M_d	M_c	$\varphi_k/(°)$	M_b	M_d	M_c
0	0	1.00	3.14	22	0.61	3.44	6.04
2	0.03	1.12	3.32	24	0.80	3.87	6.45
4	0.06	1.25	3.51	26	1.10	4.37	6.90
6	0.10	1.39	3.71	28	1.40	4.93	7.40
8	0.14	1.55	3.93	30	1.90	5.59	7.95
10	0.18	1.73	4.17	32	2.60	6.35	8.55
12	0.23	1.94	4.42	34	3.40	7.21	9.22
14	0.29	2.17	4.69	36	4.20	8.25	9.97
16	0.36	2.43	5.00	38	5.00	9.44	10.80
18	0.43	2.72	5.31	40	5.80	10.84	11.73
20	0.51	3.06	5.66				

注：φ_k 为基底下一倍短边宽深度内土的内摩擦角标准值。

采用式 (8-36) 和表 8-6 确定地基承载力特征值时，地基土的抗剪强度指标采用内摩擦角标准值 φ_k、黏聚力标准值 c_k，可按下列规定计算：

1）根据室内 n 组三轴压缩试验的结果，按下列公式计算某一土性指标的试验平均值、标准差和变异系数

$$\delta = \sigma / \mu \tag{8-37}$$

$$\mu = \frac{1}{n} \sum_{i=1}^{n} \mu_i \tag{8-38}$$

$$\sigma = \sqrt{\frac{\sum_{i=1}^{n} \mu_i^2 - n\mu^2}{n-1}} \tag{8-39}$$

式中　δ——变异系数；

　　　μ——试验平均值；

　　　σ——标准差。

2）按下列公式计算内摩擦角和粘聚力的统计修正系数 ψ_φ、ψ_c：

$$\psi_\varphi = 1 - \left(\frac{1.704}{\sqrt{n}} + \frac{4.678}{n^2}\right)\delta_\varphi \tag{8-40}$$

$$\psi_c = 1 - \left(\frac{1.704}{\sqrt{n}} + \frac{4.678}{n^2}\right)\delta_c \tag{8-41}$$

式中　ψ_φ——内摩擦角的统计修正系数；

　　　ψ_c——黏聚力的统计修正系数；

　δ_φ、δ_c——内摩擦角、黏聚力的变异系数。

3）内摩擦角、黏聚力的标准值 c_k、φ_k 按下式计算

$$\varphi_k = \psi_\varphi \varphi_m \tag{8-42}$$

$$c_k = \psi_c c_m \tag{8-43}$$

式中　φ_m、c_m——内摩擦角、黏聚力的试验平均值。

8.5.3　载荷试验确定地基承载力特征值

1. 浅层平板载荷试验

地基土浅层平板载荷试验可适用于确定浅部地基土层的承压板下应力主要影响范围内的承载力和变形参数。承压板面积不应小于 $0.25m^2$，对于软土不应小于 $0.5m^2$。试验基坑宽度不应小于承压板宽度或直径的 3 倍。试验时应保持试验土层的原状结构和天然湿度，宜在拟试压表面用粗砂或中砂层找平，其厚度不超过 20mm。

载荷试验加荷分级不应少于 8 级，最大加载量不应小于设计要求的 2 倍。每级加载后，按间隔 10min、10min、10min、15min、15min，以后为每隔 0.5h 测读一次沉降量，当在连续 2h 内，每小时的沉降量小于 0.1mm 时，则认为已趋稳定，可加下一级荷载。

（1）试验终止加载的条件　当出现下列情况之一时，即可终止加载：

1）承压板周围的土出现明显的侧向挤出。

2）沉降 s 急剧增大，荷载-沉降（p-s）曲线出现陡降段。

3）在某一级荷载下，24h 内沉降速率不能达到稳定标准。

4）沉降量与承压板宽度或直径之比大于或等于 0.06。

当满足前三种情况之一时，其对应的前一级荷载定为极限荷载。

（2）承载力特征值的确定　承载力特征值的确定应符合下列规定：

1）当 p-s 曲线上有比例界限时，取该比例界限所对应的荷载值。

2）当极限荷载小于对应比例界限的荷载值的 2 倍时，取极限荷载值的一半。

3）当不能按上述两款要求确定，压板面积为 $0.25 \sim 0.50m^2$ 时，可取 $s/b = 0.01 \sim 0.015$ 所对应的荷载，但其值不应大于最大加载量的一半。

同一土层参加统计的试验点不应少于三点，当试验实测值的极差不超过其平均值的 30% 时，取此平均值作为该土层的地基承载力特征值 f_{ak}。

2. 深层平板载荷试验

深层平板载荷试验可适用于确定深部地基土层及大直径桩桩端土层在承压板下应力主要影响范围内的承载力和变形参数。深层平板载荷试验的承压板采用直径为 0.8m 的刚性板,紧靠承压板周围外侧的土层高度应不少于 80cm。

试验加荷等级可按预估极限承载力的 1/10 ~ 1/15 分级施加。每级加荷后,第一个小时内按间隔 10min、10min、10min、15min、15min,以后为每隔 0.5h 测读一次沉降。当在连续 2h 内,每小时的沉降量小于 0.1mm 时,则认为已趋稳定,可加下一级荷载。

(1) 试验终止加载的条件 当出现下列情况之一时,可终止加载:

1) 沉降 s 急剧增大,荷载-沉降 (p-s) 曲线上有可判定极限承载力的陡降段,且沉降量超过 $0.04d$ (d 为承压板直径)。

2) 在某级荷载下,24h 内沉降速率不能达到稳定。

3) 本级沉降量大于前一级沉降量的 5 倍。

4) 当持力层土层坚硬,沉降量很小时,最大加载量不小于设计要求的 2 倍。

(2) 承载力特征值的确定 承载力特征值的确定应符合下列规定:

1) 当 p-s 曲线上有比例界限时,取该比例界限所对应的荷载值。

2) 满足前两条终止加载条件之一时,其对应的前一级荷载定为极限荷载,当该值小于对应比例界限的荷载值的 2 倍时,取极限荷载值的一半。

3) 不能按上述两款要求确定时,可取 $s/d = 0.01 \sim 0.015$ 所对应的荷载值,但其值不应大于最大加载量的一半。

同一土层参加统计的试验点不应少于三点,当试验实测值的极差不超过平均值的 30% 时,取此平均值作为该土层的地基承载力特征值 f_{ak}。

复习思考题

8-1 地基的破坏模式有哪几种?影响地基破坏模式的主要因素是什么?

8-2 怎样根据地基内塑性区开展的深度来确定临界荷载?基本假定是什么?

8-3 地基临塑荷载和临界荷载的物理概念是什么?

8-4 将条形基础的极限承载力公式计算结果用于方形基础,是偏于安全还是不安全?

8-5 地基承载力的确定方法有哪些?

习 题

8-1 有一条形基础,宽度 $b = 3$m,埋置深度 $d = 1$m,地基土重度 $\gamma = 19$kN/m^3,$c = 10$kPa,$\varphi = 10°$,试求地基的允许承载力 $p_{1/4}$ 和 $p_{1/3}$。

[答案:$p_{1/4} = 85$kPa,$p_{1/3} = 88.4$kPa]

8-2 某办公楼采用砖混结构基础。设计基础宽度 $b = 1.50$m,基础埋深 $d = 1.4$m,地基为粉土,$\gamma = 18.0$kN/m^3,$\varphi = 30°$,$c = 10$kPa,地下水位深 7.8m,按太沙基公式计算此地基的极限承载力。

[答案:1204.5kPa]

8-3 某承受中心荷载的柱下独立基础,基础宽度 $b = 1.5$m,埋深 $d = 1.6$m,地基土为粉土,重度 $\gamma = 17.8$kN/m^3,摩擦角标准值 $\varphi_k = 22°$,$c_k = 1.2$kPa,试确定地基承载力特征值。

[答案:121.5kPa]

第9章 土坡稳定性分析

9.1 概述

9.1.1 土坡与滑坡的概念

土坡是由自然地质作用或人工形成的具有倾斜坡面的土体。一般而言，土坡有两种类型。由自然地质作用所形成的土坡，如山坡、江河的岸坡等，称为天然土坡。由人工开挖或回填而形成的土坡，如基坑、渠道、土坝、路堤等的边坡，则称为人工土（边）坡。土体自重以及渗透力等在坡体内引起剪应力，当土坡受到各种自然因素或人为因素的作用时，土坡体会失去力学平衡，使土坡某一潜在的剪切面上剪应力大于土的抗剪强度，产生剪切破坏，一部分土体相对于另一部分土体发生滑动，工程中称这一现象为滑坡，也称土坡失稳。土体的滑动一般指土坡在一定范围内整体地沿某一滑动面向下和向外移动而丧失其稳定性。失稳土体沿之滑动的面称为滑动面（滑面）。土坡与滑坡的要素如图9-1所示。

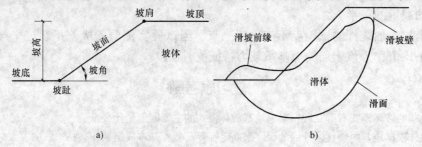

图9-1 土坡与滑坡的要素
a）土坡 b）滑坡

9.1.2 土坡滑动失稳的形式

土体的滑动一般指土坡在一定范围内整体地沿某一滑动面向下和向外移动而丧失其稳定性。大量观察资料表明，均质黏性土坡失稳时滑动面一般近似于圆柱面，故在横断面上呈近似圆弧线，如图9-1b所示；砂性土坡失稳时滑动面通常近似于平面，故在横断面上呈直线。土坡沿走向往往有一定长度，故土坡的稳定性分析可按平面应变问题来处理。

9.1.3 土坡失稳滑动的原因

土坡的失稳受内部和外部因素制约，当超过土体平衡条件时，土坡便发生失稳现象。

1. 土坡失稳的内因

（1）坡体的土质　各种土质的抗剪强度、渗透性、抗水能力是不一样的，如钙质或石膏质胶结的土、湿陷性黄土等，遇水后软化，使原来的强度降低很多，使潜在滑动面上的剪应力达到土的抗剪强度而失稳。软黏土，尤其是饱和软黏土，抗剪强度低，土的渗透性差，人工开挖的坑壁土体很容易发生滑动。

（2）坡体的土层结构 成层分布的土体，特别是夹有软弱薄层的土体，当软夹层倾向坡外时易产生坡体滑动。此外，在斜坡上堆有较厚的土层，特别是当下伏土层（或岩层）不透水时，容易在交界上发生滑动。

（3）坡体的外形 坡面形状也是促使滑坡产生的重要因素。在其他条件相同的情况下，坡面呈凸形的斜坡由于重力作用，比上陡下缓的凹形坡易于下滑；由于黏性土有黏聚力，当土坡不高时尚可直立，但随时间和气候的变化，也会逐渐塌落。

2. 土坡失稳的外因

（1）降水或地下水的作用 通常，土体中含水量或超静水压力的增加均会导致土体抗剪强度的降低。持续的降雨或地下水渗入土层中，使土中含水量增高，土中易溶盐溶解，土质变软，强度降低；还可使土的重度增加，孔隙水压力产生，使土体作用有动、静水压力，促使土体失稳。如有雨水或地面水流入土坡中的竖向裂缝，对土坡产生侧向压力，从而促进土坡产生滑动。因此，黏性土坡发生裂缝常常是土坡稳定性的不利因素，也是滑坡的预兆之一。故设计斜坡应针对这些原因，采用相应的排水措施。

（2）振动的作用 如地震的反复作用下，砂土极易发生液化；黏性土，振动时易使土的结构破坏，从而降低土的抗剪强度；施工打桩或爆破，由于振动也可使邻近土坡变形或失稳等。

（3）人为作用 人类不合理地开挖，特别是开挖坡脚，或开挖基坑、沟渠、道路边坡时将弃土堆在坡顶附近，或在土坡顶部堆放材料或建造建筑物而使坡顶受荷时，都可引起斜坡变形破坏。

9.1.4 土坡稳定性分析方法

在土木工程建筑中，如果土坡失去稳定造成塌方，不仅影响工程进度，有时还会危及人的生命安全，造成工程失事和巨大的经济损失。因此，土坡稳定问题在工程设计和施工中应引起足够的重视。

土坡稳定性分析是土力学中重要的稳定分析问题。天然的斜坡、填筑的堤坝以及基坑放坡开挖等问题，都需要事先验算土坡的稳定性。土坡失稳的类型比较复杂，大多是土体的塑性破坏。而土体塑性破坏的分析方法有极限平衡法、极限分析法和有限元法等。在边坡稳定性分析中，极限分析法和有限元法都还不够成熟。因此，目前工程实践中基本上都采用极限平衡法。

极限平衡方法分析的一般步骤是：假定斜坡破坏是沿着土体内某一确定的滑动面滑动，根据滑动土体的静力平衡条件和莫尔—库仑强度理论，可以计算出沿该滑动面滑动的可能性，即土坡稳定安全系数的大小或破坏概率的高低，然后，再系统地选取许多个可能的滑动面，用同样的方法计算其稳定安全系数或破坏概率。稳定安全系数最低或者破坏概率最高的滑动面就是沿之滑移可能性最大的滑动面。本章主要讨论极限平衡方法在斜坡稳定性分析中的应用。

9.2 无黏性土坡的稳定分析

无黏性土一般是指砂、碎石或卵石类土，呈单粒结构，土颗粒之间没有黏聚力，呈完全散粒状堆积的土体。无黏性土坡的稳定性分析相对比较简单，其滑动面近似于平面，故常用直线滑动法分析其稳定性。根据土体所处的状态和环境，可以分为下面两种情况进行讨论。

9.2.1 均质无渗流的干坡和水下坡

均质干坡指由一种无黏性土组成，且完全处在水位以上，土体呈干燥状态的无黏性土坡，如沙漠地区的土坡、修筑时期的土坝边坡、地下水位以上的开挖边坡。均质水下坡是由一种土组成，但完全在水位以下，没有渗透水流作用的无黏性土坡，如水库蓄水后完全浸没在水位以下的库岸土坡，蓄水时期土坝的上游边坡、水下的开挖边坡。对这种全干或全部淹没的均质土坡来说，由于土颗粒间无黏聚力，只有摩阻力，因此，只要土坡坡面上的土颗粒在重力作用下能够保持稳定，土坡就能保持稳定。

由漏斗堆起的砂堆试验（图 9-2a）表明，无论砂堆堆起多高，砂堆所能形成的最大坡角总是不变的，这时土坡处于自然的极限平衡状态，相应的坡角称为无黏性土的自然休止角，也称为临界坡角，用 α_{cr} 表示。

图 9-2b 所示为一均质无黏性土坡，坡角为 α，土的内摩擦角为 φ，现从坡面任取颗粒 M，并把它看做是刚体来分析其稳定条件。设土块的重力为 W，它在坡面方向的分力 $T = W\sin\alpha$，T 是使颗粒 M 向下滑动的力，即下滑力。在坡面法线方向的分力为 $N = W\cos\alpha$；阻止该土块下滑的力（即抗滑力）是法向力 N 在坡面上引起的摩擦力 $T' = N\tan\varphi = W\cos\alpha\tan\varphi$。在稳定状态

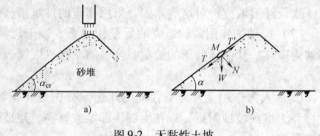

图 9-2　无黏性土坡
a）自然休止角　b）坡面颗粒的受力

时，阻止颗粒 M 滑动的抗滑力必须大于颗粒的滑动力。故用抗滑力与滑动力之比作为评价土坡稳定的指标。抗滑力与滑动力的比值称为土坡稳定性系数，用 K_s 表示，即

$$K_s = \frac{抗滑力}{滑动力} = \frac{T'}{T} = \frac{W\cos\alpha\tan\varphi}{W\sin\alpha} = \frac{\tan\varphi}{\tan\alpha} \tag{9-1}$$

由上述分析可知，①当坡角 α 与土的内摩擦角 φ 相等时，土坡的稳定性系数 $K_s = 1$，即这时抗滑力等于下滑力，土体处于极限稳定状态，此时的坡角 α 等于自然休止角 α_{cr}；②无黏性土坡的稳定性与坡高无关，仅取决于坡角 α 的大小，当 $\alpha < \varphi$ 时，$K_s > 1$，土坡就是稳定的。为了使土坡具有足够的安全储备，一般取 $K_s = 1.1 \sim 1.5$。

上述分析仅适用于无黏性土坡的最简单情况。实际工程中，对于有渗透水流的土坡、部分浸水的土坡以及高应力水平下 φ 变小的土坡，则不完全符合这些条件。

9.2.2 有渗流时的无黏性土坡

在水利工程中，水库蓄水或库水位突然下降时，都会使坝体砂壳受到一定的渗流力作用，直接影响坝体的稳定。此外，基坑排水、坡外水位下降时，在挡水土堤内也会形成渗流场，如果浸润线在下游坡面溢出，如图 9-3 所示，这时在浸润线以下，下游坡内的土体除了受到重力作用外，还受到由于水的渗流而产生的渗透力作用，因而使下游边坡的稳定性降低。

对于图9-3所示的情况，土体稳定性分析时可以在坡面上渗流逸出处取一单元体，该单元土体除了自重外，还受到水的渗流力的作用，如果水流方向与水平面夹角为 θ，则沿水流方向的渗透力 $j = \gamma_w i$。若土单元体积为 V，其有效重力为 $W = \gamma' V$。分析这块土骨架的稳定性，作用在土骨架上的渗透力为 $J = jV = \gamma_w iV$。因此，沿坡面的全部滑动力包括重力和渗透力，即

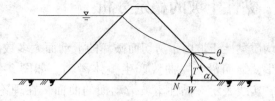

图9-3 有渗流作用的无黏性土坡

$$T = \gamma' V \sin\alpha + \gamma_w iV \cos(\alpha - \theta) \tag{9-2}$$

坡面的正压力为

$$N = \gamma' V \cos\alpha - \gamma_w iV \sin(\alpha - \theta) \tag{9-3}$$

则土体沿坡面滑动的稳定性系数

$$K_s = \frac{N\tan\varphi}{T} = \frac{\left[\gamma' V \cos\alpha - \gamma_w iV \sin(\alpha - \theta)\right]\tan\varphi}{\gamma' V \sin\alpha + \gamma_w iV \cos(\alpha - \theta)} \tag{9-4}$$

式中 i——渗透坡降；

γ'——土的有效重度；

γ_w——水的重度；

φ——土的内摩擦角。

若水流在逸出段顺着坡面流动，则 $\theta = \alpha$，此时，有水力坡度 $i = \sin\alpha$，将其带入式（9-4）得

$$K_s = \frac{\gamma' \cos\alpha\tan\varphi}{(\gamma' + \gamma_w)\sin\alpha} = \frac{\gamma' \tan\varphi}{\gamma_{sat}\tan\alpha} \tag{9-5}$$

由上可见，式（9-5）和没有渗流作用的式（9-1）相比，相差 γ'/γ_{sat} 倍，此值接近于 1/2，即当坡面存在顺坡渗流作用时，无黏性土坡的稳定性系数将降低一半。因此，要保持同样的安全度，有渗流逸出的坡角要比没有渗流逸出的坡角要小得多。

【例9-1】 一均质无黏性土坡，土的饱和重度为 $\gamma_{sat} = 19.5 \text{kN/m}^3$，内摩擦角 $\varphi = 30°$，若要求这个土坡的稳定性系数 $K_s = 1.25$，试问在干坡或完全浸水情况下和坡面有顺坡渗流时其坡角分别应为多少？由此可得出什么结论？

解： 干坡或完全浸水时，由式（9-1）得

$$\tan\alpha = \frac{\tan\varphi}{K_s} = \frac{\tan30°}{1.25} = 0.462$$

$$\alpha = 24.8°$$

有顺坡渗流时，由式（9-5）得

$$\tan\alpha = \frac{\gamma' \tan\varphi}{\gamma_{sat} K_s} = \frac{(19.5 - 10)\tan30°}{19.5 \times 1.25} = 0.230$$

$$\alpha = 12.93°$$

结论：在同样稳定性要求的情况下，有渗流作用的土坡与无渗流作用的土坡相比，其坡角要小得多。原来保持稳定的土坡，当有渗流作用时很有可能发生滑动。

9.3 黏性土坡的稳定分析

均质黏性土坡由于剪切而破坏的滑动面大多数为一曲面，一般在破坏前坡顶先有张力裂缝发生，继而沿某一曲线产生整体滑动。如图9-4所示，实线表示一黏性土坡滑动面的曲面，在理论分析时可以近似地将其假设为圆弧，如图中虚线所示。为简化土坡稳定验算的方法，在分析黏性土坡稳定性时，常常假定土坡是沿着圆弧破裂面滑动，并按平面问题进行分析。这是极限平衡方法的一种常用分析方法。目前工程中黏性土坡稳定性分析常用的方法有整体圆弧滑动法、瑞典条分法、毕肖普条分法、简布法等。

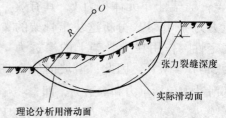

图 9-4 黏性土坡的滑动面

9.3.1 圆弧滑动面土坡稳定性分析

1. 整体圆弧滑动法

瑞典的彼得森（K. E. Peterson）于1915年采用圆弧滑动法分析了边坡的稳定性，称为整体圆弧滑动法（也称为瑞典圆弧法）。此后，该法在世界各国的土木工程界得到了广泛的应用。

整体圆弧滑动法的基本思路是将滑动面以上的土体视为刚体，并分析在极限平衡条件下它的整体受力情况，以整个滑动面上的平均抗剪强度与平均剪应力之比来定义土坡的稳定性系数，即

$$K_s = \frac{\tau_f}{\tau} \tag{9-6}$$

如图9-5所示，一个均质的黏性土坡，它可能沿圆弧面 AC 滑动。土坡失去稳定就是滑动土体绕圆心 O 发生转动。假设把滑动土体当成一个刚体，并以滑动土体为脱离体分析土坡在极限平衡条件下作用在其上的各种力。滑动土体的重力 W 为滑动力，将使土体绕圆心 O 旋转，滑动力矩 $M_s = Wd$（d 为通过滑动土体重心的竖直线与圆心 O 的水平距离）。此时，滑动面上土体的抗剪强度得到充分发挥，抗滑力矩 $M_R = \tau_f \cdot AC \cdot R$，根据莫尔强度理论，黏性土的抗剪强度 $\tau_f = c + \sigma\tan\varphi$，抗滑力矩由两部分组成

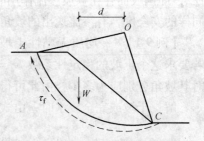

图 9-5 整体圆弧滑动受力分析

$$M_R = c \cdot AC \cdot R + N \cdot \tan\varphi \cdot L \tag{9-7}$$

式中 $c \cdot AC \cdot R$ 为滑动面 AC 上黏聚力产生的抗滑力矩；$N \cdot \tan\varphi \cdot L$ 为滑动土体的重力 W 在滑动面上的反力所产生的抗滑力矩，其反力的大小和方向与土的内摩擦角 φ 值有关。

则黏性土坡的稳定性系数为

$$K_s = \frac{\tau_f}{\tau} = \frac{M_R}{M_s} = \frac{c \cdot AC \cdot R + N \cdot \tan\varphi \cdot L}{Wd} \tag{9-8}$$

对于饱和黏性土，在不排水条件下有 $\varphi = 0$，滑动面是一个光滑曲面，反力的方向必定垂直于滑动面，即通过圆心 O，它不产生力矩，所以，抗滑力矩只有前一项 $c \cdot AC \cdot R$。这时，可定义黏性土坡的稳定性系数为

$$K_s = \frac{M_R}{M_s} = \frac{c \cdot AC \cdot R}{Wd} \tag{9-9}$$

式（9-9）即为整体圆弧滑动法计算边坡稳定安全系数的公式。注意，它只适用于 $\varphi = 0$ 的情况。若 $\varphi \neq 0$，则抗滑力与滑动面上的法向力有关，其求解可参阅下文的条分法。

以上求出的 K_s 是与任意假定的某个滑动面相对应的稳定性系数，而土坡稳定性分析要求的是与最危险滑动面相对应的最小稳定系数。为此，通常需要假定一系列滑动面进行多次试算，其中稳定性系数最小的值即为所求。由于计算量较大，可借助计算机编程快速确定最危险滑动面及其对应的稳定系数。

2. 瑞典条分法

由于整体圆弧法存在一些不足，瑞典的费伦纽斯（Fellenius）等人在整体圆弧滑动法的基础上，提出了基于刚体极限平衡理论的条分法，称为瑞典条分法，又称为费伦纽斯法。瑞典条分法是条分法中最简单最古老的一种方法，至今仍在工程中普遍使用。该条分法的假设条件如下：

1）假定问题为平面应变问题。
2）假定危险滑动面（即剪切面）为圆弧面。
3）假定圆弧面上抗剪强度全部得到发挥。
4）不考虑各分条之间的作用力。

瑞典条分法的基本思路是将滑动土体竖直分成若干个土条，把土条看成刚体，对每个土条进行受力分析，并忽略各土条间的相互作用力，分别求出各个土条上的滑动力（矩）和抗滑力（矩），然后按式（9-6）求得土坡的稳定性系数。对于 $\varphi > 0$ 的黏性土坡，通常采用条分法。

如图9-6所示，按照上述假设，任意土条只受到重力 W_i、滑动面上的剪切力 T_i 和法向力 N_i。将 W_i 分解为沿滑动面切向的分力和垂直于切向的法向分力，并由第 i 条土的静力平衡条件可得

$$N_i = W_i\cos\theta_i = b_i h_i \gamma_i \cos\theta_i \tag{9-10}$$

式中 h_i——第 i 土条的高度；

l_i——第 i 土条底面的弧长。

根据滑动面上极限平衡条件，有

$$T_i = \frac{T_{fi}}{K_s} = \frac{c_i l_i + N_i \tan\varphi_i}{K_s} \tag{9-11}$$

式中 T_{fi}——条块 i 在滑动面上的抗剪强度；

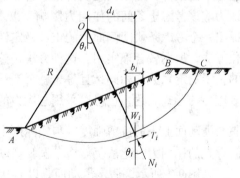

图9-6 瑞典条分法土条受力分析简图

K_s——滑动圆弧对应的稳定性系数。

在式（9-11）中，$T_i \neq W_i\sin\theta_i$，因此条块的力的多边形不闭合，即不满足条块的静力平衡条件。按整体力矩平衡条件，外力对圆心的力矩之和为零。在条块的三个作用力中，法向力 N_i 过圆心不引起力矩。重力 W_i 产生的滑动力矩为

$$\sum_{i=1}^{n} W_i d_i = \sum_{i=1}^{n} W_i R \sin\theta_i \tag{9-12}$$

滑动面上产生的抗滑力矩为

$$\sum_{i=1}^{n} T_i R = \sum_{i=1}^{n} \frac{c_i l_i + N_i \tan\varphi_i}{K_s} R \tag{9-13}$$

因为整体力矩平衡，即 $\sum_{i=1}^{n} M_i = 0$ ，故有

$$\sum_{i=1}^{n} W_i d_i = \sum_{i=1}^{n} T_i R \tag{9-14}$$

将式（9-12）和式（9-13）代入式（9-14），并进行简化，可得

$$\sum_{i=1}^{n} W_i R \sin\theta_i = \sum_{i=1}^{n} \frac{c_i l_i + W_i \cos\theta_i \tan\varphi_i}{K_s} R$$

$$K_s = \frac{\sum_{i=1}^{n} (c_i l_i + W_i \cos\theta_i \tan\varphi_i)}{\sum_{i=1}^{n} W_i \sin\theta_i} \tag{9-15}$$

从上述分析过程可以看出，瑞典条分法忽略了土条块间力的相互影响，是一种简化计算方法，它只满足滑动土体整体的力矩平衡条件，但不满足条块之间的静力平衡条件。由于事先不知道危险滑动面的位置（这也是边坡稳定分析的关键问题），因此需要试算多个滑动面。该方法花费的时间较长，需要积累丰富的工程经验。通常，该法得到的稳定性系数偏低，即计算结果偏于安全，所以目前仍是工程上常用的方法之一。

3. 毕肖普条分法

黏性土是一种松散的聚合体，瑞典条分法没有考虑土条之间的作用力，无法满足土条的静力平衡条件，即土条无法自稳。在工程实际中，为了改进条分法的计算精度，许多学者都认为应该考虑土条间的作用力影响，以求得比较合理的结果。毕肖普（Bishop）于1955年提出一个考虑条块间侧面力的土坡稳定性分析方法，称为毕肖普条分法。该方法虽然也是简化方法，但比较合理实用。这种方法仍然假定滑动面为圆弧面，并假定各土条底部滑动面上的抗滑稳定系数均相同，且等于整个滑动面上的平均稳定性系数。毕肖普条分法可以采用有效应力的形式表达，也可以采用总应力的形式表达。该方法提出的土坡稳定性系数的含义是整个滑动面上土的抗剪强度 τ_f 与实际产生剪应力 τ 的比值，即 $K_s = \dfrac{\tau_f}{\tau}$ ，并考虑了各土条侧面间存在的作用力，此法仍然属于圆弧滑动条分法。

如图 9-7 所示，假定滑动面是以 O 为圆心，以 R 为半径的滑弧，从中任取一土条 i 为脱离体，作用在条块 i 上的力，除了重力 W_i 外，滑动面上还有切向力 T_i 和法向力 N_i，条块的侧面分别作用有法向力 P_i、P_{i+1} 和切向力 H_i、H_{i+1}。假定土条处于静力平衡状态，根据竖向力的平衡条件应有

$$W_i + \Delta H_i - N_i \cos\theta_i - T_i \sin\theta_i = 0 \tag{9-16}$$

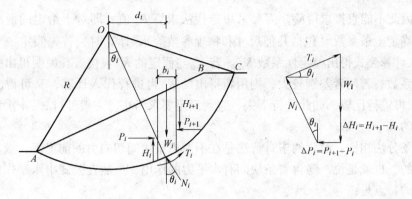

图9-7　毕肖普法条块受力分析

即

$$N_i\cos\theta_i = W_i + \Delta H_i - T_i\sin\theta_i \tag{9-17}$$

若土坡的稳定性系数为 K_s，毕肖普假设土条 i 滑动面上的抗剪强度 τ_{fi} 与滑动面上的切向力 T_i 相平衡，则根据满足土坡稳定性系数 K_s 的极限平衡条件，有

$$T_i = \frac{c_i l_i + N_i\tan\varphi_i}{K_s} \tag{9-18}$$

将式（9-18）代入式（9-17），整理后得法向力

$$N_i = \frac{W_i + \Delta H_i - \dfrac{c_i l_i}{K_s}\sin\theta_i}{\cos\theta_i + \dfrac{\sin\theta_i\tan\varphi_i}{K_s}} = \frac{1}{m_{\theta i}}\left(W_i + \Delta H_i - \frac{c_i l_i}{K_s}\sin\theta_i\right) \tag{9-19}$$

其中

$$m_{\theta i} = \cos\theta_i + \frac{\sin\theta_i\tan\varphi_i}{K_s} \tag{9-20}$$

考虑整个滑动土体的整体力矩平衡条件，各个土条的作用力对圆心的力矩之和为零。这时条块之间的力 P_i 和 H_i 成对出现，且大小相等，方向相反，相互抵消，因此对圆心不产生力矩；滑动面上的正压力 N_i 通过圆心，也不产生力矩。只有重力 W_i 和滑动面上的切向力 T_i 对圆心产生力矩。则将式（9-19）代入式（9-18）后，再代入式（9-14）可得

$$K_s = \frac{\displaystyle\sum_{i=1}^{n}\frac{1}{m_{\theta i}}\left[c_i l_i + (W_i + \Delta H_i)\tan\varphi_i\right]}{\displaystyle\sum_{i=1}^{n}W_i\sin\theta_i} \tag{9-21}$$

式（9-21）即为毕肖普条分法计算土坡稳定性系数 K_s 的普遍公式，但式中的 $\Delta H_i = H_{i+1} - H_i$ 仍为未知量，为求出 K_s，通常需估算 ΔH_i，可通过逐次逼近法求解。

毕肖普证明，若令各土条的 $\Delta H_i = 0$，即假设条块间只有水平作用力 P_i，而不存在切向作用力 H_i，所产生的误差仅为1%，由此式（9-21）可进一步简化为

$$K_s = \frac{\displaystyle\sum_{i=1}^{n}\frac{1}{m_{\theta i}}[c_i l_i + W_i\tan\varphi_i]}{\displaystyle\sum_{i=1}^{n}W_i\sin\theta_i} \tag{9-22}$$

式（9-22）即为国内外相当普遍使用的毕肖普简化公式。由于式中参数 $m_{\theta i}$ 包含有稳定

性系数K_s。因此不能直接求得K_s，需要采用迭代法求算K_s值，即对于给定的滑动面进行土条划分，并确定土条参数（包括几何尺寸和物理参数等）。计算时，首先假定一个稳定性系数K_{s1}，代入计算公式得出稳定性系数K_{s2}。若K_{s2}与假定的K_{s1}很接近，说明得出的值即为合理的稳定性系数；若两者差别较大，则用新得出的K_{s2}再进行代入计算，又可得出另一稳定性系数K_{s3}，再进行比较，如此进行下去，直到满足要求为止。一般经过3~4次循环之后即可求得合理的K_s。

与瑞典条分法相比，简化的毕肖普法是在不考虑条块间切向力的前提下，满足力的多边形闭合条件的，也就是说，隐含着条块间有水平力的作用，虽然在公式中水平作用力并未出现。该方法的特点是：

1）满足整体力矩平衡条件。

2）满足各个条块力的多边形闭合条件，但不满足条块的力矩平衡条件。

3）假设条块间作用力只有法向力，没有切向力。

4）满足极限平衡条件。

由于毕肖普考虑了条块间的水平力作用，得到的稳定性系数较瑞典条分法略大一些。很多工程实际计算表明，毕肖普法与严格的极限平衡分析法（即满足全部静力平衡条件的简布法）相比，结果甚为接近。由于计算过程不算很复杂，精度也比较高，所以，该方法是目前工程中黏性土坡稳定性分析很常用的一种方法。

4. 简布法（普遍条分法）

以上讲述的条分法都是假定滑动面为圆弧形的，但在实际工程中往往会遇到非圆弧滑动面的土坡稳定性分析问题，此时前述的圆弧滑动面分析方法就不再适用了。为了解决这一问题，简布（N. Janbu）提出了非圆弧普遍条分法，简称简布法。

简布法的基本假定为：

1）滑动面上的切向力等于滑动面上土所发挥抗剪强度的合力。

2）土条两侧法向力的作用点位置已知，且一般假定作用于土条底面以上$H/3$处。

分析表明，条块间作用点的位置对土坡整体稳定性系数影响不大。

简布法的特点是假定条块间水平作用力的位置。在这一假定前提下，每个条块都满足全部的静力平衡条件和极限平衡条件，滑动土体的整体力矩平衡条件也自然得到满足。它适用于任何滑动面，而不必规定滑动面是一个圆弧面，因而又称为普遍条分法。

如图9-8a所示，从滑动土体ABC中取任意条块i进行静力分析。作用在条块上的力及其作用点如图9-8b所示。根据静力平衡条件：

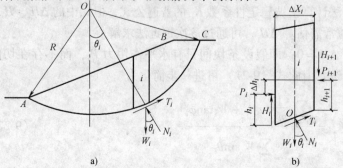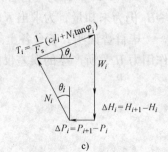

图9-8 简布法条块作用力分析

由 $\sum F_z = 0$，得

$$W_i + \Delta H_i = N_i \cos\theta_i + T_i \sin\theta_i$$

$$N_i \cos\theta_i = W_i + \Delta H_i - T_i \sin\theta_i \qquad (9\text{-}23)$$

亦即

由 $\sum F_x = 0$，得

$$\Delta P_i = T_i \cos\theta_i - N_i \sin\theta_i \qquad (9\text{-}24)$$

将式（9-23）代入式（9-24）整理后得

$$\Delta P_i = T_i \left(\cos\theta_i + \frac{\sin^2\theta_i}{\cos\theta_i} \right) - (W_i + \Delta H_i) \tan\theta_i \qquad (9\text{-}25)$$

根据极限平衡条件，考虑土坡稳定性系数 K_s

$$T_i = \frac{1}{K_s}(c_i l_i + N_i \tan\varphi_i) \qquad (9\text{-}26)$$

由式（9-23）代入式（9-26），整理后得

$$T_i = \frac{\dfrac{1}{K_s}\left[c_i l_i + \dfrac{1}{\cos\theta_i}(W_i + \Delta H_i \tan\varphi_i) \right]}{1 + \dfrac{\tan\theta_i \tan\varphi_i}{K_s}} \qquad (9\text{-}27)$$

将式（9-27）代入式（9-25），得

$$\Delta P_i = \frac{1}{K_s} \cdot \frac{\sec^2\theta_i}{1 + \dfrac{\tan\theta_i \tan\varphi_i}{K_s}} \left[c_i l_i \cos\theta_i + (W_i + \Delta H_i) \tan\theta_i \right] - (W_i + \Delta H_i) \tan\theta_i \qquad (9\text{-}28)$$

图 9-9 表示作用在条块侧面的法向力 P，显然有 $P_1 = \Delta P_1$，$P_2 = P_1 + \Delta P_2 = \Delta P_1 + \Delta P_2$，依此类推，有

$$P_i = \sum_{j=1}^{i} \Delta P_j \qquad (9\text{-}29)$$

若全部条块的总数为 n，则有

$$P_n = \sum_{i=1}^{n} \Delta P_i = 0 \qquad (9\text{-}30)$$

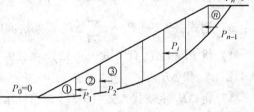

图 9-9　条块侧面法向力

将式（9-28）代入式（9-30），得

$$\sum \frac{1}{K_s} \cdot \frac{\sec^2\theta_i}{1 + \dfrac{\tan\theta_i \cdot \tan\varphi_i}{K_s}} \left[c_i l_i \cos\theta_i + (W_i + \Delta H_i) \tan\varphi_i \right] - \sum (W_i + \Delta H_i) \tan\theta_i = 0$$

整理后得

$$K_s = \frac{\sum \left[c_i l_i \cos\theta_i + (W_i + \Delta H_i) \tan\varphi_i \right] \dfrac{\sec^2\theta_i}{1 + \tan\theta_i \tan\varphi_i / K_s}}{\sum (W_i + \Delta H_i) \tan\theta_i}$$

$$= \frac{\sum \left[c_i b_i + (W_i + \Delta H_i) \tan\varphi_i \right] \dfrac{1}{m_{\theta i}}}{\sum (W_i + \Delta H_i) \sin\theta_i} \qquad (9\text{-}31)$$

比较毕肖普公式［式（9-22）］和简布公式［式（9-31）］，可以看出两者很相似，但分母有差别，毕肖普公式是根据滑动面为圆弧面，滑动土体满足整体力矩平衡条件推导出的。

简布公式则是利用力的多边形闭合和极限平衡条件，最后从 $\sum\limits_{i=1}^{n} \Delta P_i = 0$ 得出的。显然这些条件适用于任何形式的滑动面而不仅仅局限于圆弧面，在式（9-31）中，ΔH_i 仍然是待定的未知量。毕肖普没有解出 ΔH_i，而让 $\Delta H_i = 0$，从而成为简化的毕肖普公式。简布法则是利用条块的力矩平衡条件，因而整个滑动土体的整体力矩平衡也自然得到满足。将作用在条块上的力对条块滑弧段中点 O_i 取矩，并让 $\sum M_{O_i} = 0$。重力 W_i 和滑弧段上的力 N_i 和 T_i 均通过 O_i，不产生力矩。条块间力的作用点位置已确定，故有

$$H_i \frac{\Delta X_i}{2} + (H_i + \Delta H_i)\frac{\Delta X_i}{2} - (P_i + \Delta P_i)\left(h_i + \Delta h_i - \frac{1}{2}\Delta X_i \tan\theta_i\right) + P_i\left(h_i - \frac{1}{2}\Delta X_i \tan\theta_i\right) = 0$$

略去高阶微量整理后得

$$H_i \Delta X_i - P_i \Delta h_i - \Delta P_i h_i = 0$$

$$H_i = P_i \frac{\Delta h_i}{\Delta X_i} + \Delta P_i \frac{h_i}{\Delta X_i} \tag{9-32}$$

$$\Delta H_i = H_{i+1} - H_i \tag{9-33}$$

式（9-32）表示土条间切向力与法向力之间的关系。式中符号如图9-8所示。

由式（9-28）、式（9-29）、式（9-30）、式（9-31）、式（9-32）和式（9-33），利用迭代法可以求得普遍条分法的边坡稳定性系数 K_s。其步骤如下：

1）假定 $\Delta H_i = 0$，利用式（9-31），迭代求第一次近似的边坡稳定性系数 K_{s1}。

2）将 K_{s1} 和 $\Delta H_i = 0$ 代入式（9-28），求相应的 ΔP_i（对每一条块，从1到 n）。

3）用式（9-29）$P_i = \sum\limits_{j=1}^{i} \Delta P_j$ 求条块间的法向力（对每一条块，从1到 n）。

4）将 P_i 和 ΔP_i 代入式（9-32）和（9-33），求条块间的切向作用力 H_i（对每一条块，从1到 n）和 ΔH_i。

5）将 ΔH_i 重新代入式（9-31），迭代求新的稳定安全系数 K_{s2}。

如果 $|K_{s2} - K_{s1}| > \Delta$（$\Delta$ 为规定的计算精度），重新按上述步骤2）~5）进行第二轮计算。如此反复进行，直至 $|K_{s(k)} - K_{s(k-1)}| \leqslant \Delta$ 为止。$K_{s(k)}$ 就是该假定滑动面的稳定性系数。边坡真正的稳定性系数还要计算很多滑动面，进行比较，找出最危险的滑动面，其对应的稳定性系数才是真正要找的值。这种计算工作量相当浩繁，一般要采用计算机计算。

【例9-2】 有一简单的黏性土坡，高25m，坡比1:2，碾压土的重度 $\gamma = 20\text{kN/m}^3$，内摩擦角 $\varphi = 26.6°$（相当于 $\tan\varphi = 0.5$），黏聚力 $c = 10\text{kN/m}^2$，滑动圆心 O 点如图9-10所示，试分别用瑞典条分法和简化毕肖普法求该滑动圆弧的稳定性系数，并对计算结果进行比较。

解： 为了使例题计算简单，只将滑动土体分成6个土条，分别计算各条块的重力 W_i，滑动面长度 l_i，滑动面中心与过圆心铅垂线的圆心角 θ_i，然后，按照瑞典条分法和简化毕肖普法进行稳定分析计算。

1）瑞典条分法。瑞典条分法分项计算结果见表9-1。

$$\sum W_i \sin\theta_i = 3586\text{kN}, \quad \sum W_i \cos\theta_i \tan\varphi_i = 4228\text{kN}, \quad \sum c_i l_i = 650\text{kN}$$

边坡稳定安全系数

$$K_s = \frac{\sum(W_i\cos\theta_i\tan\varphi_i + c_il_i)}{\sum W_i\sin\theta_i} = \frac{4228+650}{3586} = 1.36$$

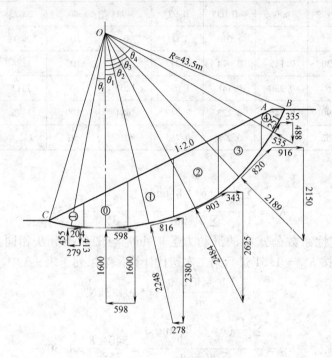

图 9-10　例 9-2 图（单位：kN）

2）简化毕肖普法。根据瑞典条分法得到计算结果 $K_s = 1.36$，由于毕肖普法的稳定性系数稍高于瑞典条分法。不妨设 $K_{s1} = 1.55$，按简化的毕肖普条分法列表分项计算，结果见表 9-2。

$$\sum\frac{c_ib_i + W_i\tan\varphi_i}{m_{\theta i}} = 5417\text{kN}$$

表 9-1　例 9-2 瑞典条分法计算成果

条块编号	θ_i (°)	W_i /kN	$\sin\theta_i$	$\cos\theta_i$	$W_i\sin\theta_i$ /kN	$W_i\cos\theta_i$ /kN	$W_i\cos\theta_i\tan\varphi_i$ /kN	l_i /m	c_il_i /kN
−1	−9.93	412.5	−0.172	0.985	−71.0	406.3	203	8.0	80
0	0	1600	0	1.0	1600	800	800	10.0	100
1	13.29	2375	0.230	0.973	546	2311	1156	10.5	105
2	27.37	2625	0.460	0.888	1207	2331	1166	11.5	115
3	43.60	2150	0.690	0.724	1484	1557	779	14.0	140
4	59.55	487.5	0.862	0.507	420	247	124	11.0	110

表 9-2 例 9-2 毕肖普法分项计算成果

编号	$\cos\theta_i$	$\sin\theta_i$	$\sin\theta_i\tan\varphi_i$	$\dfrac{\sin\theta_i\tan\varphi_i}{K_s}$	$M_{\theta i}$	$W_i\sin\theta_i$/kN	c_ib_i/kN	$W_i\tan\varphi_i$/kN	$\dfrac{c_ib_i+W_i\tan\varphi_i}{m_{\theta i}}$/kN
-1	0.985	-0.172	-0.086	-0.055	0.93	-71	80	206.3	307.8
0	1.00	0	0	0	1.00	0	100	800	900
1	0.973	0.230	0.115	0.074	1.047	546	100	1188	1230
2	0.888	0.460	0.230	0.148	1.036	1207	100	1313	1364
3	0.724	0.690	0.345	0.223	0.947	1484	100	1075	1241
4	0.507	0.862	0.431	0.278	0.785	420	50	243.8	374.3

稳定性系数
$$K_{s2}=\frac{\sum\dfrac{1}{m_{\theta i}}(c_ib_i+W_i\tan\varphi_i)}{\sum W_i\sin\theta_i}=\frac{5417}{3586}=1.51$$

毕肖普法稳定性系数公式中的滑动力 $\sum W_i\sin\theta_i$ 与瑞典条分法相同。$|K_{s2}-K_{s1}|=0.04$，误差较大。按 $K_{s2}=1.51$ 进行第二次迭代计算，结果列于表 9-3 中。

$$\sum\frac{c_ib_i+W_i\tan\varphi_i}{m_{\theta i}}=5404.8\text{kN}$$

稳定性系数
$$K_{s2}=\frac{\sum\dfrac{1}{m_{\theta i}}(c_ib_i+W_i\tan\varphi_i)}{\sum W_i\sin\theta_i}=\frac{5404.8}{3586}=1.507$$

$|K_{s3}-K_{s2}|=0.003$，二者已经十分接近，因此，可以认为 $K_s=1.51$。

表 9-3 例 9-2 毕肖普法第二次迭代计算成果

编号	$\cos\theta_i$	$\sin\theta_i$	$\sin\theta_i\tan\varphi_i$	$\dfrac{\sin\theta_i\tan\varphi_i}{K_s}$	$M_{\theta i}$	$W_i\sin\theta_i$/kN	c_ib_i/kN	$W_i\tan\varphi_i$/kN	$\dfrac{c_ib_i+W_i\tan\varphi_i}{m_{\theta i}}$/kN
-1	0.985	-0.172	-0.086	-0.057	0.928	-71	80	206.3	308.5
0	1.00	0.0	0	0	1.00	0	100	800	900
1	0.973	0.230	0.115	0.076	1.045	546	100	1188	1232.5
2	0.888	0.460	0.230	0.152	1.040	1207	100	1313	1358.6
3	0.724	0.690	0.345	0.228	0.952	1484	100	1075	1234.2
4	0.507	0.862	0.431	0.285	0.792	420	50	243.8	371

计算结果表明，简化毕肖普条分法的稳定性系数较瑞典条分法大，约大 0.15，与一般结论相同。

5. 最危险滑动面位置的确定方法（费伦纽斯经验法）

以上介绍的是计算某个位置已经确定的滑动面稳定性系数 K_s 的几种方法。这一稳定性系数并不代表土坡的真正稳定性，因为土坡的滑动面是任意选取的。假设土坡的一个滑动面，就可计算其相应的 K_s 值。真正代表土坡稳定程度的稳定性系数应该是 K_s 值中的最小值。相应于土坡最小的 K_s 值的滑动面称为最危险滑动面，它才是土坡真正的滑动面。

确定土坡最危险滑动面圆心的位置和半径大小是土坡稳定性分析中最繁琐、工作量最大的工作,需要通过多次的计算才能完成。费伦纽斯(W. Fellenius)提出的经验方法,可以较快地确定土坡最危险滑动面的位置。

费伦纽斯认为,对于均匀黏性土坡,其最危险的滑动面一般通过坡趾。在 $\varphi = 0$ 的土坡稳定分析中,最危险滑弧圆心的位置可以由图 9-11a 中 β_1 和 β_2 夹角对应两直线的交点确定。β_1、β_2 的值与坡角 α 大小的关系,可由表 9-4 查得。

表 9-4　各种坡角的 β_1、β_2 值

坡角 α	坡度 1∶m	β_1	β_2	坡角 α	坡度 1∶m	β_1	β_2
60°	1∶0.58	29°	40°	18°26′	1∶3.0	26°	35°
45°	1∶1.0	28°	37°	14°02′	1∶4.0	25°	36°
33°41′	1∶1.5	26°	35°	11°19′	1∶5.0	25°	39°
26°34′	1∶2.0	25°	35°				

对于 $\varphi > 0$ 的土坡,最危险滑动面的圆心位置如图 9-11b 所示。首先按图 9-11b 中所示的方法确定 DE 线。自 E 点向 DE 延长线上取圆心 O_1、$O_2\cdots$,通过坡趾 A 分别作圆弧 AC_1、$AC_2\cdots$,并求出相应的土坡稳定性系数 K_{s1}、$K_{s2}\cdots$。然后,再用适当的比例尺标在相应的圆心点上,并且连接成 K_s 随圆心位置变化的曲线。曲线的最低点即为圆心在 DE 延长线上时稳定性系数的最小值。但是真正的最危险滑弧圆心并不一定在 DE 延长线上。通过这个最低点,引 DE 的垂直线 FG。在 FG 线上,在 DE 延长线的最小稳定系数两侧再定几个圆心 O_1'、$O_2'\cdots$,用类似步骤确定 FG 线上对应于最小稳定性系数的圆心,这个圆心才被认为是通过坡趾滑出时的最危险滑动圆弧的中心。

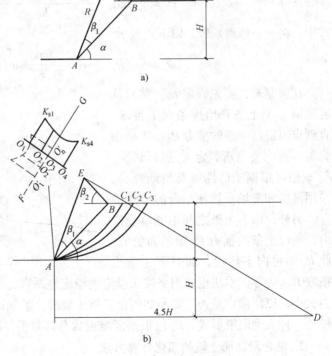

图 9-11　最危险滑动圆心的确定方法

当地基土层性质比填土软弱,或者土坡不是单一的土坡,或者土体填土种类不同、强度互异时,最危险的滑动面就不一定从坡趾滑出。这时寻找最危险滑动面位置就更为繁琐。实际上,对于非均质的、边界条件较为复杂的土坡,用上述方法寻找最危险滑动面的位置将是十分困难的。随着计算机技术的发展和普及,目前可以采用最优化方法,通过随机搜索,寻找最危险的滑动面的位置。国内已有这方面的程序可供使用。

9.3.2 非圆弧滑动面土坡的稳定性分析

1. 不平衡推力传递法

位于山区的一些土坡往往覆盖在起伏变化的基岩面上,土坡滑动多数沿这些土岩界面发生,形成折线形滑动面,对这类土坡的稳定性分析可采用不平衡推力传递法。

按折线滑动面将滑动土体分成条块,假定条块间作用力的合力与上一个土条平衡,如图 9-12 所示。然后根据力的平衡条件,逐条向下推求,直至最后一条土条的推力为零。

对任意土条,取垂直与平行土条底面方向力的平衡,则有

$$\overline{N}_i - W_i\cos\alpha_i - P_{i-1}\sin(\alpha_{i-1}-\alpha_i) = 0 \tag{9-34}$$

$$\overline{T}_i + P_i - W_i\sin\alpha_i - P_{i-1}\cos(\alpha_{i-1}-\alpha_i) = 0 \tag{9-35}$$

同样,根据稳定系数定义和莫尔—库仑破坏准则,有

$$\overline{T}_i = \frac{c_i l_i + \overline{N}_i \tan\varphi_i}{K_s} \tag{9-36}$$

联合求解式 (9-34)、式 (9-35)、式 (9-36),并消去 $\overline{T}_i$、$\overline{N}_i$,得

$$P_i = W_i\sin\alpha_i - \frac{c_i l_i + W_i\cos\alpha_i\tan\varphi_i}{K_s} + P_{i-1}\psi_i \tag{9-37}$$

式中 ψ_i——传递系数,以下式表示

$$\psi_i = \cos(\alpha_{i-1}-\alpha_i) - \frac{\tan\varphi_i}{K_s}\sin(\alpha_{i-1}-\alpha_i) \tag{9-38}$$

在解题时,要先假定 K_s,然后从坡顶第一个土条开始逐条向下推求,直到求出最后一条的推力 P_n,P_n 必须为零,否则要重新假定 K_s 进行试算。c、φ 值可根据土的性质及当地经验,采用试验和滑坡反算相结合的方法确定。另外,因为土条之间不能承受拉力,所以土条的推力 P_i 如果为负值,此 P_i 不再向下传递,而对下一条土

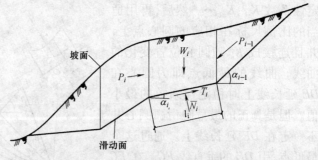

图 9-12 折线滑动面土坡稳定性分析

条取 P_{i-1} 为零。本法也常用来按照设定的稳定性系数,反推各土条和最后一条土条承受的推力大小,以便确定是否需要和如何设置挡土墙等土坡加固结构。如分级设置的挡土墙、抗滑桩是一种大型阻滑形式,K_s 值根据滑坡现状及其对工程的影响可取 $1.05 \sim 1.25$。

2. 复合滑动面土坡的简化计算方法

当土坡地基中存在软弱薄土层时,则滑动面可能由三种或三种以上曲线组成,形成复合滑动面,如图 9-13 所示。

图示的土坡下有一软黏土薄层。假定滑动面为 $ABCD$。其中 AB 和 CD 为圆柱面,而 BC 为通过软弱土层的平面。如果取土体 $BCC'B'$ 为脱离体,同时不考虑 BB' 和 CC' 面上的切向力,则整个土体所

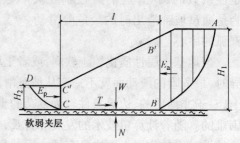

图 9-13 复合滑动面土坡的简化分析

受的力有：土体 ABB' 对 $BCC'B'$ 的推力 E_a；土体 CDC' 对 $BCC'B'$ 的抗滑力 E_p；土体自重 W 及 BC 面上的反力 N；其中 $W = N$；BC 面上的抗滑阻力 T。稳定性系数可表示为

$$K_s = \frac{(cl + W\tan\varphi) + E_p}{E_a} \qquad (9\text{-}39)$$

式中　E_a、E_p——朗肯主动土压力及被动土压力；

$\qquad c$、φ——软土层的抗剪强度指标。

【**例9-3**】　图9-14 所示的土坡坡高 10m，软土层在坡底以下 2m 深，L 等于 16m，土的重度 $\gamma = 19\text{kN/m}^3$，黏聚力 $c = 10\text{kPa}$，内摩擦角 $\varphi = 30°$，软土层的不排水强度 $C_u = 12.5\text{kPa}$，$\varphi_u = 0°$，试求该土坡沿复合滑动面的稳定性系数。

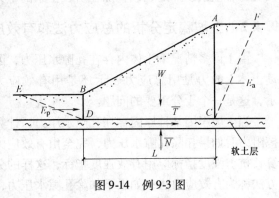

图 9-14　例 9-3 图

解:　假定复合滑动面的交接点位于坡肩和坡脚的竖直线下端，如图 9-14 所示。两段圆弧形滑动面分别按直线 DE 和 CF 处理。而 E_a 和 E_p 分别为 AC 与 BD 面上的朗肯主动土压力和朗肯被动土压力，其中：

主动土压力系数　　$K_a = \tan^2\left(45° - \dfrac{\varphi}{2}\right) = \tan^2 30° = 0.333$

被动土压力系数　　$K_p = \tan^2\left(45° + \dfrac{\varphi}{2}\right) = \tan^2 60° = 3.0$

坡顶裂缝深度　　$z_0 = \dfrac{2c}{\gamma \sqrt{K_a}} = 1.82\text{m}$

坡体自重　$W = 2\text{m} \times 16\text{m} \times 19\text{kN/m}^3 + \dfrac{1}{2} \times 10\text{m} \times 16\text{m} \times 19\text{kN/m}^3 = 2128\text{kN/m}$

故　$E_a = \dfrac{1}{2}\gamma(H_1 - z_0)^2 K_a = \dfrac{1}{2} \times 19\text{kN/m}^3 \times (12 - 1.82)^2\text{m}^2 \times 0.333 = 327.8\text{kN/m}$

$E_p = \dfrac{1}{2}\gamma H_2^2 K_p + 2cH_2\sqrt{K_p} = \dfrac{1}{2} \times 19\text{kN/m}^3 \times 2^2\text{m}^2 \times 3.0 + 2 \times 10\text{kPa} \times 2\text{m} \times \sqrt{3.0} = 183.3\text{kN/m}$

$\overline{T} = c_u L + W\tan\varphi_u = 12.5\text{kPa} \times 16\text{m} + 2128\text{kN/m} \times \tan 0° = 200\text{kN/m}$

土坡稳定性系数

$$K_s = \frac{(c_u L + W\tan\varphi_u) + E_p}{E_a} = \frac{200 + 183.3}{327.8} = 1.17$$

9.4　土坡稳定分析的几个问题

9.4.1　坡顶开裂和超载的影响

黏性土坡坡顶附近，常可能由于干缩或张力作用而出现一些竖向裂缝。其开裂的深度可

用前面挡土墙一章中黏性土直立高度$z_0 = \dfrac{2c}{\gamma\sqrt{K_a}}$近似估算，如图 9-15 所示。由于坡顶开裂使滑弧缩短了 CC' 段长度，此段抗滑力消失，且当裂缝内积水时，由于静水压力作用又增加了滑动力矩。因此在土坡稳定性计算时要考虑其影响。

如果在坡顶上有超载，则应考虑超载的影响。如均布荷载 q 作用于坡顶，则 K_s 公式中只要将各土条顶部的超载叠加在所在土条的重力中即可。

9.4.2 土坡稳定分析的总应力法和有效应力法

由于许多情况下土体内存在孔隙水压力，因此，在讨论边坡稳定计算方法中，作用在滑动土体上的力是用总应力表示还是用有效应力表示，这是一个十分重要的问题。

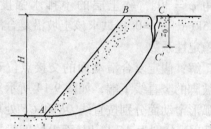

当土坡中因某种原因存在孔隙水压力，计算摩擦阻力时如果扣除孔隙水压力，完全由有效应力计算，抗剪强度指标应用有效强度指标，这样的分析方法称为有效应力法；如果不扣除孔隙水压力，摩擦阻力使用总的抗剪指标计算，这就是总应力法。

实际工程中如何应用总应力法和有效应力法，其基本规律如下：

图 9-15 坡顶裂缝对土坡的影响

1）稳定渗流期土坡稳定分析，由于坡体内各点的孔隙水压力均能由流网确定，因此原则上用有效应力法分析，而不用总应力法。

2）施工期的土坡稳定分析，可以分别用总应力法和有效应力法，前者不直接考虑孔隙水压力的影响，后者必须先计算施工期填土内孔隙水压力的发生和发展情况，然后才能进行稳定计算。

3）地震对土坡稳定的影响有两种作用：一是在土坡上附加作用一个随时间变化的加速度，因而产生随时间变化的惯性力，促使土坡滑动；另一种作用是振动使土体趋于变密，引起孔隙水压力上升，即产生振动孔隙水压力，从而减小土的抗剪强度。对于密实的黏性土，惯性力是主要作用，对于饱和、松散的无黏性土和低塑性黏性土，则第二种的作用影响更大。目前有效应力法进行地震土坡稳定分析尚有一定的难度，一般情况下均采用总应力法。计算时将随时间变化的惯性力等价成一个静的地震惯性力，作用在滑动土体上，称为拟静力法。

9.4.3 关于挖方边坡和天然边坡

人工挖出和天然存在的土坡是在天然地层中形成的，但与人工填筑土坡相比有独特之处。对均质挖方土坡和天然土坡稳定性分析，与人工填筑土坡相比，求得的稳定系数比较符合实测结果，但对于超固结裂隙黏土，算得的稳定系数虽远大于1，表面上看来已稳定，实际上都已破坏，这是由超固结黏土的特性决定的。随着剪切变形的增加，抗剪力增大到峰值强度，随后降至残余值，特别是黏聚力下降较大，甚至接近于零，这些特性对土坡稳定性有很大影响。

9.4.4　关于圆弧滑动法

圆弧滑动法把滑动面简单地当做圆弧，并认为滑动土体是刚性的，没有考虑分条之间的推力，或只考虑分条间水平推力（毕肖普公式），故计算结果不能完全符合实际，但由于计算概念明确，且能分析复杂条件下土坡稳定性，所以在各国实践中普遍使用。由均质黏土组成的土坡，该方法可使用，但由非均质黏土组成的土坡，如坝基下存在软弱夹层或土石坝等，其滑动面形状发生很大变化，应根据具体情况，采用非圆弧法进行计算比较。不论用哪一种方法，都必须考虑渗流的作用。

9.4.5　土的抗剪强度指标选用问题

工程实践证明，土坡稳定分析中抗剪强度指标的选择，对分析的可靠性和精度的影响，往往比选择计算方法更重要。因此，结合工程实际的加荷情况，土的性质状态和排水条件等模拟试验得出相应的抗剪指标是极为必要的。

如对于饱和软黏土土坡常采用不固结不排水抗剪强度指标；对已滑动过的土坡稳定性分析，常用直剪试验确定的 c、φ 值；对于超固结土，就要考虑土的应力应变特性，可参照工程经验给出低于峰值而高于残余强度的恰当值。为考虑土坡长期稳定性及预测土坡某时刻的稳定性，有时还要用蠕变强度指标。

选用的土抗剪强度指标是否合理，与土坡稳定性分析结果有密切关系，如果使用过高的指标值来设计土坡，就有发生滑坡的可能。因此，应尽可能结合土坡实际情况，去合理选用土的抗剪强度指标。

9.4.6　土坡稳定性系数与安全系数问题

从理论上讲，处于极限平衡状态的土坡，其稳定系数 $K_s = 1$，所以若设计土坡时的 $K_s > 1$，就应满足稳定要求，但实际工程中，有些土坡稳定系数虽大于 1，还是发生了滑动；而有些土坡稳定系数小于 1，却是稳定的。这是因为影响稳定系数的因素很多，如抗剪强度指标的选用、计算方法的选择、计算条件的选择等。因此，计算出的稳定性系数，还需根据不同的部门、不同的工程类型进行适当调整。经过工程调整后的稳定性系数称为允许稳定性系数或安全系数。许多资料并未严格区分两者区别，统称为稳定安全系数或安全系数。实际上，稳定系数和安全系数二者既有区别，又有联系。简单地说，安全系数就是允许的稳定性数值。稳定性系数，是滑动面上可利用的抗剪力（抗滑力）与维持平衡所需要的极限抗剪力（其值就是剪切力或称滑动力）的比值，用它来说明相对给定滑动面的土体稳定程度。安全系数是根据各种影响因素的作用，规定的允许稳定性系数值。其数值大小规定得是否恰当，直接影响到工程的安全和造价。也就是说，稳定系数是相对于边坡、滑坡的稳定状态而言的，是评价稳定性的定量指标，反映的是下滑力和抗滑力的对比关系；安全系数是设计状态下，给定了一定安全储备的放大了的稳定系数，它既考虑了一些确定性因素，也包括一些无法预知、没有把握的非确定性因素，反映的是工程在设计工况下的安全储备。安全系数必须大于 1 才能保证工程的安全，但比 1 大多少是一个值得研究的问题，它受一系列因素的影响。

在工程实践中为选定合适的土坡安全系数，要考虑的因素很多，如荷载组合、建筑物重要性级别、抗剪强度指标的试验条件、计算方法的选择，甚至工程部门不同其规定也不相同。一般若建筑物的重要性高，安全系数值应选择得偏大一些；计算中如已考虑了一些特殊荷载（如地震、非正常高水位等）时，由于这种荷载发生的概率小，所以选定的安全系数可适当偏低一些。要求工业民用建筑的土坡稳定安全系数值为 1.05~1.25。

目前对土坡允许稳定系数（安全系数）的数值，各部门尚无统一标准，选用时要注意计算方法、强度指标和允许稳定系数必须相互配合，并要根据工程不同情况，结合当地已有经验加以确定。

9.5 滑坡的防治原则与措施

9.5.1 滑坡防治原则

滑坡是指斜坡上的土体在重力作用下，沿着一定的滑动面整体地或分散地顺坡向下滑动的地质现象。

滑坡防治是一个系统工程。它包括预防滑坡发生和治理已经发生的滑坡两大领域。一般说来，"预防"是针对尚未严重变形与破坏的斜坡，或者是针对有可能发生滑坡的斜坡；"治理"是针对已经严重变形与破坏、有可能发生滑坡的斜坡，或者是针对已经发生滑坡的斜坡。也就是说，一方面要加强地质环境的保护和治理，预防滑坡的发生；另一方面要加强前期勘察和研究，妥善治理已经发生的滑坡，使其不再发生。可见，预防与治理是不能截然分开的，"防"中有"治"，"治"中有"防"。

同时，滑坡防治应采取工程措施、生物措施以及宣传教育措施、经济措施、政策法规措施等多种措施综合防治，才能取得最佳防治效果。

因此，滑坡防治应坚持"以预防为主、防治结合、综合防治"的原则。

需要指出的是，防治和减少滑坡灾害的根本出路在于治理。当然，它包括滑坡发生前的斜坡地质环境治理（预防性治理）和滑坡发生后的滑坡治理（灾后治理）。

9.5.2 滑坡防治工程措施

为了保证斜坡具有足够的稳定性，防治斜坡稳定性降低，以避免导致斜坡发生危害性变形与破坏，需要采取防治措施。

根据滑坡防治原则，滑坡防治的一般工程措施主要有以下三个方面：①消除或削弱使斜坡稳定性降低的各种因素；②降低滑坡体的下滑力和提高滑坡体的抗滑力；③保护附近建筑物的防御措施。

1. 消除或削弱使斜坡稳定性降低的因素

这项措施是指在斜坡稳定性降低的地段，消除或削弱使斜坡稳定性降低的主导因素的措施。可分为以下两类：

（1）防治斜坡形态改变的措施　为了使斜坡不受地表水流冲刷，防止海、湖、水库波浪的冲蚀和磨蚀，可修筑导流堤（顺坝或丁坝）、水下防波堤，也可在斜坡坡脚砌石护坡，或采用预制混凝土沉排等。

（2）防治斜坡土体强度降低的措施

1）防止风化。对于膨胀性较强的黏土斜坡，可在斜坡上种植草皮，使坡面经常保持一定的湿度，防治土坡开裂，减少地表水下渗，避免土体性质恶化、强度降低而发生滑坡。

2）截引地表水流。截引地表水流，使之不能进入斜坡变形区或由坡面下渗，对于防止斜坡土体软化、消除渗透变形、降低孔隙水压力和动水压力，都是极其有效的。这类措施对于滑坡区和可能产生滑坡的地区尤为重要。为了减少地表水下渗并使其迅速汇入排水沟，应整平夯实地面，并用灰浆黏土填塞裂缝或修筑隔渗层，特别是要填塞好延伸到滑动面（带）的深裂缝。

3）排除地下水。斜坡体中埋藏有地下水并渗入变形区，常常是使斜坡丧失稳定性而发生滑坡的主导因素之一。经验表明，排除滑动带中的地下水、疏干坡体，并截断渗流补给，是防治深层滑坡的主要措施。

2. 直接降低滑动力和提高抗滑力

这类措施主要针对有明显蠕动因而即将失稳滑动的坡体，以求迅速改善斜坡稳定条件，提高其稳定性。

（1）削坡减载与坡脚压载　在坡顶部位挖除部分土体，以减小坡体荷载。减载的主要目的是使滑坡体的高度降低或坡度减小，以减小下滑力。坡上部削坡挖方部分，堆填于坡下部填方压脚，以增大抗滑力。填方部分要有良好的地下排水设施。

（2）支挡结构措施　此类措施主要针对不稳定土体或滑坡体进行支挡，通过提高坡体抗滑力，来达到增大坡体稳定性的目的。支挡建筑物主要有挡土墙和抗滑桩。挡土墙用于缺少必要的空地以伸展刷方斜坡或者滑动面平缓而滑动推力较小的情况。把挡土墙基础设置在滑动面以下的稳固岩土层中，并预留沉降缝、收缩缝和排水孔。最好在旱季施工，分段挑槽开挖，由两侧向中央施工，以免扰动坡体。小型滑坡及临时工程，可用框架式混凝土挡墙。在坡脚部位，也可打抗滑桩以阻止坡体滑动。近年来，抗滑桩得到了普遍采用，已成为主要的抗滑措施。它具有施工方便、工期不受限制、省工省料、对滑坡体（滑动体）扰动小等优点。抗滑桩通常采用截面为方形或圆形的钢筋（轨）混凝土桩或钢管钻孔桩。

（3）坡脚加固　对于土质斜坡，可采用电化学加固法和冻结法，后者用于临时性斜坡；也可以采用焙烧法，在坡脚形成一个经焙烧加热而变得坚硬的似砖土体，起到挡土墙的作用。

复习思考题

9-1　什么是土坡、边坡、滑坡？

9-2　无黏性土边坡只要坡角不超过其内摩擦角即可保持稳定，其稳定系数与坡高无关，而黏性土坡稳定系数与坡高有关。试分析其原因。

9-3　土坡失稳破坏的原因是什么？

9-4　水的渗流对无黏性土坡的稳定性有何影响？

9-5　条分法的基本原理是什么？

9-6　费伦纽斯条分法与毕肖普法进行比较，各自有什么优缺点？

9-7　地震对土坡稳定性有何影响？

9-8　土坡稳定性系数与安全系数有何区别？

9-9　简述滑坡的防治原则与措施。

9-10　黏性土边坡稳定性分析的方法有哪些？

习 题

9-1 有一砂质土坡，其浸水饱和重度 $\gamma_{sat} = 18.8kN/m^3$，内摩擦角 $\varphi = 28°$，坡角 $\theta = 25°24'$。试问，在干坡或完全浸水条件下，土坡的稳定性系数分别为多少？当有顺坡方向的渗流时，土坡还能保持稳定吗？

[答案：干坡或完全浸水条件下 $K_s = 1.12$；有顺坡渗流时 $K_s = 0.52$，不能保持稳定]

9-2 有一均质黏性土坡高 20m，坡度 1:1，土的性质指标为 $\gamma = 16.5kN/m^3$，$c = 55kN/m^2$，$\varphi = 0$。假定滑动面为圆弧，且通过坡脚，滑弧的圆心在坡面中点以上 20m 处。求土坡的稳定性系数。

[答案：$K_s = 0.98$]

9-3 有一简单的黏土边坡，高 20m，坡比 1:2，填土的重度 $\gamma = 20kN/m^3$，$\varphi = 20°$，黏聚力 $c = 10kPa$，假设滑动圆弧半径为 50m，并假定滑动面通过坡脚位置，试分别用瑞典条分法和毕肖普法计算该边坡对应这一滑弧的稳定系数，并进行比较分析。

[答案：瑞典条分法 $K_s = 1.36$；毕肖普法 $K_s = 1.51$]

参 考 文 献

[1] GB 50007—2011 建筑地基基础设计规范［S］. 北京：中国建筑工业出版社，2012.

[2] 刘大鹏，等. 土力学［M］. 北京：清华大学出版社，北京交通大学出版社，2005.

[3] 赵成刚，等. 土力学原理［M］. 北京：清华大学出版社，北京交通大学出版社，2004.

[4] 白顺果，等. 土力学［M］. 北京：中国水利水电出版社，2009.

[5] 王成华. 土力学［M］. 武汉：华中科技大学出版社，2010.

[6] 徐东强. 土力学［M］. 北京：中国建材工业出版社，2006.

[7] 侍倩. 土力学［M］. 武汉：武汉大学出版社，2004.

[8] 黄文熙. 土的工程性质［M］. 北京：水利电力出版社，1983.

[9] 陈希哲. 土力学地基基础［M］.4 版. 北京：清华大学出版社，2004.

[10] 赵明华，等. 土力学与基础工程［M］. 3 版. 武汉：武汉理工大学出版社，2009.

[11] 顾晓鲁，等. 地基与基础［M］. 3 版. 北京：中国建筑工业出版社，2003.

[12] 高向阳，等. 土力学［M］. 北京：北京大学出版社，2010.

[13] 东南大学，浙江大学，湖南大学，苏州科技学院. 土力学.［M］. 3 版. 北京：中国建筑工业出版社，2010.

[14] 肖仁成，俞晓. 土力学［M］. 北京：北京大学出版社，2006.

[15] 龚晓南. 土力学［M］. 北京：中国建筑工业出版社，2002.

[16] 方云，林彤，谭松林. 土力学［M］. 武汉：中国地质大学出版社，2003.

[17] 邵光辉，吴能森. 土力学地基基础［M］. 北京：人民交通出版社，2007.

[18] 陈仲颐，周景星，王洪瑾. 土力学［M］. 北京：清华大学出版社，2007.

[19] 李镜培. 土力学［M］. 北京：高等教育出版社，2004.

[20] 徐东强. 土力学［M］. 北京：中国建材工业出版社，2006.

[21] 杨太升. 地基与基础［M］. 北京：中国建筑工业出版社，2004.

[22] 陆培毅. 土力学［M］. 北京：中国建筑工业出版社，2003.

[23] 建筑地基基础设计规范理解与应用（第2版）编委会. 建筑地基基础设计规范理解与应用［M］. 2 版. 北京：中国建筑工业出版社，2012.

[24] JTG D62—2007 公路桥涵地基与基础设计规范［S］. 北京：人民交通出版社，2007.